汽轮机调试技术与常见故障处理

国网湖南省电力公司电力科学研究院　组编

程贵兵　主编

中国电力出版社
CHINA ELECTRIC POWER PRESS

内 容 提 要

本书主要讲述了火电厂汽轮机调试内容及流程、汽轮机分部调试技术、汽轮机整套启动调试技术三个方面内容。重点介绍了汽轮机调试过程中的技术要求、常见典型问题原因分析及预防。

本书适合从事大型火电厂汽轮机设计、安装、调试、运行、检修及管理工作的工程技术人员阅读或作为培训教材使用。

图书在版编目(CIP)数据

汽轮机调试技术与常见故障处理/程贵兵主编；国网湖南省电力公司电力科学研究院组编．—北京：中国电力出版社，2016.1（2019.6重印）

ISBN 978-7-5123-8466-8

Ⅰ.①汽… Ⅱ.①程…②国… Ⅲ.①火电厂-蒸汽透平-调试方法②火电厂-蒸汽透平-故障修复 Ⅳ.①TM621.4

中国版本图书馆 CIP 数据核字(2015)第 247007 号

中国电力出版社出版、发行

(北京市东城区北京站西街 19 号 100005 http://www.cepp.sgcc.com.cn)

三河市百盛印装有限公司印刷

各地新华书店经售

*

2016 年 1 月第一版 2019 年 6 月北京第二次印刷

787 毫米×1092 毫米 16 开本 14.5 印张 308 千字

印数 2001—3000 册 定价 **60.00** 元

序

在新建火电机组建设过程中，调试作为其中的重要一环，在设备的安全和质量方面有着举足轻重的地位，汽轮机专业更是如此。汽轮机现场设备及系统繁杂，既有高温高压蒸汽、又有易燃易爆氢气，还有众多高速旋转的精密转动设备，与汽轮机安全事故相关联的有汽轮机超速、汽轮机轴系断裂、汽轮机轴瓦损坏、汽轮机大轴弯曲、汽轮机油系统着火、发电机氢气爆炸（很大一部分职责在汽机专业）六个方面，更不用说层出不穷的辅机问题。在调试过程中，稍有差错，就可能导致重大设备损坏及人身伤害事故发生，因此汽轮机调试怎么干不容易出事是一项值得不断深入总结的工作。

《汽轮机调试技术与常见故障处理》一书，以设备安全和质量为主线，内容突出在大容量高参数汽轮机调试技术要点和常见典型问题分析及预防措施，较好地回答了汽轮机调试要干些什么、怎么干的问题。参加该书编写的几位专家长期从事现场技术服务和调试工作，具有丰富的调试经验和解决现场技术难题的能力，书中引用的案例或常见故障是他们在调试过程中的亲身经历，所采取的预防措施也是来自于实践中的成果总结，该书对从事工程设计、施工、调试、运行和维护管理的火电机组汽轮机专业人员有较强指导性作用。

张建伟

2015年11月

前　言

调整试运是火电工程建设的最后一个阶段，是全面检查主机及配套系统的设备制造、设计、施工、调试和生产准备的重要环节，是保证机组达到设计值，并能安全、可靠、经济地形成生产能力，发挥投资效益的关键过程。加强调试管理可以规范火电建设机组调试工作程序，保证机组调试安全，提高机组的调整试运水平。

在长期的电力调试工作中，广大电力工程调试工作者善于学习归纳、勤于实践、探索、勇于开拓创新，积累了丰富的调试经验，为电力建设整体水平的不断提高奠定了坚实的基础。随着大容量、高参数火电机组的迅猛发展，新设备、新技术、新工艺、新材料广泛应用，对电力调试工作提出了更高的要求。

为适应火力发电厂汽轮机调试技术不断发展的需要，提高电力调试队伍的整体素质和技术水平，我们组织了汽轮机专业调试战线上的一批专家和工程技术人员，立足电力工程建设的实际，重视经验的总结和积累，努力跟踪国内外火力发电厂汽轮机调试新技术，从大量纷繁复杂的资料中综合提炼，融会贯通，几易其稿，终于完成了本书的编写工作。

《汽轮机调试技术与常见故障处理》一书分为三篇。第一篇为汽轮机调试内容及流程篇，主要介绍了汽轮机基础知识，汽轮机调试管理、调试工作原则及程序、机组指标控制与调试等。第二篇为汽轮机分部调试篇，主要介绍了单体及分部调试条件及重点事项，汽轮机侧分系统试运内容及注意事项，空冷系统试运内容及注意事项、配合其他专业试运内容及注意事项等。第三篇为汽轮机整套启动调试篇，主要介绍了汽轮机空负荷、带负荷、满负荷调试的基本内容。

本书由国网湖南省电力公司电力科学研究院汽机室程贵兵、李明、郭卫华、曾庆华、韩彦广、陈非编写，程贵兵负责组织协调，陈非负责统稿。参与本书编写的工作人员均是长期从事汽轮发电机组现场调试工作的专业技术人员，对汽轮机本体及辅助设备的结构、工作原理、调试方法及故障分析与处理等方面十分熟悉。限于作者的水平和经验，书中难免会有缺点和不足之处，敬请读者批评指正。

作　者

2015 年 11 月于长沙

目 录

第三篇　汽轮机整套启动调试

第一篇

汽轮机调试内容及流程

第一章　汽轮机基础知识

第一节　汽轮机分类及有关定义

一、汽轮机分类

汽轮机在社会经济的各部门中都有广泛的应用。汽轮机种类很多，并有不同的分类方法。

1. 按工作原理分类

近代火力发电厂采用的都是由不同级顺序串联构成的多级汽轮机。来自锅炉的蒸汽逐次通过各级，将其热能转换成机械能。级是汽轮机中最基本的做功单元，在结构上，它是由喷嘴叶栅（静叶栅）和跟它配合的动叶栅组成的；在功能上，它完成将蒸汽热能转变为机械能的能量转换。蒸汽在汽轮机级中以不同方式进行能量转换，构成了不同工作原理的汽轮机——冲动式汽轮机和反动式汽轮机，以及蒸汽在喷嘴中膨胀后产生的动能在后几列动叶上加以利用的速度级汽轮机。

（1）冲动式汽轮机。主要由冲动级组成，蒸汽主要在喷嘴叶栅（或静叶栅）中膨胀，在动叶栅中没有或者只有少量膨胀。

（2）反动式汽轮机。主要由反动级组成，蒸汽在喷嘴叶栅（或静叶栅）和动叶栅中都进行膨胀，且膨胀程度相同。现代喷嘴调节的反动式汽轮机，因反动级不能做成部分进汽，故第一级调节级常采用单列冲动级或双列速度级。

冲动式汽轮机和反动式汽轮机在电厂中都获得了广泛应用。这两种类型汽轮机的差异不仅表现在工作原理上，而且还表现在结构上，前者为隔板型，后者为转鼓型（或筒型）。隔板型汽轮机动叶叶片嵌装在叶轮的轮缘上，喷嘴装在隔板上，隔板的外缘嵌入隔板套或汽缸内壁的相应槽道内。转鼓型汽轮机动叶片直接嵌装在转子的外缘上，隔板为单只静叶环结构，它装在汽缸内壁或静叶持环的相应槽道内。

目前世界上生产多级轴流冲动式汽轮机的主要制造企业有美国的通用电气公司（GE）、英国的通用电气公司（GEC）、日本的东芝和日立、意大利的安莎多，以及前苏联的列宁格勒金属工厂（ЛМЗ）、哈尔科夫透平发动机厂（ХТГЗ）和乌拉尔透平发动机厂（УТМЗ）等；制造反动式汽轮机的企业有美国西门子西屋公司（WH）、欧洲的ABB公司、德国的电站设备联合制造公司（KWU）、日本的三菱、英国帕森斯公司、法国电气机械公司（CMR）公司等。另外，法国的阿尔斯通—大西洋公司（AA），既生产冲动式汽轮机也生产反动式汽轮机。

2. 按热力特性分

（1）凝汽式汽轮机。蒸汽在汽轮机中膨胀做功后，进入高度真空状态下的凝汽器，排汽压力低于大气压力，凝结成水，因此具有良好的热力性能，是最为常用的一种汽轮机。

（2）背压供热式汽轮机。它既提供动力驱动发电机或其他机械，又提供生产或生活用热，具有较高的热能利用率。其排汽压力高于大气压力，直接用于供热，无凝汽器。当排汽作为其他中、低压汽轮机的工作蒸汽时，称为前置式汽轮机。

（3）调整抽汽式汽轮机。从汽轮机中间某几级后抽出一定参数、一定流量的蒸汽（在规定的压力下）对外供热，其排汽仍排入凝汽器。根据供热需要，有一次调整抽汽和二次调整抽汽之分。

（4）中间再热式汽轮机。新蒸汽在汽轮机高压缸内若干级膨胀做功后进入锅炉再热器，再次加热后返回汽轮机继续做功。

（5）饱和蒸汽轮机。是以饱和状态的蒸汽作为新蒸汽的汽轮机。

背压式汽轮机和调整抽汽式汽轮机统称为供热式汽轮机。目前凝汽式汽轮机均采用回热抽汽和中间再热。汽轮机的蒸汽从进口膨胀到出口，单位质量蒸汽的容积增大几百倍，甚至上千倍，因此各级叶片高度必须逐级加长。大功率凝汽式汽轮机所需的排汽面积很大，末级叶片须做得很长。

3. 按主蒸汽参数分

进入汽轮机的蒸汽参数是指进汽的压力和温度，按不同的压力等级可分为：

（1）低压汽轮机：主蒸汽压力在0.1176～1.47MPa；

（2）中压汽轮机：主蒸汽压力为2.058～3.92MPa；

（3）高压汽轮机：主蒸汽压力为5.978～9.8MPa；

（4）超高压汽轮机：主蒸汽压力为11.76～13.72MPa；

（5）亚临界压力汽轮机：主蒸汽压力为16.17～17.64MPa；

（6）超临界压力汽轮机：主蒸汽压力大于22.148MPa；

（7）超超临界压力汽轮机：主蒸汽压力大于32MPa。

补充说明：超超临界参数实际上是在超临界参数的基础上向更高压力和温度提高的过程。通常认为超超临界是指压力达到30～35MPa，温度达到593～600℃或者更高的参数，并具有二次再热的热力循环。还有一种观点认为，温度566 ℃事实上一直是超临界参数的准则，任何超临界新汽温度或再热汽温度超过这一数值时也被划为超超临界参数范畴，或者称为提高参数的超临界机组。

4. 按汽轮机结构特点分

（1）按机组转轴数目分类可分为单轴和双轴汽轮机、多轴汽轮机。对于前者，所有汽缸都连在一起并在一条直线上，只带动一个发电机，后者是由若干个（通常是两个）平行排列的单轴汽轮机所组成的机组，这些单轴机具有统一的热力过程，轴数与发电机数相同。

（2）按用途分类可分为电站汽轮机、工业汽轮机、船用汽轮机。

（3）按汽缸数目分类可分为单缸、双缸和多缸汽轮机。

（4）按汽流方向分类可分为轴流式、辐流式、周流式汽轮机。

（5）按工作状况分类可分为固定式和移动式汽轮机等。

（6）按级数分，有单级汽轮机和多级汽轮机。

二、发电厂汽轮机有关定义

（一）国产汽轮机产品型号组成及蒸汽参数表示法

国产汽轮机的型号表示方法：

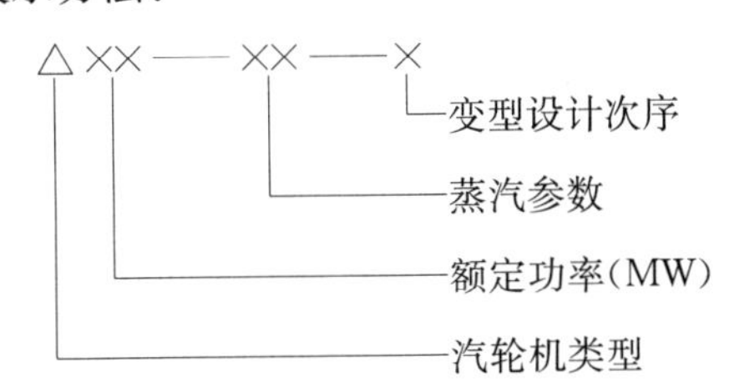

我国目前制造的汽轮机类型采用汉语拼音来表示，如表1-1所示。蒸汽参数用数字来表示，如表1-2所示。

表1-1　国产汽轮机型号的代号表示法

代号	N	B	C	CC	CB	H	Y
型号	凝汽式	背压式	一次调整抽汽式	二次调整抽汽式	抽汽背压式	船用	移动式

表1-2　汽轮机型号中蒸汽参数表示法

型式	参数表示方法	示例
凝汽式	主蒸汽压力/主蒸汽温度	N100-8.83/535
中间再热式	主蒸所压力/主蒸汽温度/中间再热温度	CLN600-24.2/566/566
抽汽式	主蒸汽压力/高压抽汽压力/低压抽汽压力	C50-8.83/0.98/0.118
背压式	主蒸汽压力/背压	B50-8.83/0.98
抽汽背压式	主蒸汽压力/抽汽压力/背压	CB25-8.83/0.98/0.118

注　功率单位为MW，压力单位为MPa，温度单位为℃。

（二）汽轮发电机组的容量定义

1. 国际电工委员会（IEC）1985年版对汽轮发电机组功率（或出力）等术语的一般定义

（1）发电机功率。发电机接线端（输出端）处的功率，若采用非同轴励磁时，还需扣掉外部励磁的功率。

（2）净电功率。发电机功率减去厂用电功率。

（3）经济功率（ECR）。机组在此功率下，汽轮机热耗率或汽耗率为最小值。

（4）保证最大连续功率（TMCR）。在规定的端部条件（合同中规定的各端部条件，典型包括有主蒸汽和热再热蒸汽参数、冷再热蒸汽压力、最终给水温度、排汽压力转速、抽汽要求等）及运行寿命期内，机组在发电机输出端连续输出的功率。通常在该功率下考核机组所保证的热耗率。在此功率下，调节汽阀不一定要全开。

(5) 调节汽阀全开工况的功率（VWO工况的功率）。在规定的主蒸汽参数条件下，汽轮机调节汽阀全开，机组所能输出的功率。

(6) 最大过负荷能力。在规定的过负荷条件下，如末级给水加热器停运或提高主蒸汽的压力，汽轮机调节汽阀全开下，机组所能输出的最大功率。

2. 国际上对大容量汽轮发电机组功率等术语的一般定义

(1) 额定功率（铭牌功率，铭牌出力）。通常是指汽轮机在额定主蒸汽和再热蒸汽参数工况下，排汽压力为11.8kPa (a)、补水率为3%，能在发电机接线端输出供方所保证的功率。汽轮机的进汽量属供方的保证值，它与所保证的额定工况相对应。

(2) 机组的保证最大连续功率（TMCR）。是指汽轮机在通过铭牌功率所保证的进汽量、额定主蒸汽和再热蒸汽参数工况下，排汽压力为4.9kPa (a)、补水率为0%，机组能保证达到的功率，它一般比额定功率大3%～6%。

(3) 汽轮机的设计流量（计算最大进汽量）。在所保证的进汽量基础上增加一定的裕量，即（1.03～1.05）×保证进汽量，且调节汽阀全开。由于制造水平的提高，裕量取前者，即3%。

(4) 调节汽阀全开（VWO）时计算功率。机组在调节汽阀全开时，通过计算最大进汽量和额定的主蒸汽、再热蒸汽参数工况下，并在额定排汽压力为4.9kPa、补水率为0%条件下计算所能达到的功率。

3. 美国设计的大容量汽轮发电机组各项功率的术语和定义

(1) 汽轮发电机组额定功率。即在额定的主蒸汽和再热蒸汽参数工况下、排汽压力为11.8kPa、补水率为3%时汽轮发电机组的保证功率（出力）。

(2) 进汽量。在额定工况下汽轮发电机组发出保证功率所需的主蒸汽流量。

(3) 保证最大功率。即汽轮机在额定的主蒸汽和再热蒸汽参数工况以及额定的排汽压力与补水条件下，通过对应于额定功率时的进汽量的机组功率。

(4) 最大计算功率（或VWO功率）。即汽轮发电机组在额定的进汽参数和额定背压与补水率条件下，调节汽阀全开时，通过最大计算进汽量时的计算功率（非保证值）。一般比最大保证功率高出4.5%，即1.045×最大保证功率。

(5) 超压5%的连续运行功率。除核电机组外，汽轮发电机组能安全地在调节汽阀全开和所有回热加热器投运下，超压5%连续运行的功率。这种运行方式下汽轮机通流能力比额定主蒸汽压力下的通流能力增加5%。

美国设计的机组以VWO工况为运行基础推荐可超压5%连续运行，采用VWO+5%运行工况的计算功率或最末级高压加热器停运时以适应日间峰值负荷之需要。

日本或其他欧洲国家所设计的大容量机组以VWO工况下的功率为汽轮机最大功率，而以超压5%为最大负荷能力，即每天可超压5%运行的时间需加以限定，也就是超压5%仅作为机组短时间过负荷的能力。

4. 机、炉、电容量匹配

(1) 发电机容量。一般发电机的功率应与VWO工况的功率相匹配，即等于VWO

工况功率/功率因数（MVA）。若采用美国机组，则发电机的功率应与汽轮机 VWO＋5％运行工况的功率相配。在我国，考虑汽轮机和发电机功率配合时，除了功率因数外，还应合理确定发电机的效率。

（2）锅炉最大连续蒸发量（BMCR）。应与汽轮机的设计流量（即计算最大进汽量）相匹配，不必再加裕量。若汽轮机按 VWO 工况计算最大功率，BMCR 蒸发量等于汽轮机 VWO 工况的最大进汽量，若采用美国设计的机组，则 BMCR 蒸发量可等于汽轮机 VWO＋5％运行工况的最大进汽量。日本生产机组通常在铭牌功率或 TMCR 工况下运行，其锅炉最大连续蒸发量比汽轮机 VWO 工况时的进汽量约大 0％～3.3％。

第二节　汽轮机主要设备及系统介绍

一、汽轮机主要设备

火力发电厂汽轮机设备一般分为主设备和配套辅助设备。

（一）汽轮机本体及配套

汽轮机本体由转动部分和静子部分组成。转子部分包括动叶片、叶轮（反动式汽轮机为转鼓）、主轴和联轴器及紧固件等旋转部件；静子部分包括汽缸、蒸汽室、喷嘴室、隔板、隔板套（反动式汽轮机为静叶持环）、汽封、轴承、轴承座、机座、滑销系统，以及有关的紧固零件等。

1. 转子及动叶

汽轮机转子可分为轮式转子和鼓式转子两种基本类型。轮式转子装有安装动叶片的叶轮，鼓式转子没有叶轮，动叶片直接装在转鼓上。通常冲动式汽轮机采用轮式转子，反动式汽轮机为了减小转子上的轴向推力，采用鼓式转子。汽轮机是高速旋转的机械，转子在高温高压的环境下工作，转子的任何缺陷都会影响机组的安全经济运行。转子除了在动叶通道完成能量转换、主轴传递扭矩外，还要承受很大的离心力、各部件的温差引起的热应力，以及由于振动产生的动应力。因此，转子必须用性能优良、高强度、高韧性的金属制造。为了提高通流部分的能量转换效率，转子、静子部件间保持较小的间隙，要求转子部件加工精密，调整、安装精细准确。

动叶片安装在转子叶轮（冲动式汽轮机）或转鼓（反动式汽轮机）上，接受喷嘴叶栅射出的高速汽流，把蒸汽的动能转换为机械能，使转子旋转。动叶片是汽轮机中最重要的零件之一，主要表现在：①它作为蒸汽热能转换为机械能的主要做功部件，其结构型线、工作状态将直接对能量转换效率产生影响；②数量最多，加工工作量相当大；③它是汽轮机中承受应力最高的零件，又必须在相当恶劣的工作条件下工作，事故率很高。因此，叶片的结构、性能不仅涉及设计制造，而且和汽轮机的经济性及运转的安全可靠性关系密切。

汽轮机的动叶片一般由三部分组成：一是通过横销紧固在转子的叶根，二是将蒸汽动能转化成机械能的叶高部分，三是引导蒸汽流动、并在叶轮外径设置的护罩，即围带部分。图 1-1 为动叶片在汽轮机的安装位置及动叶片的结构示意图。

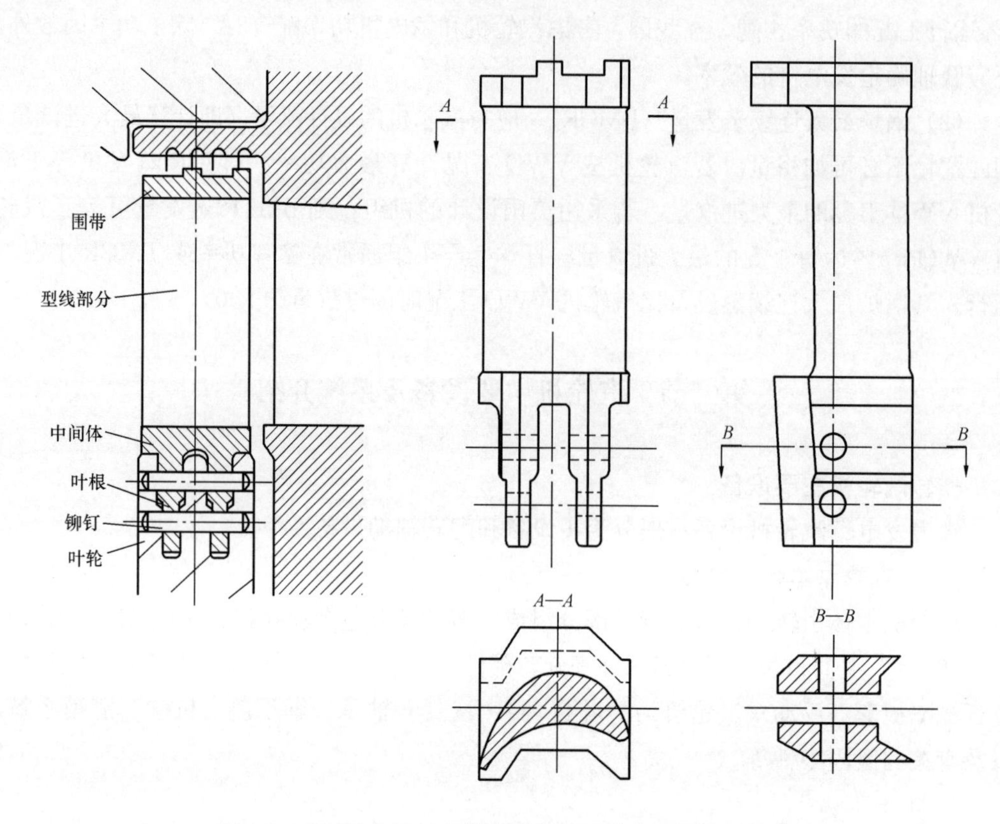

图 1-1　动叶片在汽轮机的安装位置及动叶片结构示意图

汽轮机叶片由于运行条件和作用不同，分为不同的类型。叶片按其截面是否沿叶高变化，可分为等截面叶片、变截面叶片和扭曲叶片。一般情况下，高中压转子的叶片采用等截面叶片，而低压转子后几级毫无例外的采用变截面扭曲叶片。

图 1-2 为某型冲动式汽轮机高中压合缸转子示意图，高压转子装配 8 级动叶，中压

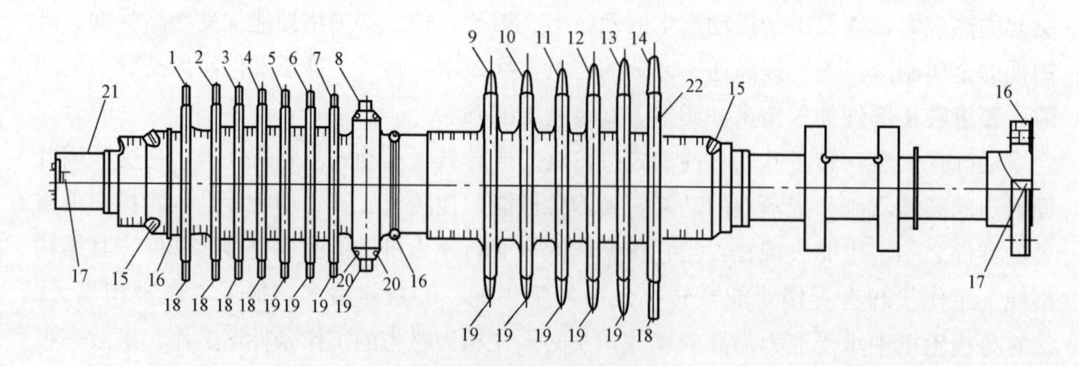

图 1-2　某型冲动式汽轮机高中压合缸转子示意图

1—第 8 级动叶片；2—第 7 级动叶；3—第 6 级动叶；4—第 5 级动叶；5—第 4 级动叶；6—第 3 级动叶；7—第 2 级动叶；8—第 1 级动叶；9—第 9 级动叶；10—第 10 级动叶；11—第 11 级动叶；12—第 12 级动叶；13—第 13 级动叶；14—第 14 级动叶；15—平衡螺塞；16、22—平衡重块；17—塞销；18、19—围带；20—镶件；21—转子

转子装配6级动叶。

2. 联轴器

联轴器是将汽轮机各个转子及发电机转子联成一体，用以传递扭矩及轴向推力的重要部件。主要有刚性、半挠性、挠性联轴器三类。大型汽轮发电机组一般采用刚性联轴器，这种联轴器结构简单，连接刚度大，传递力矩大。另外，刚性联轴器连接的轴系只需要一个推力轴承平衡推力，简化了轴系的支承定位，缩短了轴系长度。但此种联轴器连接的轴系需要高精度的轴系对中，否则，各个转子相互影响较大，容易引起轴系振动。

3. 盘车装置

汽轮机启动前和停机后，为避免转子弯曲变形，须设置连续盘车装置。在汽轮机启动冲转前，转子两端由于轴封供汽，蒸汽便从轴封两端漏入汽轮机，并集中在汽缸上部，使转子和汽缸产生温差，若转子不动则会使转子产生热弯曲；同样，汽轮机停机后，转子仍具有较高的温度，蒸汽聚集在汽缸的上部，由于汽缸结构不同，汽轮机上下缸温降速度不一样，也会使转子产生热弯曲；另外，在汽轮机启动前，通过盘车可使汽轮机上下缸以及转子温度均匀，自由膨胀，不发生动静部分摩擦，有助于消除温度较高的轴颈对轴瓦的损伤，还能消除转子由于重力产生的自然弯曲。

盘车一般分为低速盘车和高速盘车两类，高速盘车的转速一般为40～80r/min，而低速盘车一般为2～10r/min。高速盘车对油膜的建立较为有利，对转子的加热或冷却较为均匀，但盘车装置的功率较大，高速旋转如果温降速度控制不好，容易磨坏汽封齿，另外，高速盘车需要一套可靠的顶轴油系统，系统复杂。盘车驱动机构有电动盘车和液动盘车两种结构。

4. 汽缸

汽缸是汽轮机的静止部分，它的作用是将蒸汽与大气隔绝，形成蒸汽完成能量转换的封闭空间。此外，它还要支撑汽轮机的其他静止部件，如：隔板、隔板套、喷嘴汽室等。按蒸汽在汽轮机内流动的特点，汽缸的高中压部分承受蒸汽的内压力，低压部分有一部分缸体承受外部的大气压。由于汽缸的重量大，结构复杂，在运行过程中，由于蒸汽的温度和比容变化较大，汽缸各部分承受的应力沿汽缸的分布有较大的差别。因此，汽缸在设计和制造过程中，仍需考虑较多的问题，其中主要有：汽缸及其结合面的严密性，汽轮机启动过程中的汽缸热膨胀、热变形和热应力以及汽缸的刚度、强度和蒸汽流动特性等。

为了便于加工、装配和检修，汽缸一般做成水平中分形式，其主要特点是：通常把汽缸分为上下两个部分，转子从其径向中心穿过，为了使汽缸承受较大的蒸汽压力而不泄漏，汽缸上下两个部分用紧固件连接，最常用的是用螺栓、螺帽，它们沿上下缸中分面外径的法兰将上下缸紧密联在一起。为了保证法兰结合面的严密性，汽缸中分面在制造过程中必须光洁、平整。法兰螺栓的连接一般采用热紧方式，也就是在安装螺栓时给螺栓一定的预紧力，在经过一段时间的应力松弛后仍能保证法兰的严密性。另外，汽缸的进汽部分尽可能分散布置，以免造成局部热应力过大，引起汽缸变形。

随着机组容量的增大，蒸汽参数的提高，设计密封性能好而且可靠的法兰非常困难。为了解决这个问题，大型的汽轮机往往做成双层缸体结构，内外缸之间充满着一定压力和温度的蒸汽，从而使内外缸承受的压差和温差较小，另外，双层缸结构缸体和法兰都可以做的较薄，减小热应力，有利于改善机组的启动和负荷适应能力。一般情况下，双层缸的定位方法为：外缸用猫爪支撑在轴承座上，内缸与外缸采用螺栓连接，并用定位销和导向销进行定位和导向。

汽缸在运行中要承受内压力和内外壁温差引起的热应力，为了保证动静部分在正常运行时的正确位置，缸体材料必须具有足够的强度性能、良好的组织稳定性和抗疲劳性，并具有一定的抗氧化能力。对于汽缸的中分面法兰紧固件，因为其在应力松施的条件下工作且承受拉伸应力，因而这些部件材料要具有较高的抗松施性能、足够的强度、较低的缺口敏感性以及较小的蠕变脆化倾向和抗氧化性。通常螺母的强度比螺栓低一级，这样两者硬度不同可减小螺栓的磨损，并能防止长期工作后不咬死。

为了保证汽缸受热时自由膨胀又不影响机组中心线的一致，在汽缸和机座之间设置了一系列的导向滑键，这些滑键构成了汽轮机的滑销系统，对汽缸进行支撑、导向和定位，保证汽轮机良好对中，各汽缸、转子、轴承的膨胀不受阻碍。高中压缸一般都采用支撑面和中分面重叠的上猫爪支撑结构。汽缸本身的热膨胀和转子的热膨胀也是汽轮机设计过程中要考虑的问题，要合理的选定汽缸的死点、转子与汽缸相对死点的位置，留有足够的相对膨胀间隙，保证动静部分的间隙在合理的范围内，提高汽轮机的整体工作效率。

汽轮机在运行中，在汽缸内不允许有任何积水，因此，汽缸在设计时有足够的去湿装置，疏水留有足够的通流面积，尽可能的避免无法疏水的洼窝结构。

5. 汽缸支撑及滑销系统

汽缸支撑在基础台板上，基础台板又用底角螺栓固定在基础上。汽缸的支撑方法一般有两种：一种是汽缸通过猫爪支撑在轴承座上，通过轴承座放置在台板上；另一种是用外伸的撑角螺栓直接放置在台板上。

滑销系统通常由横销、纵销、立销、角销等组成。在汽缸与基础台板间和汽缸与轴承座之间应装上相应滑销系统，既保证汽缸自由膨胀，又保证机组中心不变。

(1) 汽缸膨胀。汽轮发电机组从启动过程到正常运行状态，汽缸要膨胀，转子也要膨胀，对于双层缸结构的汽轮机，内外缸之间也会产生相对膨胀。由于汽缸和转子在使用材料不同，几何尺寸不一样，汽缸和转子，内外缸之间膨胀量不完全相同，必然产生膨胀差。为了保证汽轮机在启动、停机过程中，汽缸、转子能按照设计要求定位和对中，保证其膨胀不受阻碍，汽轮机配置了一套完善的滑销系统。其主要有横销、纵销、立销、角销等部件组成，通过在不同部位的安装，控制汽轮机的膨胀方向。一般情况下大型汽轮机由于轴系长，缸体绝对膨胀值大，均采用多死点滑销系统，保证汽轮机的沿不同方向上的自由膨胀。

横销的作用是保证汽轮机汽缸沿横向自由膨胀，限制其轴向位移，使汽缸运行在允许间隙的范围内；纵销是保证汽缸沿轴向自由膨胀，限制横向膨胀，纵销中心线和横销中心线的交叉点形成汽缸的死点，当汽缸膨胀时，该点始终保持不变；立销的作用是限制汽缸的纵向和横向移动，允许汽缸上下膨胀。

（2）转子膨胀。汽轮机转子的膨胀死点的确定：转子是采用刚性连接的，轴向位移可以传递，轴向推力是有推力轴承承担，该轴承允许的位移是很小的，因而，推力轴承工作面就是转子和汽缸的相对死点。当机组的动静部分相对位置调整完成后，转子的轴向推力就由推力轴承承担，转子膨胀时，以该死点为基准向前、向后膨胀，距离该点的位置越远，其相对位移越大。

以国产某型 600MW 超临界三缸四排汽汽轮机滑销系统为例（见图 1-3）。汽缸的滑销系统采用定中心梁推拉结构，有效防止了汽缸偏斜。机组设计有一个绝对膨胀死点，位于 A 低压缸进汽中心线处，A 低压缸与 B 低压缸之间在水平中分面以下用定位中心梁连接，汽轮机膨胀时，A 低压缸中心保持不变，它的后部通过定中心梁推动 B 低压缸沿机组轴向向发电机端膨胀，A 低压缸的前部通过猫爪推着高中压缸、前轴承箱沿机组轴向向调速器端膨胀。轴系轴向位置是靠机组高中压转子电端的推力盘来定位的，推力盘包围在推力轴承中，构成机组动静之间的死点，转子以此向两端膨胀。

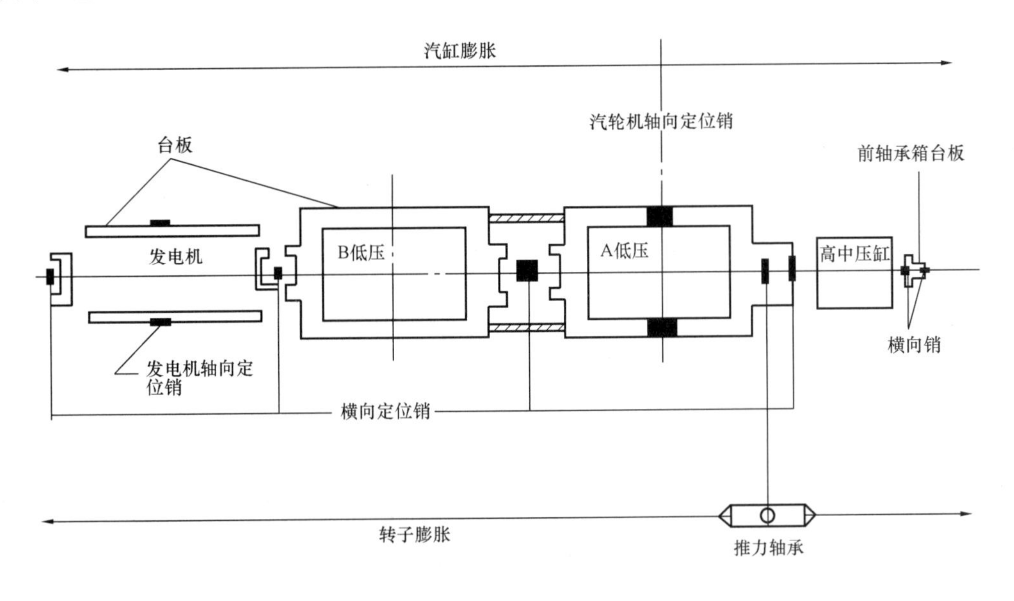

图 1-3　某型汽轮机滑销系统示意图

6. 喷嘴组及隔板

现代汽轮机大多采用喷嘴调节配汽方式，因此，汽轮机的第一级喷嘴通常都根据调节阀的个数成组布置。成组布置喷嘴成为喷嘴组，一般有两种结构形式：一种是中参数汽轮机上采用的单个铣制的喷嘴叶片焊接而成的喷嘴组，另一种是高参数汽轮机上采用的整体铣制焊接而成或精密烧铸而成的喷嘴组。

隔板作用是固定静叶片，并将汽缸内间隔成若干个汽室。

7. 汽封

汽轮机运转时，转子高速旋转，汽缸、隔板等静止不动，因此转子与静止之间需要预留适当间隙，从而保证动静之间不发生碰磨。然而，间隙的存在就要导致漏汽，为了减少蒸汽泄漏或空气漏入，需要有密封装置，通常称为汽封。根据汽封装设的位置不同，汽封又分为下列几种：

(1) 叶栅汽封。主要密封的位置包括动叶片围带处和静叶片或隔板之间的径向、轴向以及动叶片根部和静叶片或隔板之间的径向、轴向汽封。

(2) 隔板汽封。隔板内圆面之间用来限制级与级之间漏气的汽封。

(3) 轴端汽封。在转子两端穿过汽缸的部位设置合适的不同压力降的成组汽封。

由于装设部位不同，密封方式不同，采用的汽封形式也不尽相同，通常叶片汽封和隔板汽封又称为通流部分汽封。

8. 轴承

为保证汽轮机转子在汽缸内的正常工作，汽轮机毫无例外的采用了径向支持轴承和推力轴承，径向支持轴承承担转子的重量和因部分进汽或振动引起的其他力，并确定转子的位置，保证转子与汽缸的中心线的一致；推力轴承承担汽流引起的轴向推力，并确定转子的轴向位置，确保汽轮机的动静部分的间隙。由于汽轮发电机组属重载高速设备，轴承全部采用以油膜润滑理论为基础的滑动轴承。

9. 汽轮机配汽

汽轮机的配汽方式对汽轮机的运行性能、结构，特别是汽缸高中压部分的布置和结构有很大的影响。汽轮机最常采用的配汽方式为喷嘴配汽和节流配汽。再热汽轮机设备包括高压主汽阀、高压调节阀、中压主汽阀、中压调节阀以及导汽管和喷嘴室。

(1) 高、中压主汽阀。主汽阀位于调节汽阀前面的主蒸汽、再热蒸汽管道上。从锅炉来的主蒸汽、再热蒸汽，首先必须经过主汽阀，才能进入汽轮机。对于汽轮机来说，主汽阀是主蒸汽的总闸门。主汽阀打开，汽轮机就有了汽源，有了驱动力；主汽阀关闭，汽轮机就切断了汽源，失去了驱动力。汽轮机正常运行时，主汽阀全开；汽轮机停机时，主汽阀关闭。主汽阀的主要功能有两点：一是当汽轮机需要紧急停机时，主汽阀应当能够快速关闭，切断汽源。二是在启动过程中控制进入汽缸的蒸汽流量。

主汽阀主要包括阀壳、阀座、阀蝶、阀杆、阀杆套筒、阀盖、蒸汽滤网等部件。

(2) 高、中压调节阀。调节阀的功能是通过改变阀门开度来控制汽轮机的进汽量。在汽轮发电机组带负荷之前，调节阀不同的开度（在蒸汽参数不变的情况下）对应不同的转速，开度大则进汽量大，相应的转速高；在汽轮发电机组并网带负荷之后，调节阀不同的开度（在蒸汽参数不变的情况下）对应不同的负荷，即开度大发出的功率也大。

调节阀本体的结构主要由阀壳、阀盖（以及紧固件及密封件）、阀杆套筒、阀杆、阀蝶、阀蝶套筒、阀座、操纵座等组成。

(3) 导汽管和喷嘴室。导汽管和喷嘴室是把从调节阀来的蒸汽送进汽轮机的部件。

（二）汽轮机配套辅助设备

汽轮机侧主要辅助设备为：高压加热器、低压加热器、除氧器、凝汽器、凝结水泵、给水泵汽轮机及给水泵、冷却塔、空冷岛、油系统设备、控制系统等。具体介绍见本书第二篇各章节。

二、汽轮机主要系统

根据介质及介质状态，可将汽轮机各系统简单归纳为：汽、水、油、气系统。

（一）冷却水系统

闭式冷却水系统、开式冷却水系统、胶球清洗系统、循环水系统。

（二）凝结水及给水系统

凝结水泵及凝结水系统、给水泵组及除氧给水系统。

（三）油系统

主机润滑油、顶轴油系统及盘车装置、油净化系统、汽轮机调节保安系统及控制油系统、给水泵汽轮机润滑油系统及调节保安系统。

（四）发电机氢油水系统

发电机定子冷却水系统、发电机密封油系统、发电机氢冷系统。

（五）蒸汽系统

主再热蒸汽和高低旁路系统、辅助蒸汽系统、轴封系统、真空系统、抽汽回热系统、疏水系统。

（六）空冷系统

空冷机组的冷却方式分为直接空冷和间接空冷。

具体各系统介绍见本书第二篇各章节。

第二章　汽轮机调试专业知识

第一节　调　试　管　理

调试是火电工程建设的最后一个阶段，是全面检查主机及配套系统的设备制造、设计、施工、调试和生产准备的重要环节，是保证机组达设计值，并能安全、可靠、经济、文明地形成生产能力，发挥投资效益的关键过程。加强调试管理可以规范火电建设机组调试工作程序，保证火电机组调试安全，提高火电机组的调整试运的工作水平。

一、组织机构及人员管理

选择一家装备精良、技术过硬并有相应资质的调试企业，配备数量合理、专业素质高的现场调试人员，是保证火电机组调试安全、提高火电机组的调整试运工作水平的根本保证。

（一）企业资质

根据中国电力建设企业协会颁布的《电力工程调试能力资格管理办法（2010 版）》，电力工程调试单位应具备独立法人资格，已获得从事电力工程调试资质。资质应在有效期内，且能提供由中国电力建设企业协会统一印制颁发的“电力工程调试能力资格证书”予以证实。

资质等级按照特级、甲级、乙级、丙级共四个等级划分。承担 600MW 及以上发电机组的调试业务单位应具备发电工程类特级调试能力资格，承担 600MW 以下、200MW 级以上发电机组的调试业务单位应具备发电工程类甲级调试能力资格，承担 200MW 以下、100MW 级以上发电机组的调试业务单位应具备发电工程类乙级调试能力资格，承担 100MW 级以下发电机组的调试业务单位应具备发电工程类丙级调试能力资格。

（二）人员资质

依据中国电力建设企业协会颁布的《电力工程调试从业人员岗位资格管理办法》，从事电力工程调试的从业人员必须持证上岗。电力工程调试从业人员岗位资格种类分为：调试总工程师、调试工程师、调试技术员。

调试总工程师：电力工程调试至少应配备一名调试总工程师，并具备相应资质。调试总工程师设一级和二级两个等级，一级调试总工程师可负责各类电力工程调试工作；二级调试总工程师可负责单机容量 200MW 以下等级火电调试工作。

调试专业负责人：调试专业负责人应具有调试工程师资格，持有中国电力建设企业协会颁布的电力工程调试工程师岗位资格证书，且与其负责专业一致。

此外，每个专业可配备若干名调试技术员，调试技术员可从事各类电力工程中相应专业的调试工作。

二、专业调试管理

专业调试管理的目的是规范各调试专业调试过程，提高工程调试技术水平。主要包括调试大纲、调试措施的编制、设计变更、技术交底、过程记录、调试报告等方面内容。

（一）汽轮机专业调试引用的标准清单

主要为国家或行业现行的有关调试管理或汽轮机专业标准、法规、规程、规范、规定等。

（1）《火力发电建设工程启动试运及验收规程》（DL/T 5437）；

（2）《火电工程达标投产验收规程》（DL 5277）；

（3）《电力建设安全工作规程第1部分：火力发电厂》（DL 5009.1）；

（4）《火电建设施工技术规范　第3部分：汽轮发电机组》（DL 5190.3）；

（5）《火电建设工程机组调试技术规范》（DL/T 5294）；

（6）《火力发电建设工程机组调试质量验收及评价规程》（DL/T 5295）；

（7）《电厂运行中汽轮机油质量》（GB/T 7596）；

（8）《电厂用磷酸酯抗燃油运行与维护导则》（DL/T 571）；

（9）《汽轮发电机漏水、漏氢的检验》（DL/T 607）；

（10）《氢冷发电机氢气湿度的技术要求》（DL/T 651）；

（11）《汽轮机调节控制系统试验导则》（DL/T 711）；

（12）《运行中氢冷发电机用密封油质量标准》（DL/T 705）；

（13）《火力发电厂汽轮机防进水和冷蒸汽导则》（DL/T 834）；

（14）《汽轮机启动调试导则》（DL/T 863）；

（15）《火力发电建设工程机组甩负荷试验导则》（DL/T 1270）。

（二）专业技术管理

1. 调试大纲

调试大纲是机组调试过程中科学组织和规范调试过程、明确各参建单位职责、保证机组安全、可靠、按期、稳定投入生产的重要纲领性文件，每个工程项目应编写一个调试大纲。调试大纲内容应详实，至少应包括机组设备系统概况及特点、启动试运的组织与职责分工、调试阶段工作原则及管理性程序、调试范围及项目、调试措施编制计划清单、重要调试项目原则方案、重要控制节点的计划完成工期、调试安全质量目标及保障措施、机组调试计划网络图等要素。

调试单位编制的调试大纲，由监理单位负责组织建设、生产、设计、监理、施工、调试、主要设备供货商等单位现场主要负责人进行审查，并形成审查会议纪要。调试单位按照会议纪要完成修改，经调试单位负责人审核，报试运指挥部总指挥批准后执行。

2. 调试措施

调试措施是机组调试过程中重要的指导性文件，主要用以确定调试现场设备及系统应具备的基本条件、调试具体内容及程序、调试质量的检验标准等。使参加调试有关单位和人员，明确此项调试的技术要求和责任、调试方法和步骤等，确保调试工作安全顺利进行。在调试措施中须确定调试现场设备及系统应具备的基本条件、调试项目及工作程序、调试中的安全事项、调试质量的检验标准等。

每个调试项目都应有相应的调试或试验措施，对应汽轮机专业至少应编制：闭式冷却水系统，开式冷却水系统，凝结水泵及凝结水系统（含凝结水补水系统），胶球清洗系统，循环水泵及循环水系统，电动给水泵及除氧给水系统，主机润滑油、顶轴油系统及盘车装置，油净化系统，发电机水冷系统，发电机密封油系统，发电机氢冷系统，主蒸汽、再热蒸汽和高、低压旁路系统，辅助蒸汽系统，抽汽回热系统，真空系统，轴封系统，汽轮机整套启动试运，汽轮机甩负荷试验措施等。

调试措施内容应详实，至少应包括调试范围及目的、调试前应具备条件、调试工作内容及程序、调试质量验收标准、组织与分工等要素、工作危险源及环境和职业健康管理、调试项目记录内容及使用仪器仪表等要素。

调试措施应按照调试单位内部文件管理程序完成审批，一般调试措施编制人为调试单位专业调试人员，审核人为调试单位专业负责人，批准人为调试单位的调试总工程师。

调试措施执行前应经有关单位审查通过，一般调试措施由监理单位专业监理工程师审查，出具审查单；重要调试措施由监理单位组织各参建单位相关专业人员会审，出具审查会议纪要，并将监理审查单及审查会议纪要附于正式印刷出版的调试措施中，报试运指挥部批准。

3. 调试设计变更

调试过程中发现的设计不合理问题，由工地代表设计修改简易程序，由设计单位工地代表出具设计修改通知单，设计工地代表负责人审核，并经建设单位、监理单位审查通过后及时发送给所有有关单位和个人。

4. 技术交底

每一项调试项目实施之前进行全面的安全及技术交底工作，一方面使参与人员明确工作目标、内容和责任；另一方面对调试过程中的技术要点进行讲解和答疑，对措施中涉及的安全细节进行检查和确认。技术交底的主要工作包括：宣读调试措施、讲解调试应具备的条件、描述调试程序和验收标准、明确调试组织机构及责任分工、技术答疑等。

5. 调试过程记录

调试记录是记录机组调试过程的重要文件，主要包括系统检查、试验、测试、运行记录及技术统计等。

6. 调试报告

调试报告是调试项目完成后的重要技术文件，是表明某项调试工作已经完成的重要标志，机组移交生产后，调试单位在规定时间内完成各项调试报告。调试报告是对调试措施的响应，应全面、真实反映调试过程和调试结果，结论明确。调试报告原则上与调试措施是一一对应的，此外每台机组应有一个总体调试报告。

调试报告应按照调试单位内部文件管理程序完成审批，通常调试报告编制人为调试单位专业调试人员；审批人为调试单位专业负责人；批准人为调试单位调试总工程师。机组总体调试报告编制人为调试单位调试总工程师，审批人和批准人为调试单位负责人。

调试报告正文部分应包含下列内容：

（1）设备及系统简介。

（2）调试过程简介。说明调试开始日期和时间，调试完成的工作，调试过程中发现的问题及处理情况，调试结束日期和时间等。

（3）设备及系统调试结论。对设备及系统运行情况和能力作出结论。

（4）遗留问题及处理建议。对机组移交后仍遗留的问题进行描述，分析原因并提出处理建议，提出运行应注意的事项。

（5）附录。调试措施技术和安全交底记录，测点、阀门、开关、回路、装置等传动验收记录，连锁保护逻辑传动验收记录，系统试运条件检查确认表，试运设备和系统参数记录，试验曲线等。

（三）专业质量管理

1. 调试质量验收范围划分表

工程调试质量的检查、验收应由调试单位根据所承担的工程范围，按规定编制有针对性的汽轮机专业调试质量验收范围划分表，工程编号可续编、缺号，但不得变更原编号，监理单位进行审核，经建设单位确认后，由调试、监理及建设单位三方签字、盖章批准执行。

火力发电工程机组调试质量，按分系统试运和整套启动试运两个阶段进行验收，每个阶段的汽轮机专业单项工程质量验收，根据合同约定的工程范围划分为若干单位工程。划分表中“验收单位”一栏，应由监理单位、施工单位、调试单位、生产单位和建设单位等组成。建设单位可根据实际情况增加验收单位，如设备制造单位或设计单位等。

2. 设备和调试质量问题台账

调试过程中发生设备和调试质量问题时，由监理单位负责管理，监理台账，确定问题性质和处理责任单位，组长处理的验收，实行闭环管理。台账内容应包括设备和调试质量问题内容、发现时间、发现人、责任单位、处理完成时间、检查或验收结果等。

三、调试工器具、仪器管理

（一）工器具

个人领用的基本工器具由领用人妥善保管，爱护使用，公用工器具及专用工器具的领用应登记，使用完应及时归还。建立工器具台账，并定期进行检查、维护保养。工器具的使用者应熟悉工器具的使用方法，否则不准使用，使用前应认真核查合格证是否有效，并进行使用前的常规检查。不准使用无合格证以及外观有缺陷等常规检查不合格的工器具。

（二）计量器具

工程调试项目开工前项目部应根据项目质量计划、调试方案对检测设备的精度要求和生产需要，准备计量器具及检测仪器，每台仪器均应有使用说明、操作规程和检定合格证。

每台量器具及检测仪器均应按照检定周期进行定期检定，检定合格后方可使用。使用计量器具前，应检查其是否完好，若不在检定周期内、检定表示不清，视为不合格的计量检测设备，不得使用。每次使用前，应对计量检测设备进行校准比对检查，若发现计量检测设备偏离标准状态，应立即停用，重新校验校准。

四、调试验收管理

（一）调试质量验收

（1）火力发电工程机组调试质量，应按分系统试运和整套启动试运两个阶段进行验收。

（2）调试质量的检查、验收应由调试单位根据合同约定的工程范围，按《火力发电建设工程机组调试质量验收与评价规程》（DL/T 5295）规定编制验收范围划分表，经监理单位审核，建设单位批准后实施。

（3）调试项目必须调试完毕方可进行质量验收。对调试质量进行验收，调试单位应自检合格，自检记录齐全，方可报工程监理、建设单位进行质量验收。

（4）机组调试质量验收应由监理单位组织，施工、调试、生产、建设等单位参加。

（二）调试阶段工程质量验收签证

（1）分系统试运、整套启动试运结束后，调试验收应按照经批准的调试质量验收表进行。当项目质量验收遇到难以复现的情况，应在项目调试前由调试单位通知监理及有关单位，在调试时进行见证验收，并完成验收记录及签证。

（2）质量检验项目动态参数的采集，应选择工况相对稳定时的数据。质量检验使用的测量表计应经检验合格，并在有效期内。

（3）调试质量验收文件应内容齐全，定性项目定性准确，定量项目数据齐全、准确，制成材料和字迹符合耐久性保存要求。

（三）调试验收不符合项处理

（1）当工程调试质量出现不符合时，应进行登记备案，并按下列规定处理。

1）经调试返工或更换器具、设备的检验项目，应重新进行验收。

2）经调试返工后能满足安全运行和功能要求的检验项目可按技术处理方案和协商文件进行验收。

3）无法返工或返工不合格检验项目，应经鉴定机构或相关单位进行鉴定。对不影响内在质量、使用寿命、使用功能、安全运行的项目，可做让步处理。经让步处理的项目不再进行二次验收，但应在“验收结论”栏内注明，其书面报告应附在验收表后。

（2）工程调试质量有以下情况之一者不应进行验收。

1）主控检查项目的检验结果没有达到质量标准。

2）设计及制造厂对质量标准有数据要求，而检验结果栏中没有实测数据。

3）质量验收文件不符合档案管理规范。

(3）因设计或设备制造原因造成的质量问题应由设计或设备制造单位负责处理。

当委托调试单位或施工单位现场处理仍无法使个别非主控项目满足标准要求时，经建设单位会同设计单位（或制造单位）、监理单位和调试单位（或施工单位）共同书面确认签字后，可做让步处理。经让步处理的项目不再进行二次验收，但应在“验收结论”栏内注明，其书面报告应附在验收表后。

五、调试强制性条文执行管理

工程建设标准强制性条文是工程建设标准中直接涉及人民生命财产安全、人身健康、环境保护和其他公众利益的、必须严格执行的强制性规定，并考虑了保护资源、节约投资、提高经济效益和社会效益等政策要求。就汽轮机专业而言，强制性条文执行依据《工程建设标准强制性条文（电力部分）》《电力建设施工技术规范 第3部分：汽轮发电机组》（DL 5190.3）和《电力建设施工技术规范　第5部分：管道及系统》（DL 5190.5）中标注的黑体字条款内容相关章节，结合现场情况，编制符合工程实际的汽轮机专业强制性条文执行计划、措施、并审批交底。定期检查强制性条文执行情况，并分析原因，制定针对性的纠偏措施。每项工程施工完必须对工程涉及的强制性条文内容进行专项检查。汽轮机强制性条文内容见表2-1。

表2-1　汽轮机强制性条文内容

序号	强制性条文内容	引用标准
1	蒸汽吹扫与汽轮机连接管道，必须采取防止汽轮机大轴弯曲的措施	DL 5190.3—2012 11.3.1条第9款
2	汽轮机在启动过程中发生异常振动或达到跳机值时，必须立即紧急停机，连续盘车，测量大轴晃度的变化，并找出原因，禁止降速暖机	DL 5190.3—2012 11.9.3条第9款
3	向发动机内充氢气置换二氧化碳时，发电机内可能漏入空气的所有管道必须有效隔断	DL 5190.3—2012 11.10.6条第1款
4	发电机排氢应符合下列规定： (1）发电机气体置换应在转子静止或盘车状态下进行。发电机转动或充气时应保证密封瓦的供油，油氢压差应符合制造厂要求，油压比发电机内部气体压力宜高50～80kPa。气体置换过程中，发电机壳体内可保持较低压力，但最低不得小于10kPa。 (2）供氢管道必须隔断	DL 5190.3—2012 11.10.8条第1～2款

（一）强制性条文的实施

(1）工程开工前和作业过程中，调试单位应组织调试技术人员进行与本专业相关联的强制性条文培训，并有培训记录。

(2）强制性条文实施。参建各单位根据工程实际进展情况，按照工程建设质量标准强制性条文要求进行执行、检查和核查。

（二）汽轮机调试强制性条文检查主要内容

汽轮机调试强制性条文检查主要内容见表 2-1。

第二节　机组调试工作原则及程序

一、机组调试工作的基本原则

（1）在试运指挥部的统一领导下，分部试运组组长和整套试运组组长，应全面组织和协调各专业组进行机组的分部试运和整套启动试运工作，各专业组长对本专业的试运工作全面负责，做好本专业调试工作的组织及与其他专业的协调配合工作。

（2）在调试现场，各参建单位参加试运人员，在分部试运或整套启动试运阶段，应服从分部试运组长或整套试运组长的统一指挥。生产单位运行操作人员，应听从调试人员指挥。

（3）调试期间应严格执行调度纪律，与电网调度及生产机组的联系工作由生产单位负责，生产单位应按照调试计划和试运要求，提前向电网调度提出申请。

（4）试运机组值班的运行值长，在机组不同的试运阶段，接受各试运负责人的指令，安排和指挥本值运行人员进行操作和监视。运行值班操作人员应有明确分工，试运中发现异常，应及时向试运负责人汇报，在试运负责人的指导下进行处理。

（5）调试工作前，调试人员应向参加人员进行调试措施交底并做好记录。

（6）在进行调试项目工作时，运行人员应按照有关调试措施并遵照专业调试人员的要求进行操作。在正常运行情况下，应按照运行规程进行操作。

（7）在试运中发现故障时，如暂不危及设备和人身安全，应向试运负责人汇报，不得擅自处理或中断运行；如危及设备和人身安全，可直接处理并及时报告试运负责人。

（8）试运期间，设备停、送电等操作，应严格按照操作票执行。在配电间代保管前，设备及系统的动力电源送、停电工作由施工单位负责；在配电间代保管后，由生产单位负责。在机组调试期间，热控设备或仪表的送、停电等操作由施工单位负责。

（9）试运期间，在与试运设备或系统有关的部位进行消缺或工作时，应按照工作票制度执行。

（10）在分部试运和整套启动试运期间，应召开试运调度会：

1）分部试运期间的试运调度会由分部试运组组长主持。

2）整套启动试运期间的试运调度会由整套试运组组长主持。

3）试运指挥部、建设和生产单位相关部门、监理、设计、施工、调试、主要设备制造厂等单位现场负责人应出席试运调度会。

4）试运调度会主要议题为：通报调试及试运情况、试运计划、目前存在问题及处理情况、需要协调及解决问题等。

5）试运调度会应落实解决问题的责任单位、责任人、计划安排等，并跟踪落实。

6）试运调度会议纪要由综合管理组文秘负责编写，交会议主持人审核、签发后，发放给各单位。

二、机组调试工作的基本程序及内容

（一）调试前期管理方面工作

1. 人员方面安排

在调试项目投标过程中，调试单位一般会根据招标方要求确定调试项目经理、专业负责人。在调试合同签订后，调试单位将根据工程特点、合同要求进行相关调试组织机构策划，进一步确定项目副经理、分专业负责人及相关调试人员。

2. 吃住行方面安排

调试项目部的管理人员、调试人员在调试高峰时段达到 40～50 人，生活起居方面必须做好安排，特别是试运倒班时，劳动强度大，在饮食、休息方面应尽量创造好的条件，只有吃好、休息好，才能保证调试人员旺盛精力。

3. 仪器、设备及工器具方面准备

准备和校验调试所需仪器、仪表、工具及材料。汽轮机专业调试准备主要仪器及工具包括便携式振动表、点温仪、转速表、振动数据采集系统、甩负荷试验数据采集系统、对讲机等。

（二）调试前期技术方面工作

1. 参与设备选型方面工作

汽轮机设备选型应执行《电站汽轮机技术条件》（DL/T 892—2004）中相关要求，辅机设备选型不能一味强调安全裕度。在主机和重要辅机招标书审查、招标工作方面，项目建设单位可邀请有经验的调试工程师参加该方面工作，听取调试专业工程师关于设备方面意见和建议，以完善相关技术条款。

2. 参与设计审查方面工作

机组设计应符合火力发电厂设计有关技术规程、规范。因设计规程、规范不可能做到经常性更新，一些改进的工艺和新技术无法在规范里得到体现。譬如，近几年已经列入燃煤电厂节能升级改造项目（汽封改造、变频改造等），由于设计标准更新滞后，造成一些成熟的先进的工艺或技术无法在机组设计过程中实施，反而等到机组投产后再对原有设备进行改造，造成人财物方面的浪费。调试单位参加设计审查应主要站在调试角度，审查设计单位施工图是否满足安全生产、经济运行的需要，推荐一些成熟的工艺和新技术，对性能试验测点提供建议等。

3. 资料收集及现场查勘

编写方案前，调试技术人员应到现场查勘设备及系统安装情况，参加建设单位组织的系统图、控制逻辑图、保护定值、运行规程等讨论。收集施工设计图纸、热力系统图、设备技术协议、厂家说明书、运行规程、逻辑图、定值表等技术资料。

对于新技术、新工艺方面的资料，编写方案前宜到已经应用电厂或有相关调试经历的单位调研收资，获取相关调试和运行方面的资料，便于方案更具体、更有操作性，避免调试过程犯重复错误。

4. 调试方案编写及审查

在熟悉相关设备资料和现场实地查勘基础上，开始进行调试方案编写工作。调试方案可分初版和最终版，由于多种原因，所收集到的资料不一定齐全和完善，因此初版的调试方案所能体现的信息不一定具体和确定，需要在后续阶段进行补充和完善，形成最终版的调试方案。

5. 调试过程表格制作

试运前，应制定阀门试验卡、调试传动检查、现场试运条件检查卡、分系统试运数据记录表以及验收表等。

(三) 设备试运工作程序

1. 单机试运程序

(1) 施工单位应按照生产单位提供连锁、保护定值和测点量程清单等资料，完成试运设备和系统一次元件校验及阀门、挡板、开关等单体调试及联合传动试验，并向调试单位提供已具备验收条件的项目清单。

(2) 调试单位完成 DCS 系统组态检查，按照生产单位提供连锁、保护定值清单完成报警、连锁、保护设定值检查，完成相关报警及连锁、保护逻辑传动试验。

(3) 单机首次试运前，施工单位应按照单机试运检查表组织施工、调试、监理、建设、生产单位对试运条件进行检查确认签证。

(4) 重要设备的首次启动试运，设备供货商代表应参加，并监督、指导。

(5) 施工单位负责组织、指挥生产运行人员完成单机试运，并做好试运记录。

(6) 单机试运操作应在控制室操作员站上进行，相关保护应投入。

(7) 单机试运结束后，施工单位负责填写单机试运质量验评表，监理单位组织施工、调试、监理、建设、生产单位完成验收签证。

2. 分系统调试程序

(1) 试运设备及系统传动试验。组织完成试运设备及系统的阀门、连锁、保护、报警、启停等传动试验。

(2) 组织分系统试运条件的检查和签证。分系统试运前，由调试单位组织建设、监理、安装、运行单位对试运前条件进行检查，检查完后，调试单位汇总检查结果，施工单位对检查所提出的问题进行逐项整改，直到具备试运条件。调试单位填写《新设备分部试运前静态检查表》及《新设备分部试运申请单》，经试运各方签证完毕后，设备可以试运。

(3) 分系统试运前技术交底。向参与调试的调试、运行、监理、安装等专业人员进行调试措施技术及安全交底。

(4) 组织和指导运行人员进行首次试运前设备及系统状态检查和调整。生产单位运行人员依据调试方案、运行规程对首次试运前设备及系统进行检查及操作，包括阀门开关操作、容器注水、泵启动前注水赶空气等，安装单位负责临时系统操作，调试单位指导运行操作，对试运前设备状态进行检查确认。

(5) 进行分系统调试，并完成调试过程记录。

（6）分系统调试完成后，填写调试质量验收表并完成验收签证。依据《火力发电建设工程机组调试质量验收及评价规程》（DL/T 5295—2013）要求进行。接受电力质量监督站对机组整套启动前质量检查，并完成检查中属于调试问题的整改和封闭工作。

3. 整套启动调试程序

（1）在试运指挥部的领导下，建设单位负责组织建设、监理、设计、施工、调试、生产等单位，对整套启动试运条件进行全面检查，并报请上级质量监督机构进行整套启动前质量监督检查。

（2）召开启动验收委员会首次会议，听取试运指挥部和主要参建单位关于整套启动试运前工作情况汇报和整套启动试运前质量监督检查报告，对整套启动试运条件进行审查和确认，并作出决议。

（3）调试单位按整套启动试运条件检查表组织调试、施工、监理、建设、生产单位进行检查确认签证，报请试运指挥部总指挥批准。

（4）生产单位将试运指挥部总指挥批准的整套启动试运计划报电网调度部门批准后，整套试运组按该计划组织实施机组整套启动试运。

（5）机组整套启动空负荷、带负荷试运全部试验项目完成后，调试单位按进入满负荷试运条件检查确认表组织调试、施工、监理、建设、生产单位进行检查确认签证，报请试运指挥部总指挥批准。生产单位向调度部门提出机组进入满负荷试运申请，经同意后，机组进入满负荷试运。

（6）机组满负荷试运结束前，调试单位按满负荷试运结束条件检查确认表组织调试、施工、监理、建设、生产等单位检查确认签证，报请试运指挥部总指挥批准，由总指挥宣布满负荷试运结束，机组移交生产单位，生产单位报告电网调度部门。

（7）调试单位负责填写机组整套启动试运空负荷、带负荷、满负荷调试质量验评表，监理单位组织调试、施工、监理、建设、生产单位完成验收签证。

（四）调试收尾工作

（1）机组满负荷试运完成后，完成调试报告编写、审核、批准、出版和相关资料移交。

（2）机组达标检查配合工作。

第三节　机组指标控制与调试

保证机组安全、优质、按期投产是参建单位共同目标，需要参建各方各司其职去共同努力，调试单位作为新建机组投产前最后一个环节，应当依据调试合同对指标考核要求，做好相关指标策划、调试工作，不发生因调试原因引起指标不良行为。

一、汽轮机组经济性及安全性的关键指标

1. 汽轮机组经济性关键指标

机组经济性指标包括热耗、汽轮机缸效率、真空严密性、胶球收球率、加热器端

差、凝汽器端差、主再热蒸汽温度、给水温度、调节阀压损、补水率等。

机组热耗、真空严密性两项指标为经济性关键指标。

2. 汽轮机组安全性关键指标

（1）本体参数：机组主机振动、瓦温，轴向位移，胀差，上下缸温差，润滑油温、油压。

（2）辅机指标：振动、瓦温、出口压力、流量。

（3）其他指标：发电机漏氢量、漏氢率，首次整套启动至通过 168h 试运天数，不因调试原因造成机组 168h 试运结束后无法连续运行天数，机组投入商业运行后半年内不发生由于调试原因造成的非计划停用。

主机振动和发电机漏氢量指标是安全方面重要考核指标。

二、机组关键指标控制与调整建议

（一）汽轮机组热耗策划与控制

1. 机组热耗指标

机组热耗指标是最能反映机组效率的经济性指标。理想是希望机组热耗值达到或低于设计值，现实是投产后机组热耗基本都离设计值有一定差距，一般高于设计值 100～200kJ/kWh 是比较常见情况，甚至高于设计值 300～500kJ/kWh。大量性能试验表明，造成热耗值偏离设计值主要原因有：①高中低压缸效率达不到设计值；②汽缸变形，造成动静间隙不均，级间漏汽和中分面漏汽；③系统方面原因，如阀门内漏、给水泵效率低等。

2. 提高汽轮机经济性的建议

（1）汽封优化及调整。如果汽轮机汽封间隙增大，则从端部轴封、隔板汽封、叶顶汽封、过桥汽封等泄漏蒸汽量增加，会造成泄漏损失增大，使汽轮机的内效率降低，热耗率上升。汽封间隙过大是汽轮机内效率达不到设计值的一个重要原因，为保证机组运行经济性，建议在机组安装中，汽封间隙按设计值下限进行调整，对于其他的动静间隙，如油挡、探头等容易忽视的通流部件的间隙、安装工艺也需要引起足够重视。安装单位应严格控制施工工艺，建设单位汽轮机专工、专业监理工程师应对汽封间隙的调整进行监督，为了保证缸内间隙的真实性和准确性，需要在全实缸状态下验收汽封间隙。

（2）热力系统阀门内漏。热力系统阀门的严密性对机组的经济性有着很大的影响，对机组经济性影响较大的阀门所处的部位有：①主蒸汽、再热汽、抽汽系统等的管道和阀门疏水；②主蒸汽高、低压旁路及旁路减温水；③加热器危急疏水至凝汽器；④加热器给水、凝结水大小旁路及再循环；⑤加热器壳侧疏水、放气和水侧放水、放气；⑥汽轮机辅助抽汽；⑦除氧器放水、溢流、放气；⑧锅炉吹灰、放汽、疏水等。阀门处工质压力等级越高、品位越高，其泄漏造成的损失越大。在安装、调试及机组投产后，为确保不发生阀门内漏的现象，消除热力系统内外泄漏，提高机组的运行经济性。建议：①对以上部位的阀门选型应重点关注，采用先进成熟产品；②在安装时，安装单位应会同监理单位对阀门的严密性进行重点检查；③系统初次投运前，对相关管道按照工艺要求进行吹扫、喷砂等处理，启动前进行带压冲洗，对于清洗不到的死角按“隐蔽工程”的要求进行清理，并经监理检查确认，防止杂质损坏阀门密封面而造成内漏。

（3）加强机组启动过程中的振动控制。制定切合实际的开机振动控制方案。机组汽封间隙按下限值调整，如果开停机过程中出现大的振动，汽封动静间隙会因磨损变大，从而会加大汽封漏汽量。因此，首次开机时应慎重对待因汽封间隙减小引起碰摩问题，一方面，既要确保开机顺利，另一方面，又要保证不发生大的振动造成对汽封的破坏，建议采取控制措施：①首次开机一定要按照逐步提升转速，分阶段稳定的措施，将摩擦振动控制在一定的范围内，既保证能磨掉汽封轻微接触的部分，亦保证避免因急于求成做法导致严重摩擦损害汽封改造效果；②高中压转子摩擦振动容易发生在机组启停、空负荷阶段和布莱登汽封闭合阶段，低压转子摩擦振动容易发生在带负荷阶段。当摩擦振动处于快速增长或超过了开机方案制定的上限值时，应果断采取干预措施，例如降负荷、降转速、降真空等措施，避免摩擦振动由早期过渡到中晚期，导致摩擦振动发散；③要慎重使用接触式汽封、刷式汽封。开机实例证明，该型式汽封耐磨性好，消除摩擦振动需要更长的时间。

（4）加强机组汽水品质的监督。防止汽水品质超标造成机组通流结垢、积盐、锈蚀等问题，影响机组经济性和汽封的安全运行。

（5）加强对主再热汽温的运行调整和相关的保护工作。杜绝因汽温的大幅度波动、蒸汽带水等引起转子弯轴、汽缸变形、通流锈蚀等不安全行为的发生。要通过完善相关的保护系统、机组热负荷瞬间丧失相应的快减负荷等逻辑功能来减少运行人员的干预。

（二）真空严密性策划与控制

汽轮发电机组真空严密性是火力发电厂机组运行的重要技术指标之一，也是电力建设过程中控制的重要关键工序。由于影响机组真空严密性的因素很多，有制造、设计和安装等方面的因素，但主要还是在安装阶段对真空系统加以控制。为保证机组真空严密性处于优良水平，建议做好以下几方面工作。

（1）严格控制真空系统设备、管道施工工艺。重点加强管道接口焊接、密封施工工艺及金属焊缝检测等。

（2）加强对真空系统进行灌水查漏。真空系统灌水检查，是对真空系统安装质量进行全面性的一次检查，也是在安装阶段保证真空严密性最有效的检测手段。灌水查漏几点建议：

1）真空系统灌水前对系统进行全面的充压缩空气检漏，消除较大的泄漏点。

2）真空系统灌水的范围要全面，应能够覆盖到真空系统的所有设备和管道，包括系统内仪表及其管道。

3）真空系统灌水的高度应在汽封洼窝以下 100mm 处，灌水时间 24h 后对管线和设备逐一进行仔细检查。

（3）运行状态下的系统排除法查漏。通过轴封压力调整、轴封加热器水位调整、给水泵密封水切换等试验，逐项排查系统方面对机组真空严密性影响因素。

（4）利用仪器进行真空系统在线查漏。重点针对灌水查漏无法检测部位进行在线检测。

（三）机组振动策划与控制

机组振动指标是机组安全的一项重要指标，振动大会造成动静间隙发生碰磨，严重时会造成转子发生弯曲事故，要使新机组轴系振动达到优良标准，建议做好以下几方面工作：

（1）严把出厂前的动平衡关。基本原则是：精度越高越好，平衡重量越少越好，尽量避免在对轮上加重或少加重。

（2）严格控制汽轮机本体安装工艺。重点做好轴系中心调整、轴承负荷分配、通流间隙调整等工作。

（3）严把启停机过程振动监测关。机组首次启动过程中，调试单位应当安排专业振动工程师对机组振动进行监测，对异常振动进行分析诊断，提出相应措施和建议。属于转子质量不平衡引起振动问题，如果现场具备配重条件，可通过现场高速动平衡来降低机组振动。

（四）发电机漏氢率策划与控制

发电机漏氢量或漏氢率是火力发电厂机组运行的重要技术指标之一，为保证机组漏氢率指标处于优良水平，建议做好以下几方面工作：

（1）严格控制发电机氢气系统安装工艺。

1）密封瓦的安装对发电机漏氢量的控制非常重要，应提高施工人员的安装水平，培养严谨细致的工作作风，严格按照要求控制密封瓦的安装间隙、保证安装质量是防止发电机氢气泄漏的关键。

2）重点加强管道接口焊接、密封施工工艺及金属焊缝的检测等。

3）对密封油系统，在现场安装前，按照工艺要求对密封油系统的管道内部进行彻底清洗，确保干净无杂物；在密封油循环阶段，通过大流量及高精度滤油装置进行充分过滤，严格保证密封油系统的清洁度，同时对密封瓦进行翻瓦清理。密封油系统的油压调整严格按照制造厂说明和有关标准要求进行。

（2）严格控制严密性试验关。

1）在氢气冷却器安装前，必须对氢气冷却器单独做水压试验，要求无泄漏。

2）发电机定子冷却水系统必须进行水压试验，确保不泄漏。

3）发电机气密性试验要求达到优良水平。在发电机本体设备及其附属管道安装结束后，密封油系统调试完毕，氢气系统相关测点调试完成后，进行发电机整体气密性试验。试验时在发电机、密封瓦、氢气冷却器、氢气干燥器、液位检测器及发电机和上述部件之间的互连管道的法兰、焊口、接口等可能发生泄漏的地方，喷涂肥皂泡沫或用专用检漏仪查找泄漏点，并逐一排除。当整个系统达到相对稳定状态后，定时记录发电机内的压力、温度值以及大气压。经过24h试验，进行漏气量的计算。发电机整套气密性试验是发电机本体及辅助系统安装完后的一次质量大检验，是保证发电机漏氢量达到预定目标的最后一道工序，所有造成系统泄漏的现象均必须在此阶段消除。

第二篇

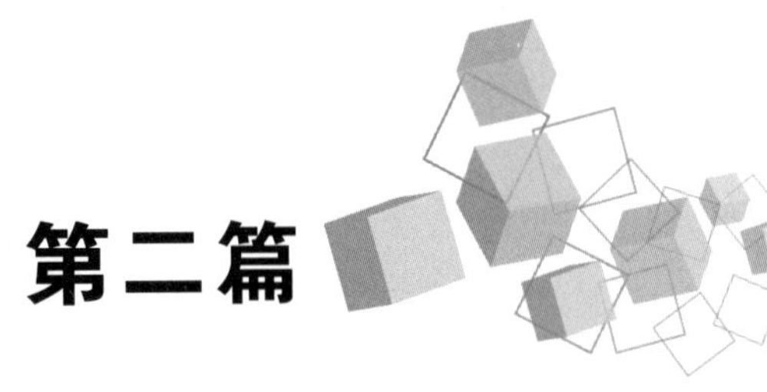

汽轮机分部调试

第三章　单体及分部调试条件及重点事项

一、单体、单机试运条件及重点事项

（一）试运范围

单体调试是指各种执行机构、元件、装置的调试，单机试运是指单台辅机的试运。

（二）工作分工

汽轮机分部试运的单体调试、单机试运由施工单位技术负责。对于一般性工作调试单位不参与，但应参与 6kV 电动机试运工作。

（三）试运前的准备与条件

单机试运的试转由施工单位向试运组提出申请，并向试运指挥部办公室递交符合条件的试运文件包并存档。申请时应具备以下条件：

（1）试运区的场地、道路、栏杆、护板、消防、照明、通信等必须符合职业健康和环境规定及试运工作要求，并要有明显的警告标志和挂牌。

（2）分部试运设备与系统的土建、安装工作已结束，并办理完施工验收签证。

（3）试运现场的系统、设备及阀门已命名挂牌（临时牌由安装单位负责）。

（4）试转设备的保护装置校验合格并可投用。对因调试需要临时解除或变更的保护装置已确认。

（5）分部试运需要的测试仪器仪表已配备完善并符合计量要求。

编制好“工程调试质量验评项目划分表”“分系统调试记录”“分系统调整试运质量检验和评定”并经监理、建设、施工单位确认通过和试运指挥部批准。

（四）试运要求

（1）由施工单位完成单体试验的各项工作，并将 I/O 一次调整校对清单、一次元件调整校对记录清单、一次系统调校记录清单汇总后递交调试单位。

（2）校验电动机本体的保护应合格，并能投用。

（3）在首次试转时，应进行电动机单机试转，确认转向、事故按钮、轴承振动、温升、摩擦声等正常。

（4）电动机试转时间，以及各轴承温升、达到稳定并且定子绕组温度应在限额内，试运时间应连续试转最少 4h，且温度稳定。

（5）试运合格后，由施工完成辅机单机试转记录及合格签证。

（五）电动机单体试运重点强调事项

（1）试运前，电动机轴承润滑油（脂）正常、手动盘动灵活。

（2）首次启动前采取点动，以确定电动机转向正确。

（3）进入 DCS 上操作（具备远方启停）的，试转时，强调必须在 DCS 上操作，就地合开关意味单体试运不完善。

（4）单体电动机试运停、送电由运行单位执行，安装单位监护，首次试转电动机时，测量电动机绝缘应合格。

二、分系统试运要求及重点事项

（一）试运范围

分系统试运指按系统对其动力、电气、热控等所有设备进行空负荷和带负荷调整试运。

（二）试运要求

（1）由施工单位汇总单体（包括压力容器）、单机试转记录及验收签证，确认工作已完成，并填写“分部试运申请单”，经分部试运指挥批准后，才能进行分系统调试。

（2）试运前，系统保护经校验必须合格，并能投用。

（3）试运前，冷却水系统和润滑油系统、控制油系统、汽源管路必须冲洗、应确认符合标准。

（4）试运前，必须清理辅机本体及出、入口通道，并检查确认清洁、无杂物。

（5）试运前，检查确认辅机的进、出口阀门开关方向与控制开度指示、就地开度指示一致。

（6）试运前，检查确认分散控制系统（DCS）操作、连锁保护、数据采集的正确性和功能的完整性。

（7）试运中电动机电流不应超过额定电流。

（8）对配有程控系统的辅机，在试运时程控系统应投运，（包括辅机启、停、负载调节）采用临时措施进行启停和调整，不能认为该辅机试运验收合格。

（9）试运时，转动机械轴承温度、轴承振动值均应在标准限额内。试运行时间应连续运行4～8h且轴承温度稳定。

（10）试运合格后，完成分部系统试运记录及验收签证（调整试运质量检验评定表）。

（11）质量监督部门对分部系统试运阶段的单机、分部系统试运记录，验收签证和质量评定表，连锁保护清单，二次调校清单及机组整套试运前准备工作检查验收。经验收确认后，可以进入机组整套试运阶段。

（三）分系统试运重点强调事项

（1）热工逻辑、热工定值保护经过生产单位、调试单位的充分讨论。

（2）系统试运前静态检查工作要仔细，运行系统沟通要到位。

（3）就地进保护的压力开关由安装单位依据生产单位提供的定值整定且应考虑仪表的高差修正。试运前，供保护和运行显示的仪表能正常投用。

第四章 汽轮机冷却水系统调试

火力发电厂冷却水系统根据被带走热量的冷却设备不同，可以分为辅机冷却水系统和主机冷却水系统。辅机冷却水系统根据循环方式差异又可以分为闭式冷却水系统和开式冷却水系统，主机冷却水就是冷却主机乏汽的冷却系统，通常人们称为循环水系统（本章主要介绍水冷机组的调试，空冷系统调试在第九章进行详细介绍）。在新机组调试阶段，由于需要顺利带走主辅机设备运行产生的正常热量，冷却水系统的调试一般在机组试运的前期进行。冷却水系统调试的质量好坏，很大程度上影响主辅机设备的试运质量。本章节主要阐述闭式冷却水系统、开式冷却水系统、循环水系统及其胶球清洗装置的试运过程，并对试运中容易出现的问题做出探讨。

第一节 闭式冷却水系统试运

考虑到部分冷却用户对水质的要求较高，火力发电厂一般设置闭式冷却水系统。

一、闭式冷却水系统说明

闭式循环冷却水系统的功能是向汽轮机、锅炉和发电机的辅助设备提供冷却水。该系统为闭式回路，利用开式冷却水系统冷却。为减少对设备的污染和腐蚀，使设备具有较高传热效率，闭式循环冷却水系统采用除盐水作为冷却介质。闭式冷却水通过闭式循环冷却水泵升压后，经闭式水冷却器送至各闭式水冷却设备。系统一般设有容量为10～15m^3的高位闭式冷却水箱，其作用是对系统起到稳定压力、消除流量波动和吸收水的热膨胀等作用，并且给闭式循环冷却水泵提供足够的净正吸水头。闭式冷却水箱补水由凝结水泵或化学除盐水泵供给。图4-1为闭式水系统的常规系统图。

二、闭式冷却水系统试运内容

1. 闭式水系统连锁保护传动试验

常规连锁保护逻辑如下：

（1）闭式水位低报警；

（2）闭式水箱水位低跳泵；

（3）泵及电动机轴承温度高跳泵；

（4）出口压力低联启备用泵；

（5）运行泵跳闸联启备用泵。

2. 闭式水泵组试转

配合安装单位对泵组进行考核，检验泵组各温度测点及振动情况是否合格，泵组出力情况是否符合设计要求。

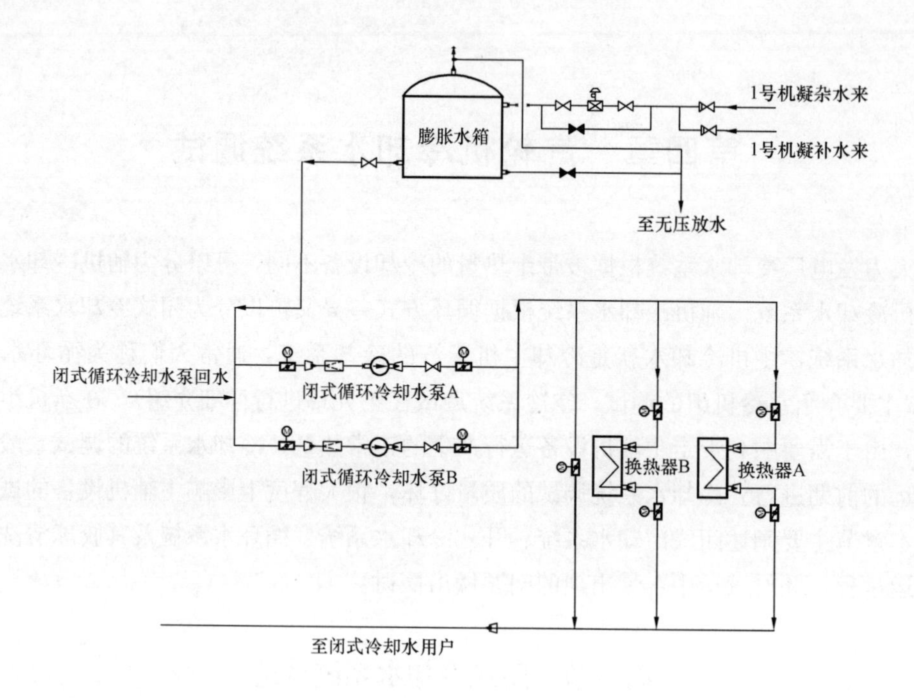

图 4-1　闭式水系统的常规系统图

3. 闭式水系统冲洗

对闭式水系统分段冲洗，并对各分支用户开放式冲洗，直至水质清澈无杂物。

4. 闭式水系统投运

临时管道拆除后恢复正式系统，在正式系统下检验系统参数是否正常。

三、闭式水系统试运基本条件

（1）检查确认闭式冷却水系统安装工作全部结束，现场整洁。

（2）检查相关逻辑保护试验已完成，并已投入。

（3）检查系统所有仪表齐全、完好，并联系热工投入必须观测的相关表计。

（4）检查确认闭式冷却水系统各阀门状态正常，电动阀门远传信号和就地指示吻合。

（5）检查临时补、排水管道安装完毕，检查闭式水交换器闭式水侧临时管道环通安装完毕，闭式水用户完全隔离，闭式水回路有效导通。

四、试运一般步骤

（1）除盐水注入闭式冷却水水箱，采用开放式排放冲洗闭式冷却水水箱至水质清澈、无杂物，投入远传水位计并与就地水位计进行比对校核。

（2）闭式冷却水水箱冲洗合格后，采用除盐水对闭式冷却水系统静态注水排空，泵体和管道高位排气口见连续水流后静态排空结束。

（3）按规程启动闭式水泵，启动初期对管道高位排气口进行动态排气，直至见连续水流后结束动态排气。依次对主、备闭式冷却水泵进行投运考核，并进行系统母管和用户支管循环冲洗，被隔离闭式水用户通过解开隔离阀门法兰进行开放式排放冲洗。循环冲洗2～4h后，停泵放水，清洗滤网。重复循环冲洗至水质清澈、无杂物。

五、闭式水系统投运

（1）闭式冷却水系统恢复至正常状态，闭式冷却水热交换器以及用户根据需要进行投用。

（2）投用系统所有热工仪表，调节系统压力、温度至正常值，投入稳压水箱自动补水。

（3）动态校验闭式冷却水泵连锁保护逻辑。

六、闭式水系统试运中需要注意的事项及常见故障分析及处理

1. 注意事项

闭式水系统用户繁多，锅炉、汽轮机的大部分辅机冷却水采用闭式水作为冷却介质。庞大管道系统的闭式水系统试运，需要对以下几点事项引起注意。

（1）闭式水泵首次试运时，安全负责人、调试专工应在闭式水泵现场，并指定专人负责按事故按钮。

（2）闭式水泵运行时，出现紧急故障停泵条件时，应立即停泵，严禁请示汇报，拖延时间，扩大事故。

（3）闭式水泵启动前，应检查轴承油位是否正常，防止启泵后泵组轴承损毁。

（4）闭式水泵启动前应充分静态排气，启泵初期动态排气应彻底，否则容易产生闭式水系统管道振动。

（5）无论是水冲洗阶段还是正式系统投用后，闭式水泵进出口阀门、闭式水系统热交换器闭式水侧进出口阀门应仔细检查核对，保证远传信号和就地指示一致。启动闭式水泵前应检查确认闭式水系统回路导通，膨胀水箱下降管手动阀全部开启，防止启泵后打空泵、打闷泵和系统缺水。

（6）闭式水泵停运时，如果停运泵反转，严禁关闭进口门。

（7）系统冲洗时，闭式冷却水泵入口应按照设备供货商要求加装临时滤网。

2. 常见故障分析及处理

（1）调试期间泵组失压。闭式水系统排空气点设置不合理，在启动泵过程中，管道系统空气难以排尽，一般通过在管路高点设置排空气点，问题可以得到较好解决。此外，调试过程中也发生了一些正常运行过程中泵组失压的个性问题。例如：某600MW正常运行机组在闭式水泵备用泵联启时泵出口压力波动较大，并且出口压力很低，在对管道采取较长人工排气后，出口压力才逐渐恢复，初步判断为闭式水回水母管积气严重，并且闭式水水箱下降管排气作用较弱。在小修期间，对闭式水回水母管及下降管进行改造，使闭式水回水直接回闭式水箱，泵入口直接取闭式水箱水源，投用后发现备用泵启动不再出现失压现象。

（2）调试期间闭式水水箱水位无法维持。闭式水系统实际上并非完全为闭式系统，如部分水泵密封水来自闭式水供应，闭式水箱需要间断补水维持水箱稳定。如果水箱需要不间断补水，则需要进行试验分析。方法为：在系统具备停运闭式水运行情况下，隔

离闭式水等同其他水系统有直接接触的用户，如果水箱仍然需要不断补水，则判断管路或用户有泄漏，一般最为可能的是闭式水冷却器出现泄漏。例如：某1000MW机组在闭式水系统分部试运阶段，在无明显外漏且管道阀门内漏排除的情况下，闭式水水箱水位无法维持正常运行，通过系统检查后发现，在无开式水投用的情况下，打开闭式水热交换器开式水侧放水门，有大量出水。安装单位打开闭式水热交换器端盖检查后发现，换热器中有部分管束漏水，对管束进行封堵后闭式水箱水位能维持正常。

(3) 闭式水泵压力低连锁定值不合理。生产单位给定的闭式水泵出口压力定值一般没有考虑到现场水箱安装高低问题，有的电厂闭式水箱布置在6m层，有的布置在除氧器层，造成静压不一致。因此，泵压力低连锁应结合现场实际来确定。例如：某电厂3号机组原有的闭式水母管压力低定值（<0.5MPa）连锁启动备用泵定值偏高，难以满足实际需求，后将此值改为小于0.3MPa连锁启动备用泵。

第二节　开式冷却水系统试运

相对闭式水系统而言，开式水系统采用的是开式回路。内陆电厂一般水源取自循环水进口管道，排水排至循环水回水管。而缺水地区采用自带的机械冷却塔进行冷却，单独循环。

一、开式冷却水系统说明

缺水地区开式冷却水系统的介质一般为地表水或经过处理的中水，水质次于除盐水。对内陆电厂而言，开式冷却水供水管自凝汽器循环水进口管道蝶阀前接出，回水自凝汽器循环水出口管道蝶阀后接至循环水回水管道。部分机组还设计一路开式水不经过开式水泵，直接接出一路经过主机冷油器侧电动旋转滤网过滤，供给主机冷油器和真空泵冷却器的冷却水，该路开式水回水直接接至循泵进口前池。对于自带机械冷却塔开式水系统，除介质水的冷却采用独立冷却塔冷却外，水系统的布置基本与内陆电厂的开式冷却水布置一样。图4-2为开式水系统一般系统图。

二、开式冷却水试运内容

1. 开式水系统连锁保护传动试验

常规连锁保护逻辑如下：

(1) 泵及电动机轴承温度高跳泵；

(2) 入口压力低跳泵或入口水位低跳泵（单独采用机械冷却塔进行冷却的开式水系统）；

(3) 出口压力低联启备用泵；

(4) 运行泵跳闸联启备用泵。

2. 开式水泵组试转

配合安装单位对泵组进行考核，检验泵组各温度测点及振动情况是否合格，泵组出力情况是否符合设计要求。

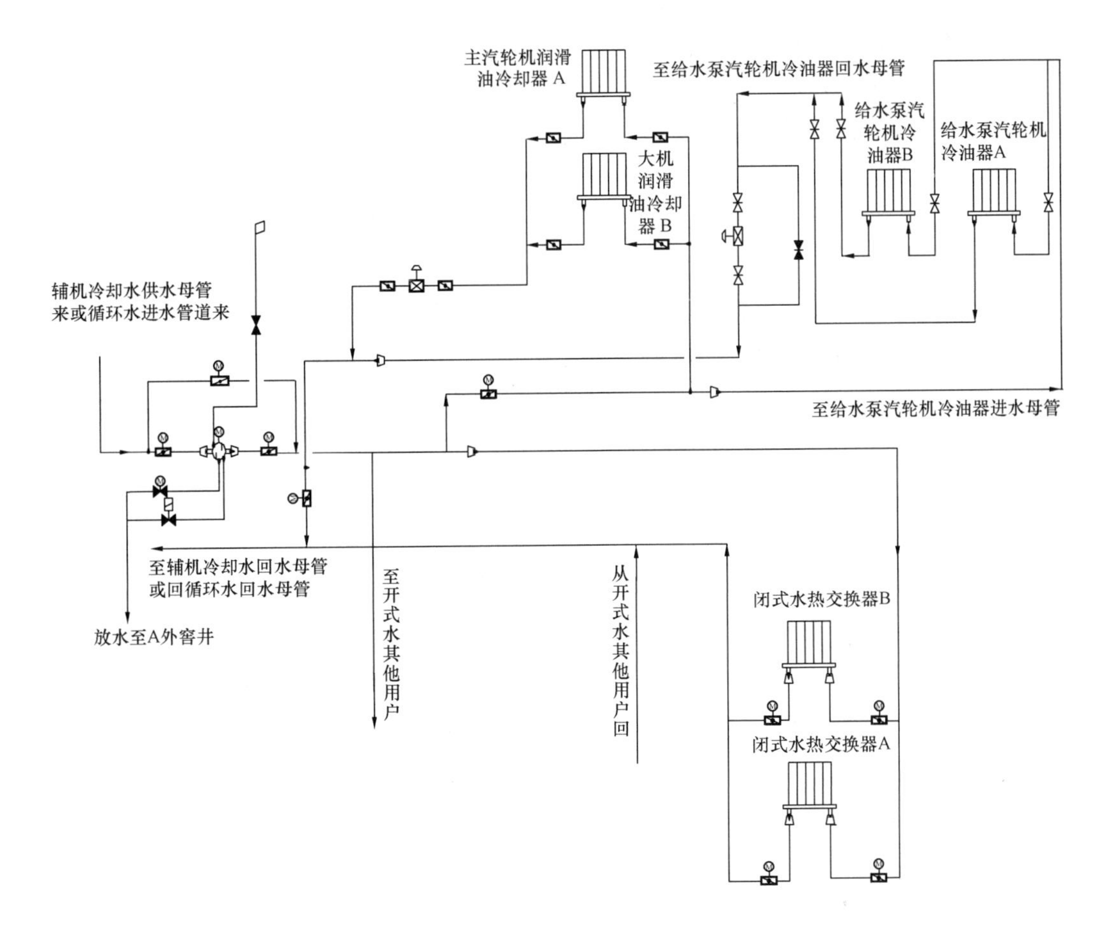

图 4-2　开式水系统一般系统图

3. 开式水系统冲洗

水源采用循环水时，对开式水系统用户进行开放式冲洗排放，直至水质清澈无杂物。水源采用单独冷却的机械冷却塔时，先对冷却塔水池进行冲洗排放，再对开式水系统用户进行开放式冲洗排放，直至水质清澈无杂物。

4. 开式水系统投运

临时管道拆除后恢复正式系统，在正式系统下检验系统参数是否正常。

三、开式冷却水试运基本条件

（1）检查确认开式冷却水系统安装工作全部结束，现场整洁。

（2）检查相关逻辑保护试验已完成，并已投入。

（3）检查系统所有仪表齐全、完好，并联系热工投入必须观测的相关表计。

（4）检查确认开式冷却水系统各阀门状态正常，电动阀门远传信号和就地指示吻合。

（5）检查确认闭式水交换器开式水侧、主机冷油器等用户临时管道环通安装完毕。

（6）检查确认循环水系统试运完毕，能长期稳定运行，或辅机冷却塔具备正常进排水能力和蓄水能力。

四、开式水系统试运一般步骤

(1) 启动循环水系统，循环水稳定运行后，对开式水系统注水排气，泵体和管道高位排气口见连续水流后排气结束（对于采用单独循环冷却的开式冷却水系统，利用辅机冷水池蓄水后静压注水）。

(2) 启动开式水系统电动滤水器，滤水器热工仪表投用正常，电动滤水器工作正常。

(3) 按规程启动开式水泵，并依次对主、备开式冷却水泵进行投运考核，并进行系统母管和用户支管循环冲洗，循环冲洗至水质清澈、无杂物，电动滤水器压差不增大。对于采用单独循环冷却的开式冷却水系统，首次启泵前需要检查沿线安全阀是否正常，首次启泵可采用就地控制出口门开度为15°进行带压排气，管道排气结束并且冷却塔配水正常后再全开出口门。

五、开式冷却水系统投运

(1) 开式冷却水系统恢复至正常状态，开式水用户根据需要进行投用。

(2) 投用系统所有热工仪表。

(3) 动态校验开式冷却水泵连锁保护逻辑。

六、开式冷却水系统试运过程中注意事项及常见故障分析及处理

（一）注意事项

开式水系统相对闭式水系统来说用户较少，系统相对简单，但在试运过程中仍需要注意以下事项。

(1) 开式水泵首次试运时，安全负责人、调试专工应在开式水泵现场，并指定专人负责按事故按钮。

(2) 开式水泵运行时，出现紧急故障停泵条件时，应立即停泵，严禁请示汇报，拖延时间，扩大事故。

(3) 开式水泵启动前，应检查轴承油位是否正常，防止启泵后泵组轴承损毁。

(4) 开式水泵启动前应通过循环水注水排气，否则容易产生水系统管道振动。

(5) 无论是水冲洗阶段还是正式系统投用后，开式水泵进出口阀门、闭式水系统热交换器开式水侧进出口阀门应仔细检查核对，保证远传信号和就地指示一致。启动开式水泵前应检查确认开式水系统回路导通，并保证循环水供水充分，防止启泵后打空泵、打闷泵和系统缺水。

(6) 开式水泵停运时，如果停运泵反转，严禁关闭进口门。

（二）常见故障分析及处理

(1) 冷却器或管道积气造成冷却效果差。由于设计缺陷或运行人员操作不到位，会造成冷却器积气，影响换热效果。如某600MW机组在整套启动阶段，在主机冷油器冷却水进出口阀门全开的情况下，主机冷油器润滑油进出口几乎无温度差，母管润滑油温度高。就地检查主机冷油器进、出口冷却水温度几乎相等，无冷却效果。由于主机冷油器冷却水高位设计无排气管道，初步判断为主机冷油器管束中积气严重，通过采取临时

措施（对主机冷油器冷却水出口阀门频繁关闭并开启，对开式水压力形成扰动，人为干扰排气）后，主机冷油器冷却水出口管道温度上升，母管润滑油温度降低。该手段为临时应急手段，在调试消缺阶段加装主机冷油器冷却水高位排气管道后，冷却器积气无法排出现象消除。

（2）轴端盘根甩水严重。泵两端盘根甩水严重，一般通过适当紧盘根可以得到改善，否则要解体检查密封状况。

（3）泵振动偏大。检查电动机单转的振动情况，在确认电动机单转正常后，重点检查泵与电动机中心和对轮连接状况、泵的基础。

第三节　循环水泵及循环水系统试运（含冷却塔）

在热力系统中，循环水系统是作为系统冷源存在，系统泵组间的配比组合，对机组的背压有着决定性的作用。

一、循环水泵及循环水系统说明

采用水冷的火电机组，循环水泵组、冷却塔（直流冷却方式不配置冷却塔和循环水补水系统）构成了机组的循环水系统。循环水系统在全厂各种运行条件下连续供给冷却水至凝汽器，以带走主机及给水泵汽轮机所排放的热量，循环水系统还向开式冷却水系统提供水源，带走闭式水系统和主汽轮机及给水泵汽轮机冷油器等产生的热量。目前在国内大型发电厂中使用的循环水泵多为立式混流泵，泵出口配置液控蝶阀，该阀可以实现分段快、慢开启和关闭阀门，能有效消除水锤对管网的破坏。图 4-3 为循环水系统（带冷却塔）一般系统图。

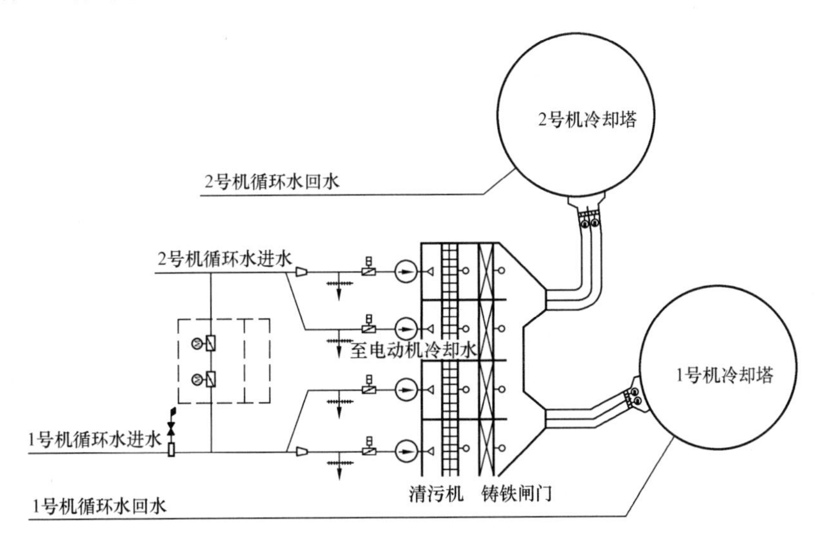

图 4-3　循环水系统（带冷却塔）一般系统图

二、循环水泵及循环水系统试运内容

循环水泵及循环水系统试运内容如下：

1. 循环水系统连锁保护传动试验

常规连锁保护逻辑如下：

(1) 泵及电动机轴承温度高跳泵；

(2) 电动机绕组温度高跳泵；

(3) 出口门关闭跳泵；

(4) 入口水位低跳泵；

(5) 出口压力低联启备用泵；

(6) 运行泵跳闸联启备用泵。

2. 循环水泵组试转

配合安装单位对泵组进行考核，检验泵组各温度测点及振动情况是否合格，泵组出力情况是否符合设计要求。

其他辅助系统试运内容如下：

(1) 冷却水泵、润滑水泵、冲洗水泵及旋转滤网试运；

(2) 冷却塔投运；

(3) 循环水系统二次滤网调试。

3. 循环水系统投运

投入循环水所用用户后，在正常运行方式下检验系统参数是否正常。

三、循环水泵及循环水系统试运基本条件

(1) 检查确认循环水系统安装工作全部结束，现场整洁。

(2) 检查相关逻辑保护试验已完成，并已投入。

(3) 检查系统所有仪表齐全、完好，并联系热工投入必须观测的相关表计。

(4) 检查确认循环水系统各阀门状态正常，电动阀门远传信号和就地指示吻合。

四、循环水泵及循环水系统试运一般步骤

1. 循环水泵试运及系统投运

(1) 在设备厂家的指导下，调整循环水泵出口液动蝶阀快、慢开启和关闭时间与角度，依次检查就地控制及远方操作能否正常开、关阀门，并就地检查手动油泵能否控制开、关阀。

(2) 组织安装单位及运行人员沿循环水管道检查，依次打开管道呼吸阀前手动门，并打开管网高处排气阀，注水排空。对于循环水管道较短，并没有设计注水管道的循环水系统，可以在启动循环水泵前及泵运行初期，保持液控蝶阀15°开度，等待管道注水排气完毕后，再全开液控蝶阀，实现启泵注水。

(3) 对于采用变频或双速电动机调节的循环水泵，应分别进行高速、低速或变频调节进行考验。考验的主要指标是泵组的出力是否达到设计要求、泵组振动情况是否优良、泵组轴承及绕组温度是否在正常范围以内。

(4) 机组如果采用直流冷却方式，凝汽器循环水管道出口阀应选择三位门，能进行开阀、关阀与中停，控制出口阀开度，调节循环水压力，防止凝汽器水室上部大量积聚

空气，阻碍循环水的换热。

2. 冲洗水泵及旋转滤网试运

（1）手动启、停旋转滤网，观测旋转滤网转动是否正常，查看有无卡涩。把旋转滤网控制方式置为“自动”，通过就地短接滤网前后水位差开关，检验旋转滤网就地PLC控制逻辑是否正确。

（2）启动冲洗水泵，考核泵组的运行是否正常，并检查冲洗水的角度和流量是否满足冲洗要求。

（3）启动润滑水泵，考核泵组的运行是否正常，投入循环水泵轴承润滑水，检查泵出口压力、流量是否满足循环水泵轴承润滑需要。

（4）启动冷却水泵，考核泵组的运行是否正常，投入循环水泵电动机及推力瓦冷却水。

3. 冷却塔投运

（1）检查确认已全部打开冷却塔竖井启闭器，冷却塔东西南北四个方向配水槽均匀进水。

（2）启动循环水泵后，观测冷却塔各个部位淋水是否均匀，否则需要对填料、淋水槽和喷淋头进行检查。

（3）冷却塔水池自动补水系统调试，检查自动补水系统是否正常。

4. 循环水系统二次滤网调试

（1）操作方式置于“手动”，就地操作二次滤网正反转以及开关排污阀，检查二次滤网在单操情况下是否动作正常。

（2）操作方式置于“自动”，试验就地控制柜PLC程序是否符合设计要求。

五、循环水泵及循环水系统试运需要注意事项及常见故障分析及处理

（一）注意事项

循环水系统管网相对简单，但管径大，设备及基础设施占地面积大，在直流冷却方式时系统的管道很长，在试运该系统时，需要对以下事项引起重视。

（1）循环水泵首次试运时，安全负责人、调试专工应在循环水泵现场，并指定专人负责按事故按钮。

（2）循环水泵运行时，出现紧急故障停泵条件时，应立即停泵，严禁请示汇报，拖延时间，扩大事故。

（3）循环水系统首次通水前，前池至循环水泵入口区域应清理干净。

（4）循环水泵首次启动前，宜利用冲洗水泵等方式进行循环水管道注水排空，对于循环水管道较短，并没有设计注水管道的循环水系统，可以在启动循环水泵前及泵运行初期，保持液控蝶阀15°开度，只有在管道注水排气完毕后，才能全开液控蝶阀，以免管道出现水击。

（5）首次启动循环水泵前，应检查循环水泵电动机端油位是否正常，泵的水导轴承润滑水要提前通水20min以上，泵组冷却水是否投用正常。

(6) 首次启动循环水泵时，应先点动循环水泵，检查异声、仪表、系统及泵体泄漏等。

(7) 循环水泵停泵时，应防止水锤现象发生，在设计顺控逻辑时，可以考虑出口液控蝶阀关至15°开度联停泵。

(8) 循环水泵试运时，应检查备用循环水泵是否倒转。

(9) 启动循环水泵前，必须检查冷却塔竖井启闭器是否打开，否则无法实现正常配水，并可能导致循环水泵打闷泵。

(二) 常见故障分析及处理

1. 启泵初期管道及阀门法兰漏水

循环水系统管束较长，尤其在直流冷却方式系统中，循环水进排水管道可能长达几公里。注水时间长，管道排气难度大，尤其是有些循环水系统没有设计管道注水系统，无法进行管道排气，所以循环水泵启泵初期如果运行方式不当，很可能导致管道及阀门法兰漏水。为了控制对管道中空气缓慢均匀排挤，不对法兰面造成较大冲击，在开启第一台循环水泵时，可采取启泵后联开出口液控蝶阀至15～20°并维持该开度，直至系统中空气排挤完毕，所有排气口见连续水流后全开出口液控蝶阀。

2. 凝汽器换热管束泄漏

凝汽器换热管制造缺陷、安装缺陷等在循环水通水后及机组带负荷过程中会陆续暴露。如某沿海电厂1000MW机组在基建调试整套启动阶段，两台机组凝结水水质均出现不同程度恶化，初步判断为凝汽器管束泄漏。凝汽器管束泄漏的处理方法视泄漏情况而定，当凝汽器管束泄漏较小时，可采用在循环水吸水口处抛洒锯末堵漏；凝汽器管束泄漏较大，不影响机组短期运行时，可采用凝汽器半侧运行进行堵漏；凝汽器管束泄漏很大，机组无法正常运行时，停机消缺，对凝汽器注水查漏后进行堵漏。

3. 液控蝶阀开位置偏移

当液控蝶阀在运行一段时间后，容易发生蝶阀开反馈消失问题。这种情况有可能是由于开反馈指示发生了松动，也有可能是由于动力油压力降低无法提供足够动力保障蝶阀全开。所以在开反馈消失后，必须对现场液压油压力进行检查，如果压力不正常且液压油泵没有启动，必须停泵进行消缺；如果压力正常，但开反馈消失时，可以现场调整开反馈指示。

4. 循环水泵倒转

停泵后泵反转或运行中备用泵反转。一般是由于出口液控蝶阀没有关到位或液控蝶阀关闭时间过长，造成循环水倒流。对出口蝶阀进行检修或调整，能消除泵反转。

5. 润滑水压力不足

供泵的水导轴承润滑水量不足可能会导致烧瓦。检查润滑水量是否满足泵厂的要求，在压力和流量之间应当优先保证流量，只要润滑水流量足够就能够确保水导轴承润滑效果。

6. 电动机推力瓦温度高

出现推力瓦温度高时采取检查和处理措施：①化验推力瓦润滑油质，不合格时应更换推力瓦润滑油；②油冷却装置检查，核算冷却水量是否足够、冷却面积是否适应夏季工况；③推力瓦解体检查。例如：某厂600MW机组调试过程中，循环水泵推力瓦温度高，单转电动机，推力瓦温度高达70℃，后采取对推力瓦进行解体检查处理，冷却器增加了冷却水管面积，带泵运行后推力瓦温度正常。

7. 填料泄漏过量和温升过高

由填料压盖过紧、填料磨损或装配不当、轴偏位或轴套磨损造成，采取重新装填料、放松压盖、校正或更换轴套可解决。

8. 循环水管道发生水锤现象

水锤现象是由于管道流速发生突然变化，造成流体压力波动形成水锤，水锤引起的压力升高瞬时可达管道正常工作压力几十倍至数百倍，严重威胁到循环水系统运行安全。防止水锤发生关键在设计阶段应对循环水管道做好水力计算，对于管程长、坡度大的情况要做好防水锤分析计算，沿途设计的空气阀、调压水塔能很好地起到防止水锤的作用；出口液控蝶阀设置先快关一定角度后慢关的功能，运行过程应做到先关泵出口蝶阀再停泵，以避免水锤现象的发生。

第四节　胶球系统试运

一、胶球系统说明

为防止水中杂质对冷凝管造成不良影响，一个非常可靠的方法就是在循环水系统中安装胶球清洗系统。每套胶球清洗装置由收球网、装球室、胶球输送泵、电动球阀、手动球阀及电动执行器等组成。图4-4为胶球系统一般系统图。

二、胶球系统试运内容

胶球系统试运内容如下：

1. 收球网检查及调整

网板有无脱焊、变形或损坏，与轴连接有无松动，活动网板与固定部分间是否卡碰，轴有无弯曲、能否灵活转动，执行机手动、电动运转是否正常、到位，指示是否准确，轴承是否泄漏等。

2. 胶球清洗泵试运

检查叶轮是否完好，轴转动是否灵活，电动机性能是否合格，泵壳有无杂物，电动机与泵二轴是否对中，动静部分有无摩擦，地脚螺母是否松动，运行中检查轴承振动及密封有无滴漏。

3. 胶球清洗装置调试

在装球室中装填已事先浸泡的胶球，并对系统进行循环清洗。

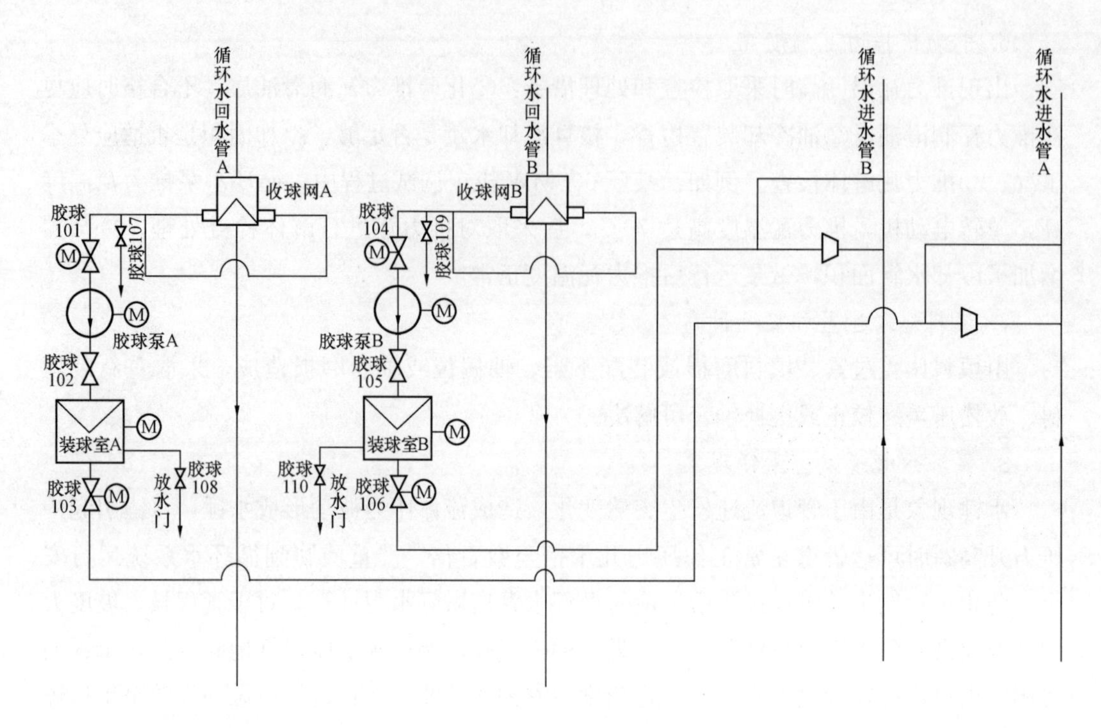

图 4-4　胶球系统一般系统图

4. 胶球清洗装置收球率测试，收球率大于或等于 85%

系统进行循环清洗 30min 后，对胶球清洗装置进行收球率测试，当收球率大于或等于 85%时为合格。

三、胶球系统试运基本条件

(1) 检查确认胶球系统安装工作全部结束，加球室及各管道经人工清理和水冲洗，胶球泵试转正常，现场整洁。

(2) 打开收球网人孔门，检查确认活动收球网无破损现象，操作电动推杆机构，使活动收球网转动，使其边缘与壳体内壁接触贴靠，反复操作确认不漏球。

(3) 全面检查确认循环水系统运行正常，确认胶球清洗装置正常，系统完整，仪表齐全，执行机构灵活。

(4) 准备 1000 个海绵胶球，全部胶球事先在 30℃水温的清水中浸泡 24h 以上，如水温低，浸泡时间需相应加长。在水温 5～33℃运行时，胶球球径涨大不超过 0.5mm，且在运行期间保持稳定，以防止胶球堵塞冷却水管。使用期内不老化，运行中胶球球径比凝汽器管子内径大 1～2mm。

四、胶球系统试运一般步骤

(1) 在循环水系统正常工作前提下，按胶球系统操作说明，调整系统各设备至工作状态，并进行胶球清洗。

(2) 按照胶球系统操作说明，检查就地 PLC 控制逻辑是否正常。

(3) 停止清洗，并计算收球率。

五、胶球系统试运过程中注意事项及常见故障分析及处理

1. 注意事项

（1）监视胶球输送泵出口压力及电动机电流，防止电动机过载；

（2）监视泵进出口压力等正常；

（3）泵组在运行时如有异声或振动大于 120μm，应立即停泵；

（4）盘根温度升高导致冒烟应立即停泵；

（5）在收球网和装球室推杆单体调试时，一定要检查装置是否严密，否则直接影响以后系统试运时的收球效果。

2. 常见故障分析及处理

收球率偏低或清洗效果不佳。原因分析及处理：①循环水流速偏低。循环水流速达不到厂家规定的最低流速，解决办法是增加启动一台循环水泵或通过调整循环水进凝汽器甲、乙两侧出水门来提高清洗和收球流速；②设备本身存在缺陷，如收球网不严造成胶球从收球网漏掉，清洗装置流道不合理造成胶球聚集或堵塞在流道的某个部位。解决方法为设备检修或改造；③胶球本身质量问题。球网孔不均匀、大小和手感不一，球湿态密度小于循环水密度致使大部分胶球处在水室顶部，不能通过铜管进入回水管中，造成胶球回收率低。解决手段是严把胶球进货的质量关，选用品牌好的胶球；④杂物堵塞循环水管，致使胶球无法通过。解决途径是加强凝汽器水侧的清洗工作，在循环水的来水管道上增加二次滤网来保证来水质量。

第五章　凝结水及给水系统调试

第一节　凝结水泵及凝结水系统试运

一、凝结水系统说明

凝结水系统的主要功能是将凝汽器热井中的凝结水由凝结水泵送出，经精处理装置、轴封冷却器、低压加热器输送至除氧器，其间还对凝结水进行加热、除氧、化学处理和除杂质。此外，凝结水系统还向各有关用户提供水源，如有关设备的密封水、减温器的减温水、各有关系统的补给水以及汽轮机低压缸喷水等。图 5-1 为凝结水系统一般系统图，图 5-2 为凝结水杂用水用户一般系统图。

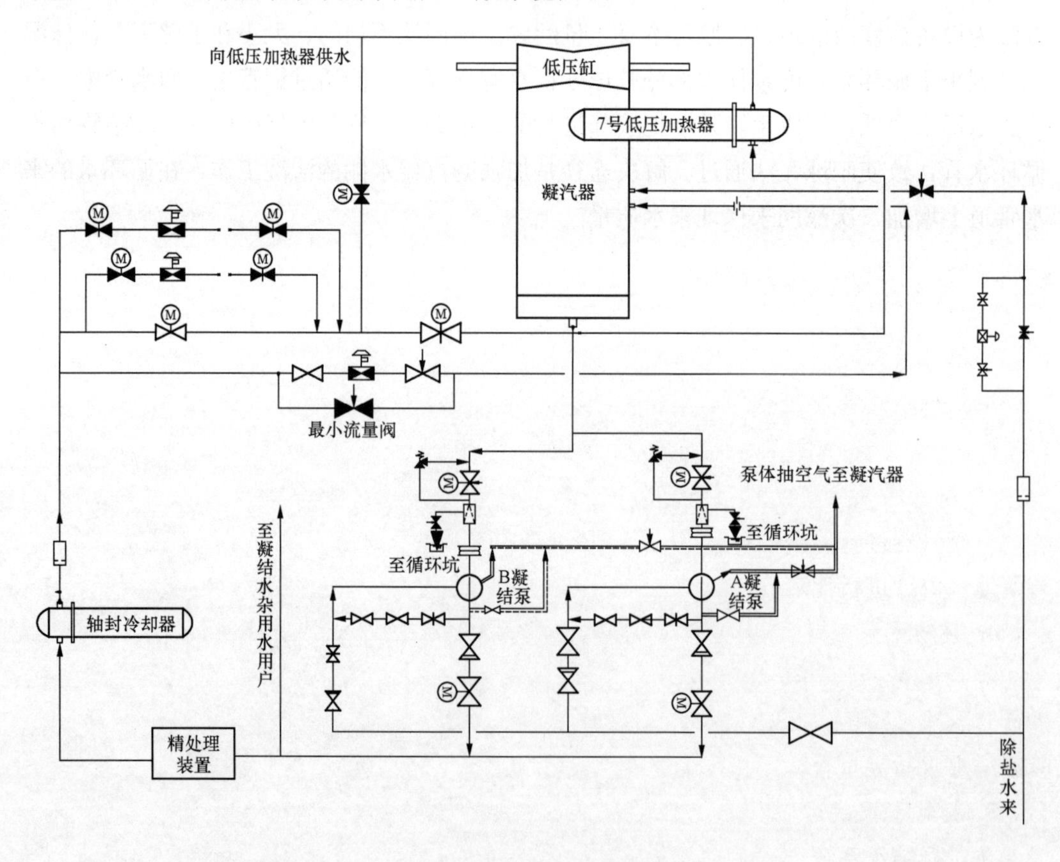

图 5-1　凝结水系统一般系统图

二、凝结水系统试运内容

1. 凝结水补水箱冲洗

对凝结水补水箱进行静压冲洗，直至水质清澈、无杂物。投入远传水位计，并与就

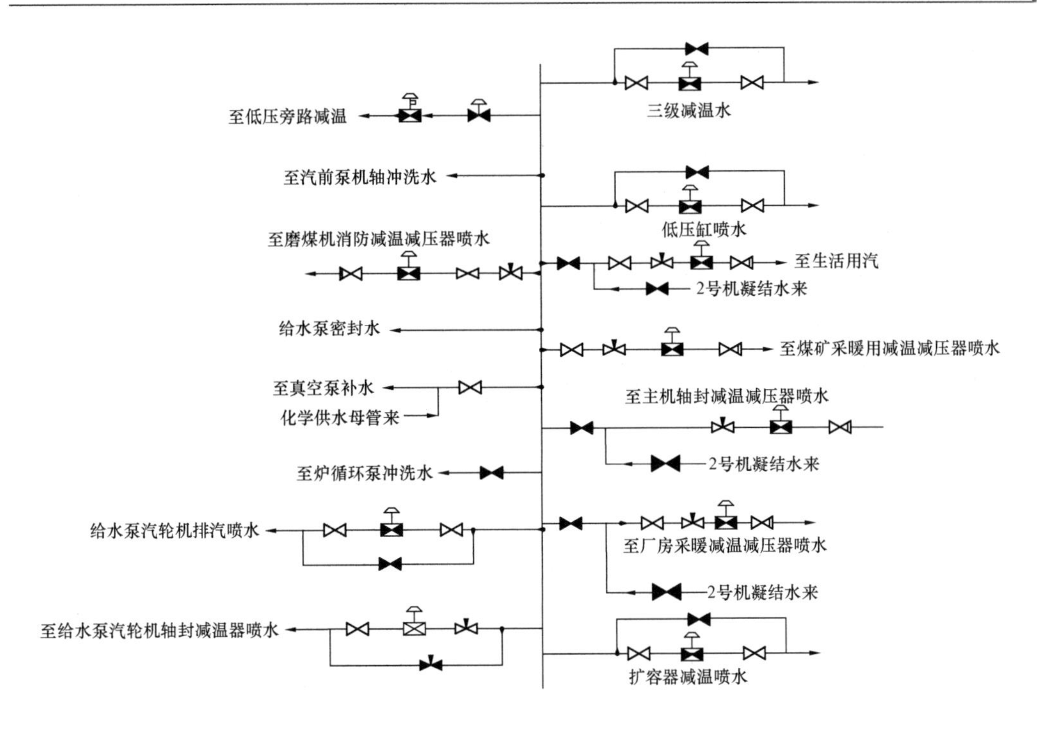

图 5-2 凝结水杂用水用户一般系统图

地水位计进行比对校核。

2. 凝结水补水泵试运（再循环运行方式）

如凝结水系统中设置凝结水补水泵时，首先对凝结水补水系统进行逻辑保护试验，再对凝结水补水泵进行试运，检查凝结水补水泵系统参数是否正常。凝结水补水系统逻辑保护试验内容如下：

（1）凝结水补水箱水位低跳泵；

（2）运行泵跳闸联启备用泵。

3. 凝汽器及水箱清洗

对凝汽器进行静压冲洗，直至水质清澈、无杂物。投入远传水位计及水位开关，并与就地水位计进行比对校核。

4. 凝结水泵密封水管道冲洗

凝结水密封水一般分凝补水源和自密封水源。凝补水源在凝结水补水泵试运后期时进行开放式冲洗，目测水质清澈、无杂物，停止冲洗。自密封水源需要在机组带负荷阶段凝结水水质完全合格后才能投入使用。

5. 凝结水泵试运（再循环运行方式）

在对凝结水系统进行逻辑保护试验后，再对凝结水系统进行试运，检查凝结水系统参数是否正常。

常规凝结水系统（只考虑工频方式）逻辑保护试验内容如下：

（1）凝汽器水位开关高低报警；

（2）凝汽器水位低跳泵；

（3）进出口门关闭跳泵；

（4）泵、电动机轴承温度高跳泵；

（5）电动机绕组温度高跳泵；

（6）流量低且再循环调节阀未全开跳泵；

（7）凝结水母管压力低联启备用泵；

（8）运行泵跳闸联启备用泵。

6. 凝结水系统冲洗（包含杂用水用户清洗）

凝结水泵试运完成后，先对凝结水管道进行冲洗，再对杂用水用户进行循环冲洗，并在末期对用户进行开式排放冲洗，直至水质清澈、无杂物。

7. 凝结水系统试运应完成工作内容

（1）凝汽器水位开关校核；

（2）泵出口压力及流量调整；

（3）凝结水补水箱自动补水调节；

（4）凝汽器/凝结水箱水位自动调节；

（5）凝结水泵最小流量自动调节；

（6）除氧器水位自动调节；

（7）凝结水泵连锁保护动态校验。

8. 试转方式

对配置变频装置的系统，应对变频和工频方式分别进行试转。

三、凝结水系统试运基本条件

（1）检查确认凝结水系统安装工作全部结束，现场整洁，杂用水用户是否完全隔离。

（2）检查相关逻辑保护试验已完成，并已投入。

（3）检查系统所有仪表齐全、完好，并联系热工投入必须观测的相关表计。

（4）检查确认凝结水系统各阀门状态正常，电动阀门远传信号和就地指示吻合。

四、凝结水系统试运一般步骤

（1）试运前，需联合安装单位、运行单位、凝结水泵厂家等相关单位人员检查凝结水泵轴承油位正常，凝汽器注水至正常水位，凝结水系统根据凝结水泵启动阀门检查卡调整至凝结水走再循环管道启泵方式。

（2）投入凝结水泵组密封水及冷却水。

（3）凝结水管道注水排气，管道系统高位排气门见连续水流后停止排气操作。

（4）启动凝结水泵，观测凝结水泵运行参数是否在正常范围，依次对主、备凝结水泵工、变频方式进行投运考核。

五、凝结水系统试运注意事项及常见故障分析及处理

（一）注意事项

（1）凝结水泵首次试运时，安全负责人、调试专工应在凝结水泵现场，并指定专人负责按事故按钮；

（2）凝结水泵运行时，出现紧急故障停泵条件时，应立即停泵，严禁请示汇报，拖延时间，扩大事故；

（3）记录凝结水泵轴承振动、轴承温度；

（4）在凝结水泵启动及运行时，注意检查冷却水；

（5）监视凝结水泵出口压力及电动机电流，防止电动机过载；

（6）凝结水泵停运时、泵反转时，严禁关闭进口门；

（7）对配置带滤网功能凝结水泵再循环调节阀的系统，首次启动应通过再循环调节阀旁路进行试运，待凝结水冲洗清澈后方可使用再循环调节阀。

（二）常见故障分析及处理

1. 泵组试运时出口阀门打不开

凝结水泵启动采用关门启泵，泵启动后连锁开启出口电动门，电动门未能连锁开启时，泵将跳闸。某600MW机组在凝结水泵首次试运前，凝结水泵出口电动门验收合格，动作正常。在凝结水泵启动时，发现出口电动门联开阀门指令发出，但就地阀门未动，停泵后检查，出口阀门动作正常。怀疑出口阀门电动头力矩调整过低，要求安装单位对出口阀电动头力矩增大，凝结水泵启动时出口阀拒动现象消除。

2. 凝结水泵再循环管路振动大

凝结水泵再循环管道振动（特别是在工频运行下）是凝结水系统试运常常碰到的问题。凝结水再循环管道剧烈振动将会导致凝结水再循环调节阀卡涩、调节阀执行机构震坏。引起再循环管道强烈振动原因是调节阀前后压差大以及管道布置不合理，一般采取措施是重新对再循环管道支撑进行加固处理，必要时，对再循环管道布置进行优化以及在管道中增加节流孔板来减少再循环调节阀前后压差。

3. 除氧器水位主、辅调节阀经常发生卡涩现象

除氧器上水主、辅调节阀卡涩容易发生在变工况阶段，当凝结水流量发生较大变化时，由于主、辅调节阀时常卡涩，难以满足自动跟踪除氧器水位的要求，需运行人员就地手动干预。造成卡涩原因是调节阀前后压差大、调节阀开关力矩偏小，一般措施是加大主、辅调节阀力矩。

4. 入口滤网清洗后恢复安全措施时运行泵失压

机组在整套试运阶段，由于管道系统洁净化安装未达要求，凝结水泵入口滤网经常出现堵塞，堵塞入口滤网的泵组需要进行隔离清洗。某600MW电厂在A凝结水泵入口滤网出现堵塞后，启动B凝结水泵，安装单位办理工作票对A凝结水泵入口滤网清洗，清洗结束后，运行单位依照工作票对安全措施恢复，并计划投入备用。运行人员在对A凝结水泵注水时，B凝结水泵突然失压，值长立即要求运行人员停止对A凝结水泵注水，并恢复前一就地操作，B凝结水泵压力恢复。调试人员询问就地恢复安全措施流程时发现，运行人员在对A凝结水泵注水前未开启A凝结水泵泵体抽真空管道阀门，在未对A凝结水入口管道抽真空的前提下，开启A凝结水入口阀门注水，这导致A凝结水入口管道空气反流至B凝结水泵中，最终造成B凝结水泵失压。现场要求运行人

员对A凝结水入口管道抽真空后再注水，A凝结水泵正常投入备用。

第二节 电动给水泵组及除氧给水系统试运

一、除氧给水系统说明

除氧给水系统的主要功能是将除氧器水箱中的主给水通过给水泵提高压力，经过高压加热器进一步加热之后，输送到锅炉的省煤器入口，作为锅炉的给水。此外，给水系统还向锅炉再热器的减温器、过热器的一、二级减温器提供减温水，用以调节上述设备出口蒸汽的温度。除氧给水系统包含电动给水泵组和汽动给水泵组（无电动给水泵启动机组不含电动给水泵组）。针对火电机组安装进度来说，由于汽动给水泵组试运涉及的辅助设备过多，一般在锅炉吹管前期才具备试运条件，所以除氧给水系统最早试运的设备主要是电动给水泵组，本节主要通过对电动给水泵组的投运来阐述除氧给水系统的试运过程，汽动给水泵组试运将在下一节进行叙述。图5-3为除氧给水系统一般系统图。

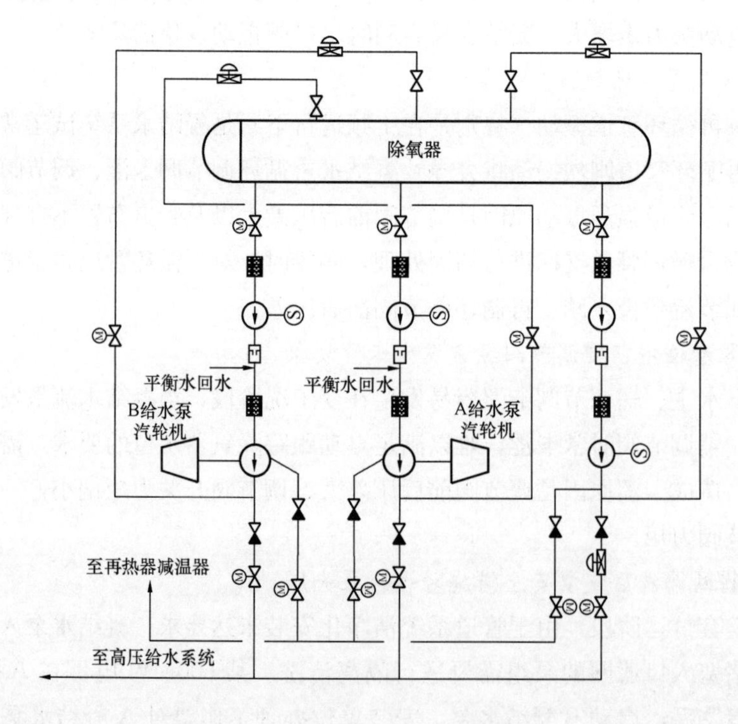

图5-3 除氧给水系统一般系统图

二、除氧给水系统试运内容

1. 除氧器投运调试

(1) 除氧器冲洗及清理。除氧器封闭前进行人工清洗并验收合格，凝结水泵至5号低压加热器管道冲洗合格后，对除氧器进行上水，通过除氧器放水阀排放至锅炉疏水扩容器。

（2）除氧器水位标定。除氧器上水冲洗时，将除氧器上水至高水位，对除氧器水位进行标定。

（3）除氧器投运及停运。

2. 给水前置泵入口管静压冲洗

3. 完成电动给水泵逻辑保护试验

常规电动给水泵逻辑保护试验内容如下：

（1）给水泵入口压力低跳泵；

（2）进口门关闭跳泵；

（3）泵出口流量低且再循环门开度小跳泵；

（4）润滑油压力低跳泵；

（5）泵组及电动机轴承温度高跳泵；

（6）电动机绕组温度高跳泵；

（7）除氧器水位低跳泵。

4. 电动给水泵试运及润滑油、工作油系统调整

（1）辅助油泵试运及润滑油系统调整；

（2）电动机带耦合器试运，润滑油流量分配检查及工作油压调整；

（3）电动给水泵组试运（再循环方式）。

三、除氧给水泵组试运基本条件

（1）检查确认电动给水泵组设备及管道安装工作全部结束，现场整洁，再热器减温水管道隔离完毕，与汽动给水泵组相关联阀门完全隔离。

（2）检查相关逻辑保护试验已完成，并已投入。

（3）检查系统所有仪表齐全、完好，并联系热工投入必须观测的相关表计。

（4）检查确认电动给水泵组及除氧给水相关阀门状态正常，电动阀门远传信号和就地指示吻合。

（5）电动给水泵组油系统油循环冲洗合格，轴承及过滤器已清洗干净，油位达到要求，电动给水泵油站单体试运结束，油压调整完毕。当电动给水泵为调速泵时，检查耦合器油箱油位正常，启动电动给水泵辅助油泵，确认油系统运行正常；当电动给水泵为定速泵时，检查齿轮箱油箱油位正常，启动电动给水泵辅助油泵，确认油系统运行正常。

（6）闭式水系统、开式水系统试运正常，可供给前置泵、给水泵密封和冷却用水，给水泵组密封水管道冲洗干净。

（7）除氧器水箱及低压给水管道冲洗清理干净，除氧器补水至正常水位。

（8）电动给水泵电动机已经单体试转合格，并办理验收签证。

四、除氧给水系统试运一般步骤

（一）电动给水泵组试运

（1）调整电动给水泵组阀门至给水通过电动给水泵再循环管道模式。

（2）对电动给水泵组管道进行注水排气，电动给水泵本体排气门见连续水流后关闭。

（3）当电动给水泵为调速泵时，检查确认电动给水泵勺管在零位置，投运电动给水泵，当电动给水泵转速为最低稳定转速运行稳定后，通过调整勺管位置来控制电动给水泵转速；电动给水泵为定速泵时，直接工频启动电动给水泵。电动给水泵工频运行正常后，检查电动给水泵组出口压力和电流，并检查泵组振动情况和监视轴瓦温度，在电动给水泵试运考核期间，监视参数是否在正常范围。

（4）当电动给水泵为调速泵时，停运电动给水泵需要调整勺管位置降低液力耦合器输出转速至最低稳定转速，然后在DCS画面停止电动给水泵。

（二）除氧器投用与停用及再、过热器减温水管道冲洗

（1）按照安装工程进度及工艺要求，除氧器投用一般在炉前碱洗时同步进行。除氧器投用采用辅助蒸汽对除氧器进行通汽，利用汽前泵对除氧水进行循环加热。在首次投用除氧器时，检查除氧器的蒸汽管道疏水情况是否正常，启动排汽和运行排汽是否通畅，加热效果是否理想，加热过程中除氧器的振动情况是否在正常范围内。至于除氧效果的检查，需要在机组进行整套启动时才能验证。

（2）炉前碱洗完毕，停用除氧器。打开除氧器水箱人孔门，对除氧器进行人孔清理。

（3）再、过热器减温水管道冲洗可以在电动给水泵组试运正常后采用水冲洗，也可以在辅助蒸汽吹扫时，采用辅助蒸汽联箱中低压蒸汽进行吹扫。

五、除氧给水系统投运时注意事项及常见故障分析及处理

1. 注意事项

（1）除氧器进水前，凝结水系统水质应冲洗合格。

（2）耦合器试运时应就地测量、核对转速。

（3）电动给水泵首次试运时，安全负责人、调试专工应在电动给水泵现场，并指定专人负责按事故按钮。

（4）电动给水泵运行时，出现紧急故障停泵条件时，应立即停泵，严禁请示汇报，拖延时间，扩大事故。

（5）轴承油位、油箱油位应正常，防止启泵后泵组轴承损毁。

（6）电动给水泵启动前，应检查确认除氧器水位正常，进口门开启，防止启泵后打空泵。

（7）启泵前管道要注水充分，防止启泵后管道发生剧烈振动。

（8）启泵后要观察电动给水泵出口流量是否达到最小流量，防止电动给水泵打闷泵。

（9）电动给水泵停运时，泵反转时，严禁关闭进口门。

（10）检查MCS中再循环调节阀是否存在当电动给水泵入口流量大于给定值时自动关门逻辑，如有的话取消。

2. 常见故障分析及处理

（1）锅炉冲管期间的给水泵入口压力LL（低低）跳电动给水泵定值处理。在锅炉

冲管期间，由于除氧器未带压，当给水量较大时会造成给水泵入口压力 LL 跳电动给水泵，通常的做法是将 LL 压力定值适当改小，待锅炉冲管完成后再恢复原定值。

（2）泵芯包咬死。大流量低压头和小流量高压头对泵均可能造成损坏，在操作泵的勺管时要平缓，切记不要大幅度操作勺管，特别是运行人员发现锅炉缺水时，会大幅度增加勺管开度，造成大流量低压头工况发生，最终导致芯包咬死；或在再循环门开度不充分情况下，泵出现高压头低流量，泵的工作性能超出了最小流量工作区域。例如：某台 600MW 亚临界机组调试期间，在汽包水位波动范围不大的情况下（－10～83mm 范围内），运行操作人员多次手动大幅度操作勺管（范围为 59％～99％），使电动给水泵转速最高达到 5800r/min，出口压力最高达到 30.0MPa，电动机电流最高升至 653A，电动给水泵主泵推力轴承外侧金属温度由 64.5℃增至超量程（量程为 0～150℃），导致推力瓦磨损、机械密封损坏漏水。造成此次电动给水泵损坏虽然有各种原因，但主要原因是运行操作人员责任心不强。后经与制造厂提供的给水泵试验工况曲线对照，当电动给水泵在最高转速运行时，已经超出了泵的最小流量工作区域。进一步检查发现给水泵最小流量调节阀快开时间为 20s，不能满足给水泵流量低快开要求，而且最小流量快开电磁阀和最小流量调节阀中流量保护逻辑不完善，尽管不是造成电动给水泵损坏的原因，但应当改进。这次事故造成电动给水泵芯包整体更换，原芯包返厂修复。

（3）电动给水泵入口管道安全门动作。某电厂电动给水泵停泵准备检修，在关闭进出口门后发现电动给水泵入口管道安全门动作。就地检查发现电动给水泵机械密封水未关闭，致使凝结水注入电动给水泵系统，管道压力逐渐上升至安全门动作值。关闭电动给水泵机械密封水后，安全门落座。

（4）电动给水泵液力耦合器易熔塞熔化。某电厂在电动给水泵运行过程中，给水泵润滑油冷油器入口油温由 50℃迅速上升至 75℃，工作油冷油器入口油温迅速上升至 110℃，通过加大冷却水流量后，油温有所下降，但整个过程中油压未见明显异常，耦合器出力调整无明显改变。在排除润滑油滤网堵塞、工作油和润滑油冷却效果过差等原因后，停泵检查，发现电动给水泵液力耦合器易熔塞熔化，更换易熔塞后再启泵，油温正常。

（5）辅助蒸汽至除氧器加热供汽管道振动。在机组带约 30％额定负荷前，除氧器加热用汽取自辅助蒸汽联箱，投运该段汽源过程，容易出现供汽管道振动，振动源一般来自辅助蒸汽自除氧器供汽止回门，当供汽调节阀处于一定开度下，该止回门处在反复开关临界状态，止回门重复性开关引起管道发生振动。适当加大除氧器供汽，可以消减振动发生。

第三节　汽动给水泵组试运

一、汽动给水泵组说明

汽动给水泵组是除氧给水系统的重要组成部分，它由汽动给水泵前置泵、给水泵汽轮机、给水泵汽轮机驱动的给水泵、再循环管道以及相关管道、阀门组成。汽动给水泵组在电厂中的常规选型按容量可为两台50%容量汽动给水泵组、1台100%容量汽动给水泵组；按排汽方式不同，可分为上排汽汽动给水泵组和下排汽汽动给水泵组；按前置泵与汽动给水泵布置方式又可分为同轴布置和独立布置。本章以前置泵独立布置的两台50%容量下排汽汽动给水泵组的调试流程进行讨论。

汽动给水泵组的试运根据试运程序可以分为给水泵汽轮机试运和泵组试运。在给水泵汽轮机试运期间，需要完成给水泵汽轮机冲转以及超速试验，在泵组试运期间，在再循环方式下，完成泵组的小流量下大扬程和带负荷试运考核。给水泵汽轮机油系统和调节系统调试将在第六章第四节阐述，在此就不赘述。

二、汽动给水泵组试运内容

（1）给水泵汽轮机润滑油、顶轴油及控制油系统调整（系统油压调整、压力开关动作试验、蓄能器功能检查、润滑油压扰动试验、直流油泵带载能力试验）；

（2）给水泵汽轮机主汽阀、调节汽阀油动机调整及关闭时间静态测定；

（3）给水泵组盘车装置调整；

（4）完成给水泵汽轮机ETS保护试验。

常规给水泵汽轮机ETS保护试验内容如下：

1）除氧器水位低低跳给水泵汽轮机；

2）给水泵及给水泵汽轮机轴承温度高跳给水泵汽轮机；

3）机械密封液温度高跳给水泵汽轮机（采用机械密封的给水泵）；

4）前置泵入口门关跳给水泵汽轮机；

5）前置泵跳闸跳给水泵汽轮机；

6）给水泵流量低且再循环门未开（一般要求大于50%）跳给水泵汽轮机；

7）给水泵入口压力低跳给水泵汽轮机；

8）给水泵汽轮机润滑油压力低跳给水泵汽轮机；

9）给水泵汽轮机排汽温度高跳给水泵汽轮机；

10）给水泵汽轮机排汽压力高跳给水泵汽轮机；

11）给水泵及给水泵汽轮机轴承振动大跳给水泵汽轮机；

12）给水泵汽轮机轴向位移大跳给水泵汽轮机；

13）MFT信号来跳给水泵汽轮机。

（5）给水泵汽轮机试运。

（6）前置泵试运。

（7）汽动给水泵试运（再循环方式）。

三、汽动给水泵组试运基本条件

（一）给水泵汽轮机试运基本条件

（1）确认开/闭式冷却水系统、凝结水系统、循环水系统、真空系统、轴封系统、辅助蒸汽系统、给水泵汽轮机汽源系统、汽轮给水泵组油系统、盘车装置、EH油系统等相关安装工作结束且正常投入运行，给水泵机与给水泵对轮解开，现场整洁。如果给水泵汽轮机采用单独凝汽器，且主汽轮机轴封系统可以有效隔离时，汽动给水泵组试运可以不需要主汽轮机拉真空、送轴封以及盘车。

（2）确认已进行相关逻辑保护试验且保护试验合格、投入正常。

（3）检查确认阀门位置正确、开关灵活、DCS画面反馈与就地反馈一致。

（4）确认所需仪表齐全、完好，联系热工将给水泵汽轮机汽、油系统就地表计及变送器投入。

（二）汽动给水泵组试运基本条件

（1）检查汽动给水泵前置泵油杯油位大于1/2，轴承冷却水、前置泵密封水投入正常。

（2）检查确认除氧器水位正常。

（3）检查汽动给水泵中抽电动门关闭，确认汽动给水泵再循环调节阀及其前后截止阀开启，出口电动门关闭。

（4）检查确认给水系统所有放水阀关闭，给水泵组注水排气完成。

（5）投入密封腔室冷却水，给水泵为迷宫密封时，投入给水泵密封水，并打开给水泵卸荷水和密封水回水管道阀门；给水泵为机械密封时，机械密封液排气，并投入机械密封液冷却水。

（6）其他检查工作与给水泵汽轮机试运前一致。

四、汽动给水泵组试运一般步骤

（一）给水泵汽轮机试运一般步骤

（1）调整给水泵汽轮机润滑油油压、油温符合要求。

（2）给水泵汽轮机调试用汽至给水泵汽轮机主汽阀前暖管充分。

（3）检查给水泵汽轮机各本体疏水开启。

（4）真空、汽温、汽压等参数符合要求后冲转给水泵汽轮机。

（5）检查给水泵汽轮机盘车装置正常退出或油盘车喷油电磁阀正常关闭。

（6）根据给水泵汽轮机启动说明书升速至初始转速后打闸，进行摩擦听音。听音无异常后，重新挂闸冲转低速暖机、中速暖机和3000r/min高速暖机，暖机时间和升速率按照运行说明书进行执行。如果机组没有盘车，需要在低转速下暖机盘车，直至给水泵汽轮机偏心不大于原始偏心20μm之后，才进行中速暖机。

（7）暖机时现场检查给水泵汽轮机本体是否正常无异音，DCS各轴承温度、振动、轴向位移是否合格。并观察润滑油温是否正常，否则进行调整。

（8）暖机结束后，按照机组设定的超速定值，进行超速试验，每项超速都必须做到，对于有机械超速的机组，机械超速必须进行两次，两次动作转速偏差不能大于额定转速的0.6%。

（9）给水泵汽轮机超速试验结束后，停机。

（10）给水泵汽轮机停机惰走过程中，注意机组振动及惰走时间，退辅助蒸汽至给水泵汽轮机调试用汽，惰走结束后启动盘车，退真空、轴封，关闭冷油器冷却水。

（二）汽动给水组试运一般步骤

（1）启动汽动给水前置泵，检查确认前置泵各参数正常，如轴承温度、振动、出口压力等。

（2）前置泵运行正常后，与小汽轮机试运方式一样，对汽动给水组升速至3000r/min。

（3）3000r/min暖机，检查确认汽动给水组各参数正常，如轴承温度、振动、机械密封液温度、出口压力、流量等。

（4）每次提升200r/min进行泵组升速试验，期间稳定10min，直到出口压力达到满负荷时泵组出口压力为止，检查与记录试运泵组各项参数。

（5）试运结束后，将汽动给水转速降至3000r/min后打闸停机。

（6）汽动给水组停机惰走过程中，注意机组振动及惰走时间，退辅助蒸汽至给水泵汽轮机调试用汽，惰走结束后启动盘车，退真空、轴封，关闭冷油器冷却水。

五、汽动给水泵组试运时注意事项及常见故障分析及处理

1. 注意事项

汽动给水泵组为高转速传动机构给水泵汽轮机驱动，泵组出口为全厂最高压力点，并且在试运过程中牵涉的辅助系统众多，所以在首次试运时，必须对涉及系统进行逐项检查，安装中的管道及阀门进行逐一清点，尤其对以下几点事项需要引起重视。

（1）给水泵汽轮机在启动前，检查机组滑销系统是否正常，排汽管道弹簧支撑是否被锁死，防止在启动时膨胀受阻。

（2）如果给水泵汽轮机轴封冒汽严重，检查轴封进回汽管道是否连接正确，轴封回汽是否通畅，避免安装或设计原因导致润滑油进水严重。

（3）迷宫密封的给水泵，在启动抽真空前，必须对密封水回水水封筒进行注水，防止密封水回水管道被拉穿，影响机组真空。

（4）给水泵汽轮机试转时应就地测量、核对转速。

（5）超速试验时必须派人到机头，守在手拍危急保安器或开机盘停机按钮处，超过规定转速时立即手动停机；控制室操作台两个远方停机按钮翻盖打开，转速超过规定值时立即手动停机。

（6）给水泵汽轮机升速及暖机过程中注意各瓦振动及趋势，振动超过规定值应打闸停机。

（7）给水泵汽轮机排汽温度超过规定值，如果排汽喷水阀未自动打开，手动投入排汽缸喷水。给水泵汽轮机停运后，排汽缸喷水应退出。

（8）启动前必须保证入口截止门处于全开状态，并注意监视除氧器水位正常，启动汽动给水前必须保证最小流量阀及其前后截止阀全开，防止汽动给水打空泵、打闷泵或产生汽蚀。

（9）在汽动给水泵启动时，检查系统泄漏及管道振动情况。

（10）汽动给水组进行小流量高压头试验时，避免在高转速下长期停留。

2. 常见故障分析及处理

（1）挂闸后给水泵汽轮机就自动冲转。单转给水泵汽轮机时，往往会出现，给水泵汽轮机刚完成挂闸且调节阀还未开启时就直接冲到几百转。分析原因为给水泵汽轮机调节阀冷态预留量过大，导致调节阀漏汽。重新对调节阀冷态预留量进行调整，漏汽问题解决。

（2）单转给水泵汽轮机排汽缸温度高。单转给水泵汽轮机时，所需要的蒸汽量少，时间久了会发生因排汽缸鼓风热量无法带走，从而造成排汽缸温度持续升高现象。现场采取措施有限：①投入低压缸排汽喷水减温装置；②尽量缩短给水泵汽轮机单独试转时间（如在转速装置可靠情况下，电超速可以安排在给水泵汽轮机盘车阶段完成）。在给水泵汽轮机带给水泵试转阶段，给水泵汽轮机排汽缸温度高现象会自然消失。

（3）其他方面的问题。汽动给水泵调试问题往往需要在带负荷调试阶段才能得到充分暴露，常见问题分析及处理可参见本书第十三章第一节“汽动给水泵投运”部分。

第六章　汽轮机油系统调试

第一节　主机润滑油、顶轴油系统及盘车装置试运

一、系统概述

汽轮发电机组是高速运转的大型机械，其支持轴承和推力轴承需要大量的油来润滑和冷却，因此汽轮机必须配有供油系统用于保证上述装置的正常工作。供油的任何中断，即使是短时间的中断，都将会引起严重的设备损坏。

润滑油系统的主要任务是向汽轮发电机组的各轴承（包括支撑轴承和推力轴承）、盘车装置提供合格的润滑、冷却油。在汽轮机组静止状态，投入顶轴油，在各个轴颈底部建立油膜，托起轴颈，使盘车顺利盘动转子；机组正常运行时，润滑油在轴承中要形成稳定的油膜，以维持转子的良好旋转；同时由于转子的热传导、表面摩擦以及油涡流会产生相当大的热量，需要一部分润滑油来进行换热。另外，润滑油还为低压调节保安油系统、顶轴油系统、发电机密封油系统提供稳定可靠的油源。

以东方汽轮机厂（以下简称“东汽”）引进日立技术制造的某型600MW超临界机组为例，润滑油系统包括主油箱、主油泵、交流润滑油泵、直流事故油泵、两台100%容量的顶轴油泵、两台100%容量的板式冷油器，一套润滑油处理装置等。汽轮机润滑油系统采用主机转子驱动的离心式主油泵系统，在正常运行中，主油泵的高压排油流至主油箱去驱动油箱内的油涡轮增压泵，增压泵从油箱中吸取润滑油升压后供给主油泵，主油泵高压排油在油涡轮做功后压力降低，作为润滑油进入冷油器，换热后以一定的油温供给汽轮机各轴承、盘车装置、顶轴油系统、密封油系统等用户。在启动时，当汽轮机的转速达到约90%额定转速前，主油泵的排油压力较低，无法驱动升压泵，主油泵入口油量不足，为安全起见，应启动交流启动油泵向主油泵供油，启动交流辅助油泵向各润滑油用户供油。另外，系统还设置了直流事故油泵，作为紧急备用。该系统还作为发电机密封油的辅助供油系统。主油箱上设置两台全容量用交流电动机驱动的排烟风机和油烟分离器等。排烟风机为立式风机。当油箱油温低于10℃、油不能循环时，投入电加热器加热温度到40℃，提供电加热器及温控设备。汽轮机润滑油回油管至油箱处配置磁棒及滤网（净化用）。

同上述系统有明显区别的是上海汽轮机厂（以下简称“上汽”）引进西门子技术制造的600～1000MW等级的汽轮机润滑油系统。该系统取消了主机转子驱动的主油泵，直接采用两台电动主油泵对系统供油，而传统的西屋技术的机组，则是采用主油泵-射油器方式对机组供油。

顶轴装置在汽轮发电机组盘车、启动、停机过程中起顶起转子的作用，顶轴装置所

提供的高压油在转子和轴承油囊之间形成静压油膜，强行将转子顶起，避免汽轮机低转速过程中轴颈和轴瓦之间的干摩擦，减少盘车力矩，对转子和轴承的保护起着重要作用；在汽轮发电机组转速下降过程中，防止低速碾瓦；运行时各轴承顶轴油压力代表该轴承的油膜压力，是监视轴系标高变化、轴承载荷分配的重要参数之一。顶轴装置主要由电动机、高压油泵、自动反冲洗过滤器、双筒过滤器、压力开关、溢流阀、单向阀和节流阀等部套及不锈钢管、附件组成，顶轴油系统采用两台顶轴油泵，一运一备，型式为变量柱塞泵。

汽轮机启动前和停机后，为避免转子弯曲变形，须设置连续盘车装置。在汽轮机启动冲转前，转子两端由于轴封供汽，蒸汽便从轴封两端漏入汽轮机，并集中在汽缸上部，使转子和汽缸产生温差，若转子不动则会使转子产生热弯曲；同样，汽轮机停机后，转子仍具有较高的温度，蒸汽聚集在汽缸的上部，由于汽缸结构不同，汽轮机上下缸温降速度不一样，也会使转子产生热弯曲；另外，在汽轮机启动前，通过盘车可使汽轮机上下缸以及转子温度均匀，自由膨胀，不发生动静部分摩擦，有助于消除温度较高的轴颈对轴瓦的损伤，还能消除转子由于重力产生的自然弯曲。

盘车一般分为低速盘车和高速盘车两类，低速盘车一般为 1～10 r/min，而高速盘车的转速一般为 40～300r/min。东方汽轮机厂和哈尔滨汽轮机厂（以下简称“哈汽”）的机型通常采用蜗轮蜗杆减速的电动低速盘车，安装在低压缸和发电机之间，配置气动操纵机构，盘车装置是自动啮合型的，盘车转速为 1.5r/min，上汽引进西门子机型采用油涡轮高速盘车，利用顶轴油作为动力。盘车装置在汽轮机冲转达到一定转速后自动退出，并能在停机时自动投入。

本节后续部分如不做特别说明，均以上汽引进西门子技术制造的 600～1000MW 等级的汽轮机油系统为例进行介绍。

二、试运的主要内容

（1）热工信号及连锁保护校验；

（2）润滑油泵（交、直流）试转及调整；

（3）顶轴油泵试转及调整；

（4）顶轴油压分配及轴径抬起高度调整；

（5）排烟风机试转；

（6）冷油器投用；

（7）事故排油系统调试；

（8）润滑油压调整；

（9）盘车装置自动及手动投运、调试。

三、试运前应具备的条件

（1）主机润滑油系统所有设备、管道安装结束，并经验收签证；

（2）热工仪表及电气设备安装、校验完毕，并提供有关仪表及压力、温度、振动等测量元件的校验清单；

（3）系统内各泵电动机单转试验结束，已确认运行状况良好、转向正确、参数正常、就地及CRT状态显示正确；

（4）各阀门开、关动作正常，阀门严密性良好；

（5）油冲洗所接的临时管道、堵头、临时滤网均已拆除，系统恢复至正常运行状态；

（6）主机润滑油系统有关节流孔板安装就绪；

（7）系统内所有泵和电动机轴承已注入合格的润滑脂，电动机绝缘测试合格；

（8）润滑油箱清理结束，并已加入合格的润滑油，油箱油位正常；

（9）油冲洗结束，润滑油质经化验合格；

（10）压缩空气系统已调试结束，系统能正常投入运行；

（11）冷却水系统调试结束，系统能正常投入运行；

（12）调试资料、工具、仪表、记录表格已准备好；

（13）试运现场已清理干净，安全、照明和通信措施已落实；

（14）仪控、电气专业有关调试结束，配合机务调试人员到场；

（15）现场整洁，消防措施得当，符合试验要求。

四、试运主要程序

（一）连锁保护试验

（1）主油泵连锁试验；

（2）事故油泵连锁试验；

（3）主油箱排油烟风机连锁试验；

（4）主油箱电加热器连锁试验；

（5）顶轴油泵连锁试验；

（6）盘车装置连锁试验。

（二）各类油泵带负荷试运

1. 对系统进行全面检查，着重确认

（1）润滑油系统内有关放油阀关闭；

（2）油箱已加入合格的润滑油，油位应高于正常值，油箱加热器能正常投入运行；

（3）各类油泵动力电源开关处于非工作位置，动力电源和控制电源能够投入；

（4）确认主油箱油温大于20℃，否则投油箱加热器，当油温高于30℃时电加热器自动停。

2. 主润滑油泵试运行

（1）手盘A主润滑油泵转子，确认转动正常，动静部分无金属摩擦声；

（2）投入A主润滑油泵动力电源和控制电源，动力电源开关处于工作位置；

（3）点动A主润滑油泵，确认泵组转向正确，无异常声音；

（4）启动A主润滑油泵，记录启动电流及电流回落时间。记录起始参数，如主油箱油位、油泵出口压力、润滑油温度、环境温度、油泵及其电动机轴承振动、电动机表面温度、转速、电压和电流；

（5）监视油箱油位，确保油箱油位至正常值；检查油系统管路无泄漏；

（6）确认主润滑油泵各轴承振动、温度及其他参数正常，设备无异常声响，系统管道无泄漏；

（7）保持A主润滑油泵连续运行4h以上，设备运行期间，应注意监视泵的运行状况，并定时记录有关运行参数；

（8）运行时油温不得高于70℃，根据情况及时投入冷油器；

（9）同上过程连续试运B主润滑油泵4h以上；

（10）试运结束后，应通知有关人员，切断所有控制油泵电动机的控制电源和动力电源；

（11）直流事故油泵、顶轴油泵等试运行类似进行。

（三）顶轴装置调试及投用

（1）顶轴油泵首次运行时必须注油排除泵体空气；

（2）确认润滑油系统运行，开启顶轴油泵入口手动门和出口门；

（3）关闭分流器上的各个节流阀，松开溢流阀调压螺杆；

（4）完全松开（逆时针旋转）泵上的调压螺杆（压力补偿器）；

（5）点动电动机，看电动机转向是否正确。此时泵为卸荷状态，电动机空载启动；

（6）启动电动机，检验其转动是否正常及装置运行中有无杂音及泄漏等情况，此时因系统未加压，泵的运行应较为安静；

（7）旋紧溢流阀调压螺杆至全关。正常情况下由于泵的调压螺杆仍处于松开位置，所以系统压力在溢流阀全关后仅有少许升高；

（8）逐步旋紧泵体的调压螺杆，使泵出口压力缓慢上升，注意检查系统是否有泄漏；

（9）进一步将母管压力提升至21MPa，并维持5min，做耐压试验，确认管路接头等无泄漏；

（10）降低母管压力至低于17MPa后，重新升至17MPa。在此压力下旋松溢油阀至刚好动作，锁定溢流阀；

（11）继续降低母管压力至低于15.5MPa后，重新升压至15.5MPa，并锁定调压螺杆；

（12）顶起转子前用千分表分别测量并记录各轴颈顶部的位置，然后逐个开启节流阀，使每个轴径顶起高度在0.05～0.08mm内，并对各顶起油压、轴颈的顶起高度进行记录，各轴颈顶起高度调整完毕，确认满足要求后，锁定分管节流阀，调试工作即完成；

（13）在第一台泵调试完成后停该泵，再启动备用泵，直接将其出口压力调至15.5MPa即可。

（四）液压驱动盘车装置调试及投用

大多数机型采用的盘车装置为链条、蜗轮蜗杆、齿轮复合减速、摆轮啮合的电动低速盘车，具体结构和原理不再赘述。上汽引进西门子机型的盘车装置很有特色，采用液压电动机盘车，下面以该型汽轮机的盘车装置为例进行讲述。

1. 启动前的检查

（1）检查电动机的连接情况，确保电动机工作方向的正确性。顺时针旋转（从电动机轴端看）时进油口在A点。逆时针旋转（从电动机轴端看）时进油口在B点，如图6-1所示。

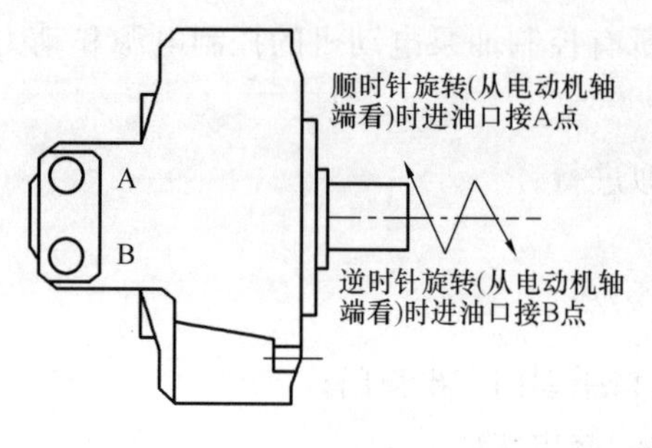

图6-1　盘车电动机

（2）检查进油管、液压腔室油管和接头是否连接完好。

（3）检查确认所有的螺栓螺母都已经拧紧防止松动。

（4）所有的液压电动机在交货时都没有加注润滑油。启动前应进行液压电动机注油，首先确认电动机底部的孔已经采用金属塞子堵好，并从电动机上半孔注油（与工作系统油一致），保证两个轴承都能充分润滑。

2. 启动

（1）确认润滑油、顶轴油系统运行正常，油压正常，发电机密封油系统工作正常。投入盘车装置子回路自动，盘车驱动油电磁阀打开，确认转向正确。

（2）首次启动，应先手动盘车正常后，方可投入连续盘车。

（3）保证油压、油温和噪音水平正常。

（4）汽轮机转速逐渐上升至48～54r/min，注意监视各轴承温度变化正常。

（5）短暂运行后，停盘车清洁滤网，在初期短暂运行后若滤网较脏，需要重复净化过程直至合格。

（6）通过调节盘车装置液压电动机的顶轴油供油调节阀，可调节盘车转速。

（7）若液压盘车装置不能正常投运，可采用手动盘车。

（8）盘车控制回路投入自动时，汽轮机转速小于120r/min，盘车自动投入。汽轮机转速大于180r/min，盘车自动退出。

（五）系统投运及动态调整

1. 系统投运前的检查与准备

（1）关闭系统中所有放油阀，投用系统中各类表计；

（2）确认泵组轴承已加入合格润滑油，泵及有关电动阀电动机绝缘合格，电源已送上；

（3）主油箱加入合格的润滑油，油位稍高于正常油位；

（4）检查确认系统连锁保护合格，有关保护、报警已投入；

（5）确认仪用压缩空气系统、闭式水系统已投运；

（6）送上主油箱电加热器电源，并根据油温投入电加热器自动。

2. 系统投运

（1）若主油箱油温低于20℃，投用油箱电加热器提高油温，当油温高于30℃时停电加热器；在机组启动之前（复位后）润滑油温应高于35 ℃，否则应投用油箱电加热器提高油温，当油温高于40℃时停电加热器。

（2）在异常情况下，主油泵和顶轴油泵可在油温5℃左右启动。

（3）为了确保设备运行故障时润滑油供应的可用性，在汽轮机启动和停止前，尤其在油系统或油泵工作之后，应着重检查下列内容：

1）校验所有泵的回路控制，包括电气连锁回路；

2）比较泵和电机实际运行参数与之前是否有大的差异，有的话必须找出原因。

（4）正常运行期间通过一台主油泵向各轴承供油。一旦运行中的主油泵故障则由备用主油泵供油。作为进一步的安全措施，一旦所有的其他油泵故障，则由危急油泵供油。由于危急油泵是维持轴承供油的最后的安全机构，在危急油泵或供电电源故障的情况下，机组不得启动。

（5）投入排油烟风机子回路自动，启动油箱排油烟风机，确认运行正常，调节排油烟风机出口阀，使主油箱真空在－1kPa左右。

（6）投入主润滑油泵子回路自动，启动预选泵。检查运行情况、出口压力及主油箱油位正常；确认润滑油过滤器下游的油压大约在370kPa（3.7bar）和400kPa（4bar）之间。

（7）监视主油箱的油位，若油位低报警则就地手动切换阀门，启动储油箱油输送泵进行补净油。相反，若油位高则就地手动切换阀门，开启排放阀门。

（8）投入直流事故油泵子回路自动，确认其就地控制开关于远操位置。

（9）投入顶轴油泵子回路自动，启动预选的顶轴油泵、确认汽轮机转子已顶起至要求高度；确认运行时油温不得超过70℃，如果达到这个限制值顶轴油泵必须切断，因为高的温度将导致泵的损坏。

（10）检查确认润滑油管路、顶轴油管路、各轴承座及发电机密封油系统无漏油、渗油现象，润滑油压力正常。

（11）确认润滑油、顶轴油系统运行正常，油压正常，发电机密封油系统工作正常。投入盘车装置子回路自动，确认盘车驱动油电磁阀打开，汽轮机转速逐渐上升至48～54r/min。注意监视各轴承温度变化正常。

（12）只要转子转速大于15r/min（0.25Hz）以上，所有油泵的子回路控制必须在“自动”模式。危急油泵在润滑油压下降后或主油泵切换时自动投入，主油泵切换成功后不超过15min危急油泵必须断开。

（13）盘车运行期间，液压盘车电动机由顶轴油系统来的驱动油驱动，盘车电磁阀在转速到达大约180r/min（3Hz）时自动关闭，供液压盘车电动机的顶轴油切断，液压盘车电动机脱离。汽轮发电机在额定转速运行期间液压盘车电动机在润滑油作用下缓慢转动，一般转速为6～12r/min（0.1～0.2Hz）。

（14）确认机组具备冲转条件时启动主油泵供油，机组正常升速。在转速到达大约540r/min（9Hz）时顶轴油系统自动停运。

（15）在任何时候都必须确保严格满足技术数据表中的透平油规范，尤其是水的含量。水的含量可能导致在运行时对顶轴油泵的损坏。机组运行一段时间后应进行主油箱油的在线净化，监视油净化装置的工作状况。

3. 系统动态调整

（1）在主机润滑油系统投入运行过程中，应加强对系统内各设备和参数的监护，发现偏离正常运行情况应及时进行调整，以确保系统处于最佳运行状况。主油泵出口压力0.55MPa，轴承主管道油压0.37～0.40MPa 。润滑油系统内部各压力范围见表6-1。

（2）机组整套启动期间，进行油泵自启动试验。

表6-1　　润滑油系统内部各压力范围

项　目	范　围	项　目	范　围
主油泵出口压力	～0.55MPa	顶轴油泵出口压力	12.0～17.5MPa
事故出口压力	～0.25MPa	各轴承顶起油管路的压力	8.0～14.0MPa
轴承润滑油压力	0.37～0.40MPa		

4. 系统停运

（1）与启动情况相反，汽轮机正常停机时，必须先确认润滑油系统各设备能正常运行，否则不应立即停机。因此正常停机前，必须先试验顶轴油泵和直流事故油泵正常。

（2）汽轮机转速小于510r/min（8.5Hz）时投顶轴油系统以避免轴承损坏。

（3）转速小于120r/min后，应确认盘车自动投入，正常盘车转速在48～54 r/min。

（4）只有当最热的转子的平均温度小于100℃ 并且转子静止后才可以停运顶轴油泵系统。在所有的主油泵以及危急油泵均失效的极端不利的情况下，顶轴油泵必须立即通过手动投入，减轻事故造成的影响。

（5）当主机润滑滤网后压力降至0.25MPa时，应立即启动备用交流润滑油泵；下降至0.23MPa时，确认直流润滑油泵启动，汽轮机应自动跳闸，否则应手动打闸，破坏真空紧急停机，并立即启动顶轴油泵。

（6）因动静间隙消失导致转子无法盘动时，不准使用行车、通新蒸汽或压缩空气，以及其他辅助方法转动被卡住的转子。应静置转子，做好标记，隔绝汽轮机进行闷缸，并严密监视上下缸温差；待转子能手动盘车且缸内无明显的金属摩擦声后，方可按规定投入手动或自动盘车。

（7）一般情况下，当高压内下缸内壁温度降到150℃以下，可停用连续盘车，但在无检修工作时，连续盘车应在高压内下缸内壁温度低于100℃方可停用。盘车停止后方可停运顶轴油泵。发电机未排氢，或有任一台油泵运行，应保持主油箱排油烟风机运行。盘车停用后8h以上，一般在密封油系统停运后，可停用主机润滑油系统及净油装置。

（六）常见故障分析和处理、调试注意事项

1. 润滑油箱内常见问题

润滑油箱内常见问题一般是由于制造或者安装阶段不慎导致的。例如，油涡轮出口止回门或者射油器出口止回门装反的问题在数个电厂都出现过。这类问题如果不是在安装阶段发现，就只能等到汽轮机升速阶段通过观察电动润滑油泵的电流是否发生预期的变化来发现异常。由于涉及到机组冷却和油箱倒油，处理工期通常也是以周计。

至于交直流润滑油泵的出口止回门如果装反，在泵的第一次单体试运就能发现异常，所以调试阶段，现场更多的故障是备用泵的止回门卡涩导致部分润滑油被旁路，从而母管油压偏低。这类故障的定位一般结合电流、出口压力、备用泵是否反转等实现。

2. 汽轮机升速期间容易出现的问题

主油泵由主轴直接驱动的机组，在升速至主油泵开始工作的转速范围时，部分机组出现过润滑油母管压力大幅度波动导致油压低保护动作跳闸的案例。分析原因，一是射油器出口止回门开关不灵活，导致主油泵刚开始工作时处于和润滑油泵“抢油”的过程中，止回门开启后无法关闭，润滑油从射油器出口止回门倒流，母管压力大幅度降低；其次，主油泵进出口管路存在空气也是可能的原因。

在机组第一次升速至额定转速按照规程停止交流润滑油泵的时候，必须慎之又慎。要仔细比较升速前后交流润滑油泵的电流，如果没有较大幅度的下降，说明主油泵出力不足，此时停泵有烧瓦的风险，可能的原因既有如前所述的止回门装反，也可能是止回门开度不足，还可能是系统漏油，尤其是法兰垫破损、出口管的焊缝裂纹砂眼等，必须逐一排除处理。

3. 高压启动油泵（密备油泵）相关问题

原西屋技术的机组，润滑油箱顶部布置了一台高压启动油泵（密备油泵）用来提供机组的低压保安油和做密封油高压备用油源。密备油泵经常出现的问题是打不起压或者管道振动大，其根源都在于布置位置较高，油泵启动时经常吸不上油，空气也无法短时间排尽。作为改善措施，可以在出口增加一小管径排空气管直通油箱，能起到较好的效果。

此类机组由于高压密封油备用油管路较长，较易积存空气，在启动高压密封油备用泵后，管路末端的减压阀受到油气两相流的冲击，容易发生漏油现象且无法隔离，增加了机组“非停”的风险。可考虑在减压阀前增设一压力等级较高的焊接阀门，待高压密备油泵运行稳定再逐步开启。

4. 顶轴油系统相关问题

汽轮机顶轴油泵的配置，目前主流配置是变量柱塞泵，也可选择齿轮泵。对于变量柱塞泵，调试中只需要调整调压螺杆（压力补偿器）即可，端部的调整最大流量的螺杆一般不做调整，厂家出厂设置螺杆都处于最大流量位置（向外完全旋出），贸然调整容易导致两台泵的出力不一致。

初次调整各轴瓦的顶起高度时，宜从汽轮发电机组低压转子-发电机转子对轮（低发对轮）对应的两侧轴瓦开始调整，顶起高度达到厂家要求的区间即可。

顶轴油压在静态整定完成后，随着机组工况变化，尤其是机组停机时，其支管油压和顶起高度可能发生变化，压力过低时，对相应轴瓦和轴颈有可能造成损坏。建议机组停机过程中，专人监视各顶轴油供油管的压力是否明显偏低或者管路偏冷，否则可以启动两台顶轴油泵同时运行并根据情况进行微调。

顶轴油压分配时，顶起高度不够。通常可能情况有：进轴瓦顶轴油量大而顶轴油压提不上去，该种情况要检查顶轴油管至轴瓦顶轴油囊处接头是否有泄漏；顶轴油压可以提升很高但顶轴油量很小，该种情况一般检查是否由轴瓦静态下的负荷较重或顶轴油囊接触面积偏小等引起，同制造厂家沟通后适当扩大顶轴油囊接触面积或扩大顶轴油管上节流孔板的通径即可解决。

5. 油系统油压开关及连锁问题

油系统压力开关直接关系到油泵连锁、跳机保护等，需要对厂家压力开关的定值进行实际校核。制造厂家提供的油系统的压力开关定值不可能考虑到压力开关、变送器的安装位置，实际定值校验时要考虑压力开关、变送器的安装高度来进行高差的修正。

交直流润滑油泵的连锁，除了 DEH/DCS 的“软”连锁，不少厂还存在“硬”连锁，即电气连锁，考虑到润滑油系统的重要性，这种做法是值得赞许的。调试中必须按照设计，逐一验证该项连锁功能，并让运行人员熟悉。

第二节　油净化装置试运

一、概述

汽轮机油净化装置是电厂必须配备的专用设备，将汽轮机主油箱、给水泵汽轮机油箱、润滑油储油箱内以及来自油罐车的润滑油进行过滤、净化处理，使润滑油的油质达到使用要求。

汽轮机油质污染原因主要有水分污染（汽轮机油中的水分以溶解态和自由态两种形式存在）、机械杂质污染和油泥污染。具体来说，汽轮机运行中，由于轴封漏汽、轴瓦摩擦、润滑油温不正常升高等原因导致油质劣化，使润滑油的性能和油膜力发生变化，对机组安全稳定运行造成威胁。

常见的油净化装置按照原理分类，主要有过滤器＋聚结脱水型、过滤器＋真空脱水型和离心式等几种类型。其中离心式油净化装置对油中的乳化水和溶解水去除效果不佳，对直径仅为数微米的颗粒去除效果同样也不理想，一般用加装精滤器来改善；加上高速离心设备维护相对困难、如运行操作不当存在大量跑油的风险，目前在电厂的应用有减少的趋势。

聚结脱水滤油机与一般滤油机的区别在于其特殊过滤材料的亲油或亲水特性。这种滤油机能适应油品含水量较高的情况，破乳化效果好，结构相对比较简单、操作方便，但油中含水持续偏高时除水滤芯的更换周期会显著缩短，使用成本较高。

传统型式的真空滤油机是过滤器＋真空脱水型，过滤器用于除去机械杂质，真空分离用于脱水。为了提高脱水效率，又出现了组合式的真空净油机。组合式真空净油机以真空脱水为主，增加了重力沉降除水、离心分离除水（非高速离心法）和凝聚除水等设备。

此外还有结合聚结脱水和真空脱水技术的油净化装置，可以起到深度破乳化脱水的作用。

二、试运主要内容

（1）热工信号及连锁保护校验，重点关注油泄漏报警和油位报警。

（2）油输送泵试转及调整。

（3）油净化装置调试。

（4）系统投运及动态调整。

三、试运主要步骤

油净化装置的试运比较简单，调试前检查确认设备进油管的安装位置应距用户油箱底部一定距离，避免将较大的杂质和物体吸入设备，同时确认主油箱、储油箱或给水泵汽轮机油箱油位正常，能持续给油净化装置供油。具体以某聚结分离油净化装置（图6-2）为例，调试步骤如下：

（1）打开油净化装置进油阀V1、出油阀V2、直通阀V4，略开压力调整阀V3，打开压力检测阀，关闭吸附导通阀1、2和手动放气阀、手动排水阀、排油阀。

（2）合上电源开关，电源指示灯亮。点动油泵的启动按钮，确认电动机转向。

（3）重新启动油泵，调整压力调整阀，使设备在正常压力下运行。开启各排气门，直至有油流时关闭。确认设备运行无异常振动和噪声。

（4）合上加热器开关，按下启动键，温控器工作，显示当前油温，设定控制油温，观察加热器功能正常。

（5）验证排水电磁阀功能正常。

（6）除游离水、杂质的调试，确认装置中聚积分离器导通阀1和第三级过滤器导通阀2打开，各阀门的状态如表6-2所示。

（7）除乳化水时（通常必须在颗粒度合格后方可投用，避免聚结滤芯过快失效），先打开压力调整阀，将压力降至0.05MPa左右，然后关闭聚积分离器导通阀1和第三级过滤器导通阀2，再调整压力调整阀，将压力调整至正常范围内（乳化严重时，小流量效果最佳），各阀门状态如表6-2所示。

（8）需要精细过滤时，适当打开压力调整阀，降低系统压力，然后打开聚积分离器导通阀1，关闭第三级过滤器导通阀2，各阀门状态如表6-2所示。

（9）吸附再生作为对油质处理最彻底的工况，需要在除乳化水操作的基础上，将吸

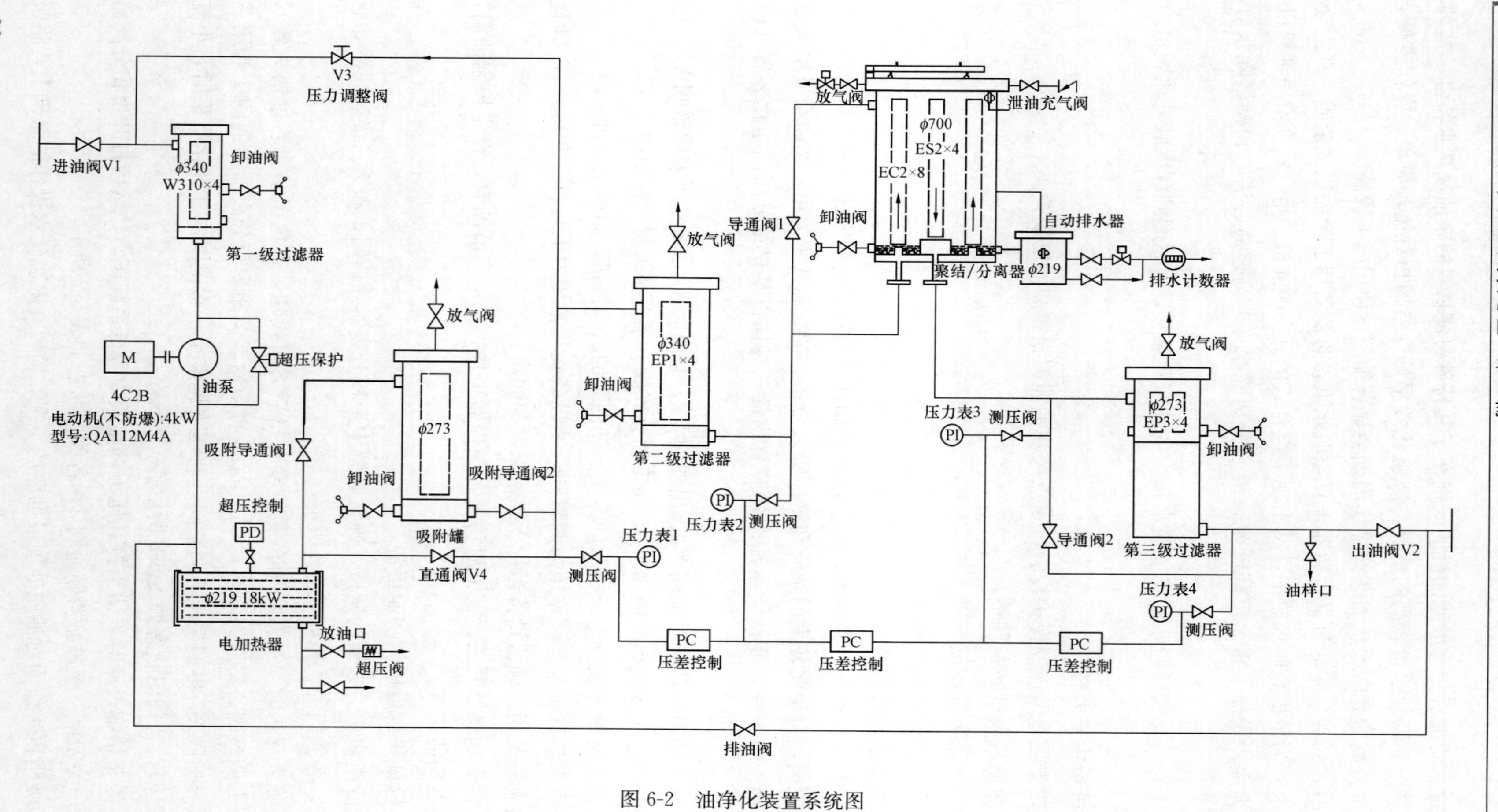

图 6-2 油净化装置系统图

PI—压力表；PD—超压控制器；V1—进油阀；V2—出油阀；V3—调节阀；M—电动机；⋈—球阀；⋈—电磁阀

附罐投用，即开启吸附导通阀 1 和 2，关闭直通阀 V4。各阀门状态如表 6-2 所示。

（10）对于聚结和分离滤芯，需要保养（更换或清洗）的时间由压差和最长使用周期共同决定；其余滤芯由压差来决定是否进行保养，典型的压差如表 6-3 所示。

表 6-2 油净化装置内部阀门状态

阀门描述	运行模式			
	除游离水、杂质	除乳化水	精细过滤	吸附再生
进油阀 V1	开	开	开	开
压力调整阀	一定开度	一定开度	一定开度	一定开度
直通阀	开	开	开	关
吸附导通阀 1	关	关	关	开
吸附导通阀 2	关	关	关	开
导通阀 1	开	关	开	关
导通阀 2	开	关	关	关
出油阀	开	开	开	开

表 6-3 油净化装置内部定值

项　目	单　位	整定值
压力开关	MPa	0.25
第二级滤芯压差	MPa	0.13
聚积器压差	MPa	0.09
第三级滤芯压差	MPa	0.13

第三节　汽轮机调节保安系统及控制油系统试运

一、概述

目前大型火力发电厂汽轮机控制系统均采用高压抗燃油数字电液控制系统（Digital Electro-Hydraulic Control，简称 DEH）。DEH 与传统的机械液压调节相比，极大的简化了液压控制回路，不仅转速控制范围大、调整方便、响应快、迟缓小、能够实现机组自启停等多种复杂控制，而且提高了工作可靠性、简化了系统的维护和维修。

调节保安系统是 DEH 执行机构，它接受 DEH 发出的指令，完成挂闸、驱动阀门及遮断机组等任务。通常调节保安系统按照其组成可划分为低压保安系统和高压抗燃油系统两大部分。对于两大部分之间的物理联系，不同汽轮机厂习惯采用不同的设计方案：引进西屋技术的大型汽轮机通常用隔膜阀作为联系手段，而引进日立技术的机组则习惯用危急遮断连杆，西门子技术的大型机组因为取消了机械超速，因此没有传统的低压保安系统。高压抗燃油系统则由液压伺服系统、高压遮断系统和抗燃油供油系统三大部分组成。

调节保安系统一般具有下列基本功能：

（1）汽轮机挂闸；

（2）可根据情况选用高、中压缸联合启动或者中压缸启动；

（3）具有超速限制和保护功能；

（4）必要时，能够快速、可靠的遮断汽轮机进汽；

（5）适应阀门活动试验的要求。

其中超速保护一般分为机械超速保护和电超速保护，下面做简要介绍。

机械超速主要有两种，飞锤式和飞环式，原理相同，都是采用偏心结构，使得汽轮机转子转速上升到机械超速保护动作值附近时，离心力克服弹簧的压力，飞锤或者飞环出击，卸去隔膜阀油压或者使危急遮断装置连杆动作，进而泄去所有油动机安全油，快速关闭各主汽、调节阀，机组跳闸。少数制造厂取消了机械超速保护仅保留电超速，如引进西门子技术制造的大型机组。

电超速一般分为DEH电超速和TSI电超速，信号分别取自就地独立的测速探头，进行“3取2”逻辑判断后发信号给ETS系统，导致跳机电磁阀或油动机快关电磁阀动作；超速保护动作时，DEH同时将调节型油动机的伺服阀指令置零或者负；鉴于超速保护的极端重要性，DEH一般还有一个动作值更高的后备电超速，部分电厂还增加了DCS后备电超速。

二、试运的主要内容

（1）热工信号及连锁保护校验；

（2）控制油泵试转，控制油系统压力调整；

（3）高压备用密封油泵试转及系统调整；

（4）油处理装置调整；

（5）系统蓄能器调整；

（6）系统投用及联动调试；

（7）液压调节系统静态调试；

（8）保安系统静态调试；

（9）主汽门及调速汽门关闭时间测定；

（10）配合电液调节控制系统静态调试。

三、试运应该具备的主要条件

以上汽引进西门子技术制造的超临界机型为例，试运前应具备的条件主要有：

（1）主机控制油系统所有设备、管道安装结束，并经验收签证；

（2）热工仪表及电气设备安装、校验完毕，并提供有关仪表及压力、温度等开关的校验清单；

（3）主机控制油系统各泵单体调试结束，已确认运行状况良好，转向正确，参数正常，就地和CRT状态显示正确；

（4）主机控制油系统油冲洗结束，油质经化验合格，有关孔板、滤网均已恢复，油冲洗临时管路、冲洗板均已拆除；

（5）系统内有关放油阀关闭，油箱油位正常；

（6）蓄能器已充氮至厂家要求的压力；

（7）调试资料、工具、仪表、记录表格已准备好；

（8）试运现场已清理干净，安全、照明和通信措施已落实。

四、试运的主要步骤

以上汽引进西门子技术制造的超临界机型为例说明试运的主要步骤：

（一）连锁保护及报警试验

（1）控制油箱油位开关报警试验；

（2）控制油泵连锁保护试验；

（3）控制油循环泵连锁保护试验；

（4）控制油箱电加热器连锁保护试验；

（5）油温连锁。

（二）控制油泵等试运行

确认以下条件满足：

（1）控制油箱加入合格的抗燃油，油位应处于最高位；

（2）确认控制油系统有关连锁试验合格，投入有关报警和连锁保护；

（3）确认电动机绝缘合格，有关控制、动力电源送上，状态指示正常；

（4）确认系统内有关放油阀已关闭，各仪表一、二次阀开启；

（5）确认控制油箱油温大于21℃，否则投控制油循环泵加热；用强制定值或者信号短接的方法确认当油温高于55℃时自启冷却风扇，当油温低于50℃时自停冷却风扇。

（三）控制油系统试运和调整

（1）投入控制油泵动力电源和控制电源，动力电源开关处于工作位置；

（2）确认系统回路畅通，系统首次正式进油时，确认各油动机伺服阀等应处于断电状态；

（3）确认压力补偿器调整螺杆和溢流阀调整螺杆已完全旋出；

（4）点动A控制油泵，确认泵组转向正确，无异常声音；

（5）重启A控制油泵，记录启动电流，监视油箱油位下降后应稳定，系统油压应为一较低的数值；

（6）旋紧溢流阀调整螺杆，观察油压不变或者有少许上升；

（7）逐步旋紧压力补偿器调整螺杆，观察母管油压逐步上升。在4.0、8.0、16.0MPa三档压力下稍长时间停留，检查系统有无泄漏，油动机应保持在关闭状态，油动机应无大量过油的声音，油箱油位应保持恒定；

（8）继续升压至18MPa维持5min做初步的耐压试验，系统管道、接头无泄漏和渗漏现象；试验结束后将溢流阀动作压力整定到18MPa后锁定；然后将油泵出口压力整定到16 MPa后亦锁定；

(9) 观察泵需连续运行 4h 以上，设备运行期间，应定时记录运行参数；

(10) 同上过程连续试运 B 控制油泵 4h 以上，控制油循环泵类似地运行 4h 以上；

(11) 交热控专业进行阀门整定后确认各油动机关闭时间应合格；机组具备挂闸条件后控制油系统应在挂闸的状态下进行一次正式的耐压试验；

(12) 试运结束后，应通知有关人员，切断所有控制油泵电动机的控制电源和动力电源。

五、常见故障分析和处理、调试注意事项

调节保安系统和控制油系统调试期间，很多工作内容都需要机务专业和热控专业紧密配合才能完成，专业间沟通不畅容易对调试进度造成不利影响。例如多个电厂调试期间，均发生过 EH 油压突然大幅度偏低的故障，究其原因，往往是机组未挂闸的情况下伺服阀存在或者被施加开阀指令，导致 EH 油从该油动机大量泄漏。伺服阀在最大流量工况持续工作时间过长，对阀的寿命有不利的影响，现场必须尽量避免这种状况发生。以下几点是需要重点引起注意的事项：

1. 关于机械零偏

调试中经常被忽略的一个步骤是机械零偏的确认。机械零偏的存在，使得油动机在伺服阀（卡）意外失电后可以关闭，避免汽轮机转速或者功率失控。确认步骤如下：机组挂闸，所有调节阀和可调节的主汽门给 50%的指令，观察各汽门开启到该位置后，断开各伺服阀的电源，观察对应的油动机是否关闭。如果油动机拒动甚至反而全开，说明伺服阀的机械零偏有问题，考虑更换或者在专业人员指导下对机械零偏进行微调，直到阀门可以顺利关闭。

2. 油质的影响

DEH 系统尤其是伺服阀本身对 EH 油质有着严苛的要求。伺服阀的阀芯与阀套间隙只有 2μm 左右，伺服阀喷嘴与挡板之间的间隙在 0.03mm 左右，均属于极易发生卡涩的位置；当有颗粒卡在上述部位时，如果颗粒的位置稳定，会使挡板始终靠近一个喷嘴且反馈杆无法将其拉回，主阀芯两端的压差始终存在，造成阀芯向一个方向开足，油动机就会处于全开或全关位置而无法控制；如果颗粒位置不稳定，则油动机容易产生不规则摆动。不论是在调试还是在以后的生产中，EH 油系统很多故障的根源就在于油质不合格和油质管理不到位。当然，客观上说，调试期间油质的合格是有个反复的过程的，原本合格的油质在机组各油动机经历几次开关后可能又重新变为不合格。所以要重视滤油工作，尤其是在线滤油，在调试期间尽量保持滤油机运行。

3. 监视伺服卡的参数

作为对伺服阀工作状态的掌握，可以通过经常性地监视伺服卡的输出电流/电压来了解伺服阀的状态；正常的值应该是略大于 0，以便与伺服阀的机械零偏产生的力平衡。如果偏离零位很多，则说明有环节存在问题，调节阀可能突然开启或者关闭，需要及时处理，防患未然。

4. 阀门卡涩和失控

大多数新建电厂调试过程中都经历过某个甚至某几个主汽门、调节阀卡涩或者失控的案例，可能的原因较多，可能是伺服阀或者伺服卡（VCC卡）失效；也可能是LVDT杆松动或者脱落导致；还可能是机械卡涩，如油动机活塞杆积碳、积盐、安装不对中等；甚至可能是系统窜入干扰信号，需要根据实际情况逐一排除。

第四节 给水泵汽轮机润滑油系统及调节保安系统试运

一、概述

近年来包括东汽、哈汽在内的各大主机制造厂纷纷推出配套的给水泵汽轮机产品，上汽则很早就推出了自己的给水泵汽轮机，使得之前基本由杭州汽轮机厂（以下简称“杭汽”）占领的这个领域发生了一些变化。本章主要以杭汽引进德国西门子技术制造的NK系列给水泵汽轮机为例进行介绍。

杭汽给水泵汽轮机配备一套独立的润滑油系统，用于向给水泵汽轮机的轴承、盘车装置、联轴器以及给水泵轴承等提供润滑和冷却用油，同时向给水泵汽轮机的保安系统供油。给水泵汽轮机润滑油系统主要包括润滑油箱、两台100%容量的交流润滑油泵、一台直流事故油泵、油箱排烟风机、顶轴油泵、盘车电磁阀、两台100%容量的冷油器、温度调节阀（三通式）、滤油器、蓄能器等部件。

交直流润滑油泵出口管道上均装有压力监测装置和可调节的流量孔板，防止出口油压超限，同时给水泵汽轮机前后轴承和推力轴承进油管上分别设置可调节流阀便于对流量进行细调；油泵出口分别供润滑油、保安油和盘车油，润滑油经过节流阀、冷油器、温度调节阀以及双联滤油器后，进入给水泵汽轮机和给水泵的各个轴承进行润滑并提供顶轴油油源；温度调节阀可以自动调节冷、热油的进油量，从而使其出口油温保持在一定范围内；保安油经双联滤油器进入给水泵汽轮机保安系统；盘车油经盘车电磁阀进入油涡轮盘车装置；直流事故油泵不经过节流阀、冷油器和润滑油滤油器直接供至各轴承。

与主汽轮机类似的，为了防止转子弯曲，通常给水泵汽轮机也设有盘车装置。杭汽给水泵汽轮机的盘车装置包括油涡轮和手动盘车。油涡轮盘车装置装于后轴承箱上，它是压力油驱动的单级油涡轮，由一组喷嘴外壳及一级叶轮构成。叶轮固定于给水泵汽轮机转子上。在盘车过程中，给水泵汽轮机转子由压力油冲动的叶轮所驱动。压力油源来自交流润滑油泵，通过专门设计的集成块流入喷嘴壳体内，受电磁阀和手动切换阀控制。喷嘴把油流导入叶轮带动给水泵汽轮机转子一起转动。油涡轮盘车转速大于120r/min。

给水泵汽轮机调节保安系统是数字控制系统（MEH）的执行机构，它接受MEH的指令，完成挂闸、驱动阀门及遮断机组等任务。杭汽给水泵汽轮机根据用户需求设计了可选的驱动阀门的油源：一种是直接使用润滑油泵出口的油作为动力油，利用电液转换器控制调节阀开度；更多的是给水泵汽轮机与主机共用高压EH油源，使用同主机类似的伺服阀对调节阀进行控制。机组挂闸和遮断功能，则是通过专门的速关组合件控制速关阀的启闭来实现的。

二、试运的主要内容

(1) 连锁保护和报警逻辑验证，主要有油泵连锁试验、给水泵汽轮机ETS保护试验等；

(2) 相关设备试运和参数整定，包括给水泵汽轮机润滑油母管和支管压力调整等工作；

(3) 配合热控专业进行MEH调试，主汽门和调节阀关闭时间的测定；

(4) 给水泵汽轮机冲转后的试验，如打闸试验、超速试验、阀门活动试验等。

三、给水泵汽轮机油系统调试整定主要流程

(一) 蓄能器气囊压力整定

使用充压工具将各个蓄能器压力充至厂家要求范围，气源为氮气（N_2）；涉及的蓄能器一般有三处：润滑油泵出口、给水泵汽轮机EH油高压蓄能器和低压蓄能器。

充压时如果相应油系统未运行，则确认蓄能器进口门开启情况下充压即可；否则，应该关闭蓄能器入口门，开启蓄能器排放门的状态下进行充压。

(二) 调节油及润滑油压力整定

(1) 压力整定前应先确认油系统滤网经过彻底清理且已经回装。

(2) 确认油箱油位正常。

(3) 检查润滑油和调节油回路畅通。

(4) 启动一台主油泵，观察润滑油、调节油滤油器和冷油器排气管路上的窥视窗，当流出的全部是油时，关闭这三个排气管路上的放气阀。

(5) 组合调节润滑油冷油器前、后节流阀，使给水泵汽轮机运行平台润滑油母管压力约为0.25MPa；再对给水泵汽轮机前后轴瓦和推力瓦进油节流阀进行进一步调整，使各瓦进油压力符合要求；调整要考虑几个重点因素：

1) 油量充足且回油通畅；

2) 各冷油器油压不得低于正常运行的冷却水侧压力；

3) 应保证供油装置调节油（保安油）出口压力为0.9MPa左右，因为此压力和润滑油压力互相影响且无直接调节手段；

4) 应保证给水泵处润滑油母管压力符合泵厂的要求。

(6) 压力整定完毕后，锁定各节流阀。

(7) 机组具备挂闸条件后，机组挂闸。观察记录复位油压和安全油压（见图6-3），调整溢流阀1853，使得复位油压F低于安全油压E约0.05MPa。

(三) 顶轴油整定

(1) 开启一台主油泵，保证润滑油和顶轴油泵供油正常。

(2) 在给水泵汽轮机两端轴颈处架设百分表，并将指示调零。

(3) 将顶轴油泵出口溢流阀调整螺杆旋出，关闭通往给水泵汽轮机两端的顶轴油管路上的阀门。

(4) 启动顶轴油泵，分别调整两台顶轴油泵出口的溢流阀，将出口压力均整定为8MPa。

(5) 开启顶轴油通往给水泵汽轮机轴承的管路上的阀门，逐渐开大各节流阀的开度，使得给水泵汽轮机两端轴颈抬起高度均在0.05～0.10mm之间。记录两个轴承顶轴油压力和抬起高度。

(四) 盘车装置调整

(1) 开启两台主油泵和一台顶轴油泵。在盘车机构投入工作前，必须先使顶轴油系统投入运行。油涡轮盘车的投入或退出由盘车控制装置来操纵。

(2) 将手动阀转动90°或将盘车电磁阀通电，使得压力油通往油涡轮。测量记录盘车转速。根据盘车转速情况，调整插装阀上的限位螺钉（拧开插装阀上堵头，用螺丝刀调整），改变阀的开度，相应改变通往油涡轮的油流量。将盘车转速调整为80～120r/min。

(3) 在汽轮机转子处于静止状态时，润滑油供给正常的情况下，可投入手动盘车机构，定期将转子转动180°，以校正、减少转子的热弯曲变形。手动盘车机构可配合油涡轮盘车一起使用，以减小后者的启动力矩。

(4) 供给汽轮机的盘车油，不经过节流阀、冷油器和滤油器，直接取自主油泵出来的油，并且要求二台油泵同时运行。

四、常见故障分析和处理

1. 速关阀工作失常

给水泵汽轮机速关阀由速关组合件控制（见图6-3），用于快速遮断机组进汽，在事故工况下保障机组安全。

通过对多个电厂同类型给水泵汽轮机的调试，发现给水泵汽轮机速关组合件的可靠性并不尽如人意，主要表现在组合件的几个电磁阀易卡涩造成速关阀工作失常。

以某发电厂给水泵汽轮机速关组合件的调试过程为例（给水泵汽轮机型号NK63/71/0，与上海电力修造厂的FK4E39-SC给水泵配套，见图6-3）。在跳机电磁阀2222和2223断电关闭的情况下，只要启动给水泵汽轮机的工作油泵，速关阀即缓慢开启，手动打闸后速关阀在短暂关闭后仍然会开启。经过分析，怀疑启动油电磁阀1843卡在非关闭位置造成的。给水泵汽轮机工作油泵启动后，此时虽然尚未发挂闸指令，但压力油通过启动油电磁阀1843后形成启动油和开关油，开关油起到将机头危急保安装置复位的作用，此后速关油压建立，由于溢流阀1853的作用，速关油压力大于启动油压力，两者的压差克服速关阀弹簧的作用将速关阀开启。将启动油电磁阀解体检查，发现阀芯被异物卡涩，对该阀做清洗处理，复装后再挂闸正常，不久在调试人员做给水泵汽轮机ETS（危急遮断系统）保护试验时出现速关阀无法打开的故障，联系到速关油压为0，判断跳机电磁阀也发生同样原因的卡涩，导致速关油压不能建立。经检查发现跳机电磁

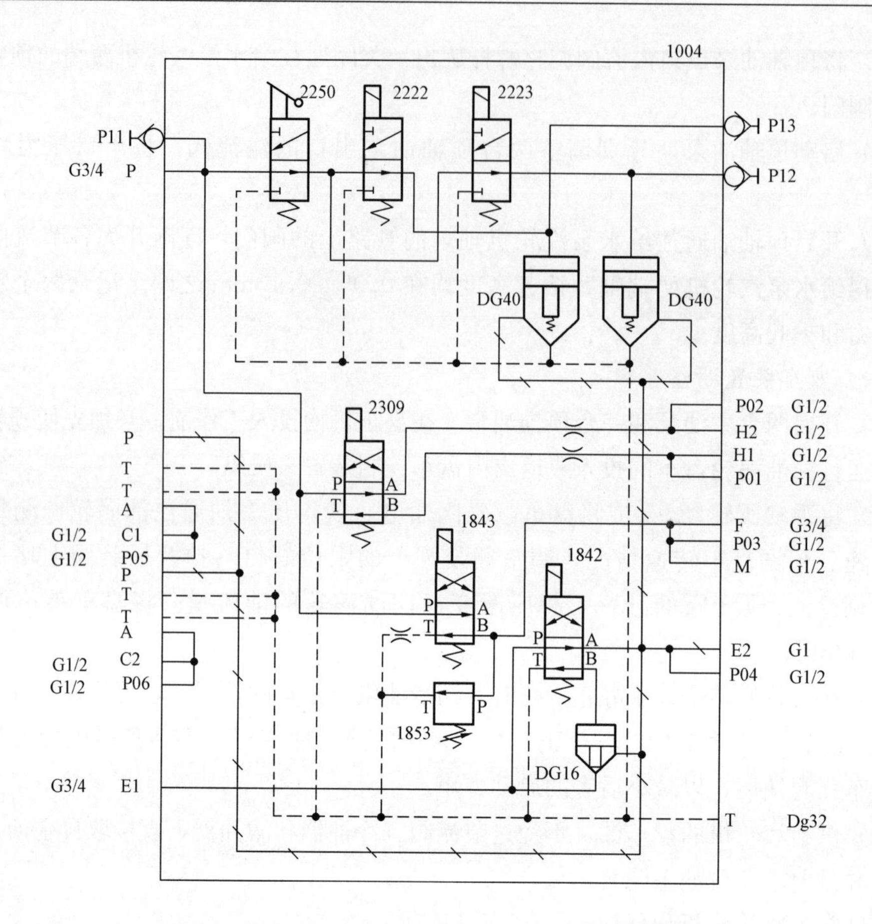

图 6-3 给水泵汽轮机速关阀由速关组合件控制原理图

阀 2223 卡在开位，更换处理后给水泵汽轮机挂闸正常。

造成上述故障的根源是油质问题。给水泵汽轮机油系统在油循环过程中，速关组合件和速关阀本身的油缸是循环死区，其清洁度只能依靠制造厂来保证；加上现在不少工程工期延误，设备在现场闲置时间较长容易产生锈蚀，降低了设备的可靠性。

2. 给水泵汽轮机挂闸异常

在对一台 600MW 机组的两台给水泵汽轮机进行调试过程中，先后发生了给水泵汽轮机挂闸后速关阀尚未全开便自动关闭的现象。经观察，速关阀关闭发生在启动油电磁阀失电的瞬间。

给水泵汽轮机挂闸程序如下：挂闸指令发出后，启动油电磁阀和速关油电磁阀同时带电。启动油电磁阀建立启动油和开关油，其中开关油去复位机头的危急保安装置，使得速关油压的建立成为可能，速关油电磁阀则在阻断速关油通往速关阀路径的同时将活塞盘下部油压泄去。15s 后速关油电磁阀失电，速关油压开始建立，克服启动油压和弹簧的压力将速关阀缓慢开启。启动油电磁阀失电的时间则受到双重控制，要么在带电 60s 的指令脉冲结束后失电，要么在此期间检测到速关阀全开的行程开关信号后失电。从厂家提供的说明书上来看，如果启动油电磁阀失电瞬间速关阀正在开启但尚未全开的情况下，速关阀此时会快速开启。

经过分析观察，当启动油电磁阀失电时，速关阀实际上并未全开。由于启动油压和速关油压分别作用在活塞盘的两侧，此时启动油压的快速泄去会导致速关油压也迅速降低，使得给水泵汽轮机的危急保安装置重新处于遮断位置而泄去速关油，将速关阀关闭。

启动油电磁阀失电时，速关阀实际上未能全开有两个原因，一是挂闸指令发出后60s的时间不足以使阀门全开（事实上制造厂并未要求速关阀必须在60s内开到位，只是认为启动油电磁阀失电后速关阀将由慢开转为快开）；二是速关阀开到位的行程开关安装位置有偏差，离实际的全开位置有一定距离。

由此可见，解决办法有两个：一是针对启动油压泄去过快这个现象，调整速关组合件的启动油溢流阀1853到一个合适的开度来控制启动油的泄油速度，避免速关油压降低过多导致危急保安装置动作；另外一个办法是将启动油电磁阀的带电时间延长，使得其失电的时候速关阀已经全开，同时，为了消除速关阀开到位的行程开关安装位置不当的影响，在该开关到位信号发出后，加一定延时后再触发启动油电磁阀失电，这样可以完全避免油压波动。经过权衡，决定采用第二种改进措施，将启动油电磁阀的带电指令时间由原来的60s延长到90s，同时在速关阀开到位的行程开关信号发出后延时6s后再令启动油电磁阀失电。经过上述改进，给水泵汽轮机挂闸不成功的问题得到了彻底解决。

第七章　发电机氢油水系统调试

第一节　发电机定子内冷水系统试运

一、概述

定子冷却水系统的主要功能是保证冷却水不间断地流经定子绕组内部，将大部分由于发电机损耗产生的热量带走，以保证被冷却部位的温度和温升符合发电机的有关要求；同时控制进入定子绕组的冷却水压力、温度、流量、导电度等参数，使之符合相应的规定；此外系统还具有反冲洗功能。

定子冷却水系统是一个集装式的闭式循环系统，集装装置出来的冷却水进入发电机定子机座内的环形总配水管，其中一路经绝缘水管流入定子线棒中的空心导线，然后从绕组的另一端经绝缘引水管汇入环形出水管；另一路经绝缘引水管流入定子绕组主引线，出主引线后经绝缘引水管汇入安置在出线盒内的出水管，然后经外管道汇入环形出水管。双路水流最后从机座上部流出发电机，经总出水管返回到定子冷却水箱。

在定子水回水管上的最高点，引出一细管直接连接到水箱，从而使可能泄漏的氢气直接进入水箱，同时也可以避免因虹吸现象而在高温出水端出现汽化。在进回水管之间还设了一路联络细管，以保证回水侧的压力高于大气压，可以在一定程度上降低汽化的可能性。总进、出水管之间装有压差表计和一系列压差开关，用于指示冷却水通过定子绕组的水流压降，并对不正常的压降发出报警信号。在进水管和发电机定子机座之间还装有压差开关，压差开关的高压端接至定子机座内部，低压端与进水管（水压）相连。正常运行时，发电机内的氢压高于水压，当发电机内氢压下降到仅高于进水压力0.035MPa左右时，该压差开关动作发出报警信号。外部总进、出水管上各装有一个测温元件和一个温度开关，用于进、出水温的监测和报警。

二、试运主要内容

发电机定子内冷水系统试运的主要内容有：

（1）系统各部件如内冷水泵、补水电磁阀的连锁保护逻辑试验；

（2）冷却水泵试转及调整，冷却水系统各管道冲洗及阀门调整；

（3）水箱充气系统调试；

（4）配合化学专业进行水处理装置的调试；

（5）配合热控进行发电机内冷水流量保护开关的整定；

（6）系统正式投运，自动补水、离子交换器等回路运行正常。

三、调试前应具备的条件及准备工作

下面以上海发电机厂制造的660MW发电机配套的定子冷却水系统为例，介绍本系

统调试相关的要点。

（1）系统内设备、管道及相关表计安装完毕，并按标准验收，有关记录齐备，已办理签证；

（2）定子绕组及其他零部件的气密性试验合格；

（3）定子冷却水系统临时管道拆除后的水冲洗合格，已办理签证；

（4）定子水热交换器的冷却水源可正常投用；

（5）过滤器滤芯已装填、电导度仪可投用、离子交换器树脂已装入，具备投入条件；

（6）向定子冷却水系统注水前，供水管道已用除盐水冲洗干净。

四、调试的主要步骤和流程

（1）定子冷却水系统调试期间的注水冲洗和投运；

1）隔离水箱对外接口：关闭水箱压力开关隔离阀，充氮管路隔离阀，水箱排气隔离阀；

2）打开沿途各排气阀，如热交换器内冷水侧排气阀、滤网排气阀、定子绕组排气阀等；

3）开启补水隔离阀，按照厂家要求整定好补水减压阀的出口压力；

4）确认离子交换器处于隔离状态，利用补水旁路门向系统补水，除盐水通过离子交换器旁路门进入定子冷却水箱，并经过定子冷却水泵、定子冷却水热交换器、过滤器等逐步充入系统；

5）沿途排气阀见连续水流后可关闭，最高点排气阀保持一定开度；

6）持续补水直到水箱溢流口有水流出。

（2）启动一台水泵使水循环，控制补水速率和再循环门的开度，避免水泵在缺水状态下运行；

（3）最高位置的排气阀见连续水流后将其关闭；

（4）适当开启水箱排污阀，调整补水阀开度，维持水箱内的液位为正常值，进行连续补水直到水质合格；

（5）投入离子交换器；

（6）将氮气（N2）充入定子水箱，按要求调整减压阀；

（7）配合厂家和热控专业做定子冷却水流量开关整定工作：

1）定子进出水压差增大到比实测正常压差值（0.15～0.2MPa）大 0.035MPa 时，压差开关发出“定子绕组进出水压差高”报警；

2）当定子绕组两端的压差比实测正常值（0.15～0.20MPa）低 0.056MPa 时，压差开关将发出“定子绕组流量低”报警信号；

3）当定子绕组进出水压差比实测正常值低 0.084MPa 时，压差开关将发出“定子绕组流量低低”报警信号；

（8）实际验证冷却水泵的连锁保护；

(9) 实际验证补水电磁阀逻辑。

五、调试注意事项、常见故障分析和处理

1. 内冷水系统的调试

涉及热控、电气、化学和机务等多个专业。总体来讲，机务应该牵头协调，使调试得以进展顺利。

2. 关于内冷水流量低跳发电机保护

内冷水流量低跳发电机是一个重要的保护逻辑，必须逐步关小内冷水泵出口门减少流量加以实际验证。根据设计的不同，部分电厂采用就地流量低信号“3 取 2”硬接线直接送至发电机保护装置；也有电厂通过 DCS 转发至发电机。从安全的角度来说，硬接线送至发电机更为可靠，可同时一路送至 DCS 作为报警。

3. 系统运行中需要关注的要点

机组正常运行中，需要关注内冷水系统的电导、pH 值等参数在合格范围，否则应及时采取投入离子交换器或换水等措施。发电机氢气泄漏量大时，应注意检查内冷水箱的氢气含量是否超标，排除内冷水系统泄漏的可能性。关于内冷水系统要时刻记住一个原则：“水压低于氢压，水温高于氢温”。

4. 关于定子冷却水系统的补水

定子冷却水系统的补水一般分为两路，一路是凝结水，一路是化学除盐水，也有电厂仅设计了一路化学除盐水。从补水进入系统的途径来看，也主要有两路：一路直接通入水箱；另一路经过离子交换器再进入水箱，后者是主流。

定子冷却水对水质的要求很高，调试期间凝结水的水质往往难以符合要求，基本只能依靠化学除盐水补水。问题在于部分电厂化学除盐水母管压力不高，甚至低于离子交换器的入口压力，导致补水困难，需要关闭离子交换器入口截止门。遇到内冷水箱水位因特殊原因下降较快的情况，可能会来不及补水，对机组安全稳定运行造成一定威胁。对于仅设计了通过离子交换器补水的电厂，增加一路直接补水至定子冷却水箱是很有必要的。

第二节　发电机密封油系统试运

一、概述

为了防止发电机运行中氢气沿转子轴向外漏引起火灾或爆炸，在发电机的两个轴端分别配置了密封瓦（环），并向密封瓦供应高于氢压的密封油。发电机密封瓦（环）所需用的油，人们习惯上按其用途称之为发电机密封油，而整个维持发电机密封油正常供应的各个设备组成的系统称为发电机密封油系统。

密封油系统主要作用：

(1) 防止氢气从发电机中漏出；

(2) 向密封瓦提供润滑以防止密封瓦磨损；

(3) 尽可能减少进入发电机的空气和水汽。

习惯上根据每个密封瓦环形油腔的数量来分类，又细分为单流环/双流环/三流环密封油系统，其中以单流环、双流环为主。

单流环示意图见图 7-1。单流环正常运行回路：主机润滑油→真空油箱→密封油泵（或备用密封油泵）→压差阀→滤油器→发电机密封瓦→氢侧排油（空侧排油不经扩大槽和浮子油箱直接回空气抽出槽）→扩大槽→浮子油箱→空气抽出槽→与轴承排油混合后回主油箱。

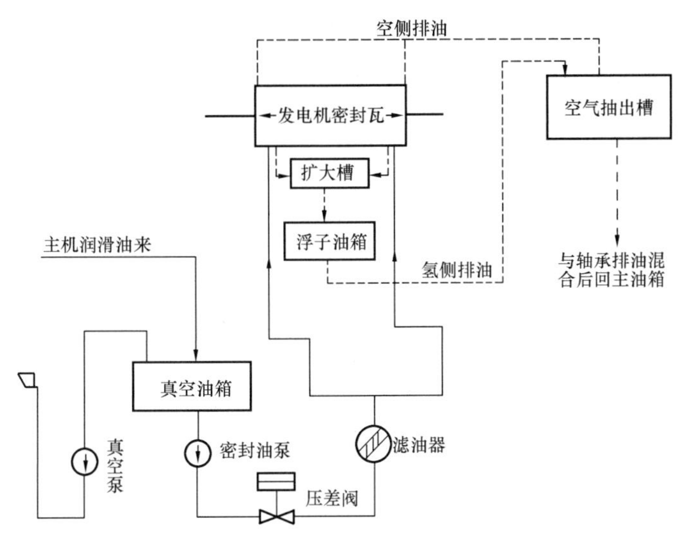

图 7-1　单流环密封油系统示意图

双流环密封油系统示意图如图 7-2 所示，双流环密封油系统分空侧和氢侧两路，氢侧具有独立油箱自成系统，两系统均有交直流密封油泵。空侧密封油与氢气的压差由压

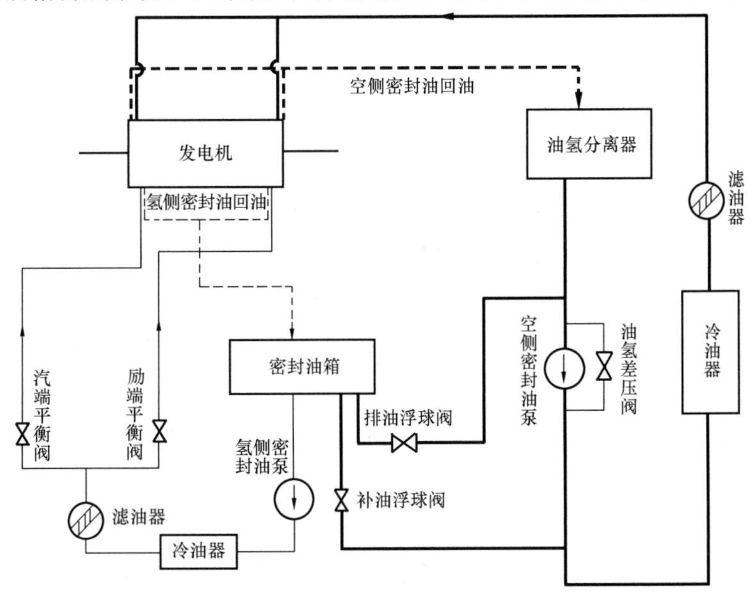

图 7-2　双流环密封油系统示意图

差阀跟踪控制，空侧与氢侧的密封油压差由平衡阀控制。

双流环正常运行氢侧密封油回路：密封油箱→氢侧密封油泵→冷油器→滤油器→平衡阀（分汽端和励端）→密封瓦氢侧→回密封油箱。

双流环正常运行空侧密封油回路：油氢分离器→空侧密封油泵→油冷却器→滤油器→密封瓦空侧→回油氢分离器。

二、密封油系统试运主要内容

（1）密封油泵、防爆风机等的连锁保护逻辑试验；

（2）密封油泵试转及系统调整，如密封油箱真空调整；

（3）主压差阀和备用压差阀的调整、平衡阀调整；

（4）系统投运及动态调整。

下面以典型的双流环密封油系统为例，介绍调试的主要流程。

三、密封油系统调试的主要流程

（一）调试前应该具备的条件

（1）排烟风机试转合格；

（2）密封油系统管路冲洗结束，系统已恢复，油质符合要求；

（3）密封油系统各油泵已经过单体试转合格，泵轮手盘灵活、无卡涩；

（4）过滤器滤芯已回装，刮片式过滤器转动灵活；

（5）各压力表、温度表、油位计已经校验合格；

（6）热工信号传动已完成、静态的连锁保护试验合格，动作正确；

（7）发电机油水探测器经过实际校验正常；

（8）润滑油系统具备投运条件；

（9）现场整洁，有足够的消防器材。

（二）调试步骤

1. 正常供油回路调试

（1）检查系统阀门的位置，确认各油泵出入口阀门全开，冷油器、滤油器打通；

（2）隔离密封油高、低压备用油源；

（3）完全松开油氢压差阀的弹簧，使其在最低压差下即能打开排油；

（4）打开空侧、氢侧密封油压差计的旁路阀，防止微压差指示器顶表损坏；

（5）确认润滑油系统运行正常，启动一台空侧密封油交流泵；

（6）检查发电机运行层各密封油压不超过发电机内压力 0.1MPa，避免发电机进油；

（7）检查氢侧回油控制箱油位正常（发电机未充压或者微正压时，氢侧密封油箱满油是正常的），确认泵入口阀在开启状态，再循环门开启，启动氢侧密封油交流泵；

（8）粗略调整空、氢侧再循环门，使空、氢侧油压接近；

（9）调整氢油压差阀，使其高于发电机内气体压力 0.085MPa；

（10）逐步关闭空侧、氢侧密封油压差计的旁路阀，调整压力平衡阀，使氢、空侧油压差值在±490Pa范围内。

2. 高压备用油源调试

（1）确认备用压差阀前后截止门和旁路门关闭；

（2）使减压阀处于关闭位置，投入高压备用油源；

（3）逐渐开启减压阀，调整安全阀动作值约为1.2MPa（需要临时将启动油泵出口压力调高）；

（4）锁定安全阀，继续调整减压阀，使之出口压力为0.88MPa；

（5）将备用压差阀调压弹簧松弛，避免发电机大量进油，开启其前后截止门；

（6）调整备用压差调节阀，使空侧密封油压力高于发电机内气压0.056MPa。

四、密封油系统调试的常见问题和注意事项

1. 压差阀和平衡阀的调试

在空侧密封油泵启动后首次调整油氢压差阀前，应松开压差阀排气螺塞，让油通过螺塞滴出1L左右再旋紧，排掉进入波纹管中的空气，保证主压差阀稳定运行，这主要因可压缩的空气如果积存在压差阀、平衡阀体内或者信号管内，容易导致调节失灵。根据经验，密封油系统首次试运时，不必急于精细地调整油氢压差阀和氢侧密封油平衡阀，最好是粗略调整后让密封油系统运行12h左右，中途可以适当多启停几次空、氢侧密封油泵，尽量排出压差阀、平衡阀信号管中的空气，对接下来调试工作的顺利开展很有好处。

调整油氢压差的时候，应在空、氢侧密封油泵同时运行且压力大致匹配的前提下调整。如果在不启氢侧密封油泵的情况下就调整，空侧密封油除了在自身的密封环流动，还同时泄漏至氢侧密封环，使得空侧密封油泵流量偏大，压力偏低，油氢压差不容易调准。此外，在细调平衡阀的时候，也应在空、氢侧油压大致相当的情况下调整，毕竟平衡阀的调节范围有限。

压差阀接受空侧密封油母管压力和氢气压力两个信号来控制阀门开度间接控制油氢压差，其中氢气压力一般取自消泡箱底部，用油压来替代氢压。压差阀的两根信号管其中一根有节流阀和单向阀，相当于给调节装置一个阻尼，可以防止调节过于灵敏而导致油压振荡失稳。节流阀略微开启即可，切忌全开，因密封油系统运行中可能受到扰动（如空侧密封油向氢侧密封油箱补油的浮球阀开启会导致压力波动），如果信号管的节流阀开度过大，容易发生密封油压大幅度振荡，严重时可导致发电机氢气外泄。如果振荡已发生，此时应缓慢关小该节流阀直到系统压力稳定，然后反过来微开小半圈即可。

2. 关于氢侧回油箱油位

发电机内部未充压或者气压过低的时候，氢侧回油箱出现满油是正常的现象。如果浮球阀动作正确，通常只要监视消泡箱液位高报警即可。氢侧回油箱油位高导致排油浮球阀开启时，排油的动力来自于“发电机内气压+（消泡箱—空侧氢油分离器）这一高度差产生的静压”，如果发电机此时未充压或者压力过低，设计上仅依靠高度差产生的静压也是能够保证顺利排油的，发电机不会进油。多个电厂在发电机充排气的过程中都发生过进油的事故，尽管原因很多，但也说明运行人员对氢侧回油箱满油的担心并不是多余的，如果此时能通过动压排油让氢侧回油箱油位可见，是更稳妥的办法。

3. 关于发电机进油

发电机进油是机组试运阶段中较容易发生事情，由于单双流环结构不同，进油原因也不尽相同，下面分别对两种类型密封结构进油原因进行阐述。

（1）配置单流环密封油结构发电机进油原因分析。

1）从密封瓦处直接串入发电机。密封油压差阀跟踪特性不好，特别是在发电机气体置换的过程中，如果补、排气体的速度太快，密封油压差阀跟踪不及时，造成密封瓦处的油氢压差过大，密封油会直接通过密封瓦串入发电机，引起发电机进油。

2）误操作原因。在气体置换过程中，当发电机气体压力超过0.05MPa后，需要对发电机的浮子油箱进行倒换操作：将浮子油箱主路投入，关闭旁路，从而保证发电机氢气回油扩大槽能建立可靠的油封，保证气体不通过密封油回油带走。如果倒换过程中，出现人为将主路关闭，旁路未打开误操作，则密封油只有进，没有出的情况，密封油会积聚在氢气回油扩大槽中，最后扩大槽满油后，会直接进入发电机。

误关浮子油箱上的回氢门，也会造成发电机进油事故的发生。从氢气回油扩大槽中密封油回油夹带有少量的气体，这部分气体如果在回到浮子油箱里不能得到有效的释放，势必造成浮子油箱憋压，从而引起氢气回油扩大槽回油不畅，最终导致发电机进油事故的发生。

误关压差阀信号管，造成压差阀处于处于不正常状态，引起密封油压远远大于发电机内气体压力造成发电机进油。

3）设备故障原因。浮子卡涩将导致发电机进油。正常运行情况下，浮子油箱的浮子起到了回油调节阀门的作用，当浮子油箱油位高，浮球阀打开排油；油位降低后，浮球阀关闭，停止排油。一旦浮球阀卡涩，不能正常打开时，切断了密封油的回油管路，从而造成发电机进油事故的发生。真空油箱的自动补油浮球阀卡涩也将导致发电机进油情况的发生。如果自动补油浮球阀卡在开位，真空油箱一直处于补油状态，直至真空油箱满油，进而影响到发电机密封油正常运行，造成发电机进油情况的发生。

4）密封油回油不畅。密封油回油管路上存在堵塞物，如安装过程未拆除的临时垫子或面纱可能造成回油管路不畅通，另外密封油回油管坡度过小，也会产生回油不畅。

（2）双流环密封油结构发电机进油原因分析。

1）从密封瓦处直接串入发电机。密封油压差阀或平衡阀跟踪性能不好，造成密封油压远高于发电机气体压力，密封油直接通过发电机密封瓦串入发电机内。

2）误操作。误操作强制打开了密封油箱补油浮球阀，造成密封油箱一直处于补油状态，密封油箱满油后通过氢侧回油管倒回到发电机消泡，造成发电机进油；误操作强制关闭了密封油箱排油浮球阀，当密封油箱油位上升时不能自动打开浮球阀自动排油，造成发电机进油；误关压差阀信号管，造成压差阀处于不正常状态，引起密封油压远远大于发电机内气体压力造成发电机进油。

3）设备故障。密封油箱自动补排油浮球装置故障，自动补油浮球阀长期卡在开位或者排油浮球阀卡在关位，密封油箱满油后通过氢侧回油管倒回到发电机消泡，造成发电机进油。

（3）防止发电机进油的措施。为防止发电机进油事故的发生，一般机组配置有进油报警装置，即在发电机最低位置和最早进油的部位安装油水继电器，一旦油水继电器报警，将信号传送至集控室，集控人员采取相应处理措施。总结发电机进油的原因，根据大容量机组的实际情况，提出防止发电机进油的措施：

1）首先把防止进油作为一件大事来抓。即参建单位要在思想上重视，在工作中严谨，努力做到滴油不进。

2）在发电机密封油系统单体试运过程中，调试单位要实际校验发电机油水报警装置的动作正确性，发电机密封油系统试运完毕后才允许进行风压试验。

3）发电机气体置换过程中是容易发生进油的重要阶段，在此过程中应有专人负责操作，每30min记录密封油压、发电机风压、各油箱油位的变化。

4）严防误操作。即在工作前由试运负责单位对系统进行技术交底，使运行人员清楚防止发电机进油的监控点。

5）对于双流环密封油系统，要确保消泡箱和氢气侧回油箱无杂质，防止杂质堵塞油路、压差阀和平衡阀或造成补油阀关不严。要完全退出“氢气侧回油箱”上下的四个针阀使两个浮球阀处于自由状态；对于单流环密封油系统，要确保浮子油箱回氢门处于常开状态，正常情况下建议取下回氢门的手轮。

6）发电机内不充氢气时，打开机座下的排污阀，这样即使万一进油也可以及时排出。

7）加强巡视，在特殊时期可派专人监视报警装置、消泡箱、浮子油箱、密封油箱、真空油箱的油位，并及时汇报、处理异常工况，防止进油。

8）在发电机排氢气时，缓慢降氢压，可以使压差调节阀及平衡阀能及时跟踪调节，以保证合适的油、氢压差。若发现密封油的油、氢压差或空气、氢气侧密封油压差不正常，则应停止降氢压，并手动干预压差调节阀或平衡阀。同时严密监视密封油的油氢压差，空气、氢气侧密封油压差，氢气侧回油箱及消泡箱的油位，空气、氢气侧密封油泵出口油压和主油箱油位等参数。

第三节　发电机氢冷系统试运

一、概述

现代大型发电机均采用“水-氢-氢”冷却方式，即定子绕组为水内冷、转子绕组氢内冷、定子铁芯和端部结构为氢气表面冷却。使用氢气做冷却介质有很多好处：氢气在气体中密度最小，有利于降低发电机损耗；氢气的传热系数是空气的5倍，换热能力好；氢气的绝缘性能好，控制技术成熟。但是使用氢气也存在最大的缺点：一旦与空气混合后在相当高的范围内（4%～74%）具有强烈的爆炸特性，是电厂重大危险源之一。

发电机内的氢气在发电机端部风扇的驱动下，以闭式循环方式在发电机内作强制循环流动，使发电机的铁芯和转子绕组得到冷却。其间，氢气流经位于发电机四角处的氢冷器，经氢冷器冷却后的氢气又重新进入铁芯和转子绕组作反复循环。在机组的启停和运行的工况下，发电机内的气体转换、自动维持氢压的稳定以及监测发电机内部气体的压力均由氢气控制系统中的气体控制站来实现和保证，气体控制站为集装型式。另外，氢气控制系统中还设有氢气干燥器、氢气纯度分析仪、氢气温湿度仪等主要设备以监测和控制机内氢气的纯度、温湿度等指标以确保发电机安全满发运行。

氢气冷却系统的功能主要如下：

(1) 提供对发电机安全充、排氢的措施和设备，一般用二氧化碳作为中间置换介质；

(2) 维持机内正常运行时所需气体压力；

(3) 监测补充氢气的流量；

(4) 在线监测机内气体的压力、纯度及湿度；

(5) 干燥氢气，排去可能从密封油进入机内的水汽；

(6) 监测漏入机电的液体（油或水）；

(7) 监测机内绝缘部件是否过热；

(8) 在线监测发电机的局部漏氢。

二、氢冷系统试运的主要内容

(1) 热工信号校验，如氢压报警，氢纯度报警等。

(2) 配合安装单位进行发电机氢系统严密性试验（漏氢率检查）。

(3) 发电机气体置换和调整。

(4) 氢气干燥器等附属设备的投用和调整。

三、调试前应具备的条件

(1) 设备及系统单体安装完成，在调试前相关签证齐全。施工单位提供安装记录及相关技术资料，并以文件包形式提出。

(2) 汽机房及氢气系统周围禁止一切明火。发电机周围清理干净，无易燃物件，距发电机及氢系统周围不小于5m范围内已划出严禁烟火区域，并挂有警告牌。

(3) 氢气母管吹扫合格。

(4) 氢气纯度分析仪、氢气干燥器、氢气温湿度仪及氢气系统各种表计安装就位。

(5) 发电机密封油系统运行正常。

(6) 压缩空气系统具备投运条件。

(7) 准备好足够的、合格的二氧化碳气体。

(8) 发电机风压试验合格。

(9) 排空管排气口应防止接处任何火源。

(10) 化学制氢站运行正常，备有合格且充足的氢气。

（11）系统中所有阀门经检查动作灵活、可靠。

（12）热工信号和连锁保护校验正常。

（13）设备命名挂牌，介质流向标注准确无误。

（14）DCS能正常投用。

（15）系统相关压力、温度等指示表计校验合格，正常投入。

四、调试的主要步骤

（一）发电机充氢

1. 二氧化碳置换空气

（1）置换前的准备工作。

1）在发电机、氢气瓶或氢气装置附近不得动火或使用明火（焊接、切割、吸烟等）；

2）发电机和相关管道系统已进行密封试验，未发现泄漏；

3）已设定所有的减压阀和安全阀，并已就其功能是否正常进行了检查；

4）密封油系统及排油烟机已正常投入运行；

5）开启供气系统中仪表阀门；

6）根据阀门位置清单，设定好各阀门位置，注意各气体汇流排上的截止阀在初始状态时保持关闭状态；

7）确认氢气控制装置上的可移管已与供氢管道连接，可移连接管只有在采用压缩空气置换发电机内二氧化碳时才可与压缩空气供气管道连接。

（2）用二氧化碳置换发电机内空气。

1）将二氧化碳气瓶放入二氧化碳汇流排支架中并与软管连接，注意汇流排上的气体截止阀处于关闭状态；

2）氢气控制装置上的可移连接管已与供氢管道断开；

3）向气体分析仪供电，气体分析仪的暖机时间约为60min；

4）充气初始时设置气体分析仪取样来自发电机底部，在确认二氧化碳已进入发电机后，重新设置气体分析仪取样来自发电机顶部；

5）设置氢气控制装置阀门；

6）设置气体分析仪的工作状态为“空气中的二氧化碳”；

7）接通二氧化碳加热器电源，风机启动且电磁阀开启；

8）向发电机充入二氧化碳气体，发电机必须处于停机状态或者盘车状态，当二氧化碳瓶内压力为1MPa时，即认为瓶内气体已排空；

9）发电机内二氧化碳纯度大于或等于85％时，对发电机无法置换的死角进行排气；

10）配有氢站系统，在完成二氧化碳置换空气过程，还需要对氢站至发电机供氢管道进行置换。供氢站设置排放口，通过发电机内二氧化碳对供氢管道进行置换，直至化验合格为止；

11）发电机内二氧化碳纯度大于或等于90%时，可停止向发电机充气；

12）切断加热器电源，电磁阀关闭，充气结束。

2. 氢气置换二氧化碳

（1）置换前的准备工作。

1）保证可移管道与氢气管道连接；

2）向气体分析仪供电，气体分析仪的暖机时间约为60min；

3）设置气体分析仪取样来自发电机顶部，在确认氢气已进入发电机后，重新设置气体分析仪取样来自发电机底部；

4）设置氢气控制装置阀门；

5）设置气体分析仪的工作状态为“二氧化碳中的氢气”；

（2）向发电机充入氢气。

1）确认氢站来氢管道已经过二氧化碳置换吹扫合格；

2）通知氢站供氢，打开氢气汇流排截止阀；

3）向发电机充氢，当发电机内氢气纯度达到98%时（二氧化碳中的氢气含量），则认为发电机中已充满了氢气；

4）对发电机死角进行排气；

5）升高发电机内的氢气压力；

6）监视压力计的读数，当压力低于规定值20～30kPa时，停止充氢。因为此时氢气处于冷态，随着发电机的启动，机内温度逐步升高，氢气受热膨胀后，机内压力可达到规定要求。

（二）发电机排氢

1. 降低发电机内氢气气压

（1）确认发电机供氢已停止；

（2）关闭气体纯度仪上取样阀门；

（3）打开排氢阀门，当氢气压力降到30kPa时关闭排气阀门；

（4）机内氢压降到接近大气压力后，开始向发电机内充入二氧化碳。

2. 二氧化碳置换氢气

（1）将气体纯度仪量程放到“二氧化碳-氢气”挡。

（2）关闭所有已打开的氢气瓶上的阀门，开始向发电机中充入二氧化碳。

（3）将气体分析仪取样阀门设在来自“发电机底部”，在确认二氧化碳进入发电机后，把气体分析仪取样阀门设在来自“发电机顶部”。

（4）将氢气控制装置上的主阀门设在充二氧化碳位置。

（5）接通二氧化碳加热器电源，风机启动，同时电磁阀开启。

（6）开启二氧化碳汇流排上所有阀门，慢慢开启所有二氧化碳气瓶上阀门，以避免形成干冰。瓶中的二氧化碳液体通过二氧化碳加热器变成气体，到达氢气控制装置，随后从氢气控制装置进入发电机。而从发电机中排出的氢气通过氢气控制装置和汽机房顶的排气系统释放到大气中。

（7）向发电机内充入二氧化碳，直到二氧化碳浓度大于或等于95%；或二氧化碳中的氢气浓度小于5%。

（8）关闭汇流排上的截止阀，关闭氢气控制装置上的排气主阀门，当发电机中的二氧化碳压力降低到大于或等于20kPa时，关闭所有排气阀门。

（9）关闭二氧化碳加热器的电源，风机停止运行，电磁阀也应关闭。

3. 用空气置换二氧化碳

（1）确认发电机中已充入二氧化碳，气体分析仪已校对；

（2）将气体纯度仪量程放到“二氧化碳-空气”挡；

（3）将氢气控制装置上的主阀门设在充氢气/空气位置；

（4）将氢气控制装置上可移管与空气管道连接；

（5）开启压缩空气系统上阀门，向发电机充入空气；

（6）充气数小时后，当气体分析仪显示二氧化碳中的空气含量约为100%时，二氧化碳已全部排出；

（7）排空漏液检测装置上游管道中及出线盒中的二氧化碳，打开漏液检测开关下游排污截止阀；

（8）关闭氢气控制装置上的排气阀门，彻底用压缩空气吹扫漏液监测装置上游管道和发电机出线盒；

（9）吹扫10min后关闭阀门，继续吹扫发电机出线盒；

（10）15min后打开氢气控制装置上排气阀门，彻底吹扫发电机出线盒；

（11）关闭阀门；

（12）停止充入压缩空气，关闭压缩空气供气系统上所有阀门；

（13）可移管道保持与空气管道连接，在发电机停机阶段，可移管不得与供氢管道相通；

（14）断开测量和监测装置的电源；

（15）在打开发电机人孔进入发电机前，确保发电机内无压力，打开端盖和接线盒上的人孔盖，通过这些开口向发电机内送入空气15min，以确保排出所有残余二氧化碳并降低机内温度。

五、氢气系统调试注意事项

（1）鉴于氢气的高度危险性，调试过程中必须严格遵循相关的技术和安全规程规范。例如：

1）操作氢系统阀门时按要求使用铜扳手；

2）在氢气可能泄漏聚集的场合如操作氢气干燥器时严格禁止使用对讲机等通信设施；

3）发电机的各种气体充入接口必须是可以彻底隔断的。例如使用可拆卸软管等装置，确保充氢管路和充压缩空气管路不同时接通。

(2) 发电机气体置换期间为了减少气体耗量，宜保持较低的气压，且汽轮机盘车应尽量处于停运状态。

(3) 注意控制好充排氢的速率，避免因气流速度太快而使管路变径处出现高热点或者产生静电危及安全。

(4) 气体置换期间应关注密封油压差阀和平衡阀的跟踪情况，监视消泡箱液位高报警、发电机漏液检测报警等信号，避免发电机大量进油。

(5) 目前电厂常用的湿度仪存在 CO_2 “中毒”现象，应在气体置换结束后方可投入。

(6) 定子冷却水投运后，机内氢压必须大于水压 0.03 MPa 以上；机组启动时，发电机不宜过早投入氢气冷却器冷却水，正常运行时保持氢温低于内冷水温度。

(7) 利用二氧化碳置换发电机过程中，二氧化碳在发电机内停留时间不宜超过 24h，否则会引起发电机结露，影响发电机绝缘。

(8) 两台机组之间供氢管道要设置隔离阀并加装临时堵板，管道上要有排放阀，以便于第二台机组发电机充氢前对该段管道置换工作。

六、发电机漏气量计算

漏气量的计算主要是通过在一段时间内，发电机内的气体压力、温度值的变化，通过换算后得到。漏气量的计算公式如下：

标准状态（一个标准大气压 p_n、273℃绝对温标 T_a）下：

$$\Delta V = V_G \cdot \frac{T_a}{p_n} \cdot \frac{24}{\Delta h}\left(\frac{p_1 + p_{B1}}{273 + t_{av1}} - \frac{p_2 + p_{B2}}{273 + t_{av2}}\right)$$

换算到实际测量状态（环境大气压力 p_0、环境温度 t_0）下：

$$\Delta V = V_G \cdot \frac{T_a + t_0}{p_0} \cdot \frac{24}{\Delta h}\left(\frac{p_1 + p_{B1}}{273 + t_{av1}} - \frac{p_2 + p_{B2}}{273 + t_{av2}}\right)$$

式中 ΔV——每 24h 平均漏气量，m^3/d；

V_G——为发电机内的充气容积，m^3；

T_a——绝对温标 273℃；

p_n——一个标准大气压力 0.101 325MPa；

t_0——实际测量状态下的环境温度，℃；

p_0——实际测量状态下的大气压力，MPa；

Δh——正式试验进行连续记录的时间小时数，h；

p_1——试验开始时机内或系统内的气体压力（表压），MPa；

p_2——试验结束时机内或系统内的气体压力（表压），MPa；

p_{B1}——试验开始时的大气压力，MPa；

p_{B2}——试验结束时的大气压力，MPa；

t_{av1}——试验开始时机内或系统的气体平均温度，℃；

t_{av2}——试验结束时机内或系统的气体平均温度，℃。

第八章 蒸汽系统调试

在火力发电厂汽轮机侧，蒸汽的流通设备除了汽轮机本体外，不外乎主再热蒸汽和旁路系统、辅助蒸汽系统、轴封和真空系统、抽汽回热系统、疏水系统。这些设备中运行的介质都是高温蒸汽，甚至大部分设备中都是高温高压蒸汽。这些系统的调试，一是确保系统管道在投运前干净清洁，保证蒸汽品质合格；二是验证系统疏水点是否设置合理、疏水是否通畅、能否保障在系统中蒸汽运行时不发生汽液两相流、产生水击；三是检验系统阀门是否动作灵活，阀门的动作逻辑是否满足机组的安全稳定运行要求。本章主要讨论在蒸汽系统调试过程中，为达到以上调试目的，将采用的手段和措施。

第一节 主再热蒸汽和旁路系统试运

一、主再热蒸汽和旁路系统说明

汽轮机侧主再热蒸汽管道以及旁路系统，构成了汽轮机主要供汽通道。旁路系统按执行机构来分，可分为气动旁路系统、液动旁路系统、电动旁路系统；按旁路组合方式来分，可分为两级串联旁路系统、一级大旁路、三级旁路系统、三用阀旁路系统。我国大容量机组大部分采用气动两级串联旁路系统即高低旁路系统，所以在讨论旁路系统运行时，本节主要针对该类型旁路。图 8-1 为主再热蒸汽和旁路系统一般设置图。

二、主再热蒸汽和旁路系统试运内容

主再热蒸汽和旁路系统试运内容如下：

（1）高、低压旁路减温水管道水冲洗。在凝结水水冲洗阶段，可对低旁减温水管道进行冲洗；在给水系统水冲洗阶段，对高压旁路系统减温水管道进行冲洗。

（2）锅炉蒸汽吹管阶段，进行主再热蒸汽管道、旁路管道吹扫。由于锅炉吹管中污秽颗粒物会损害到阀门座、阀芯及密封等部套，因此锅炉吹管时，高压旁路阀门不安装或用厂供吹管专用装置替代，低旁及管路不参与吹管，待吹管结束后，再人工对高低旁管路进行人工机械清理后，恢复旁路安装。

（3）旁路阀开、关调整试验。配合厂家对旁路阀开关状态进行调整，并联合相关责任单位进行校验。

（4）旁路连锁保护及自动功能试验。

三、主再热蒸汽和旁路系统试运基本条件

（一）主再热蒸汽管道以及旁路系统管道吹扫时基本条件

（1）主再热蒸汽管道已按设计图纸要求安装完毕，并经检验合格。

(2) 高压旁路系统没有安装旁路阀，装设好临时冲洗阀。

(3) 主再热蒸汽管道以及旁路管道与汽缸本体间完全隔绝蒸汽通道。

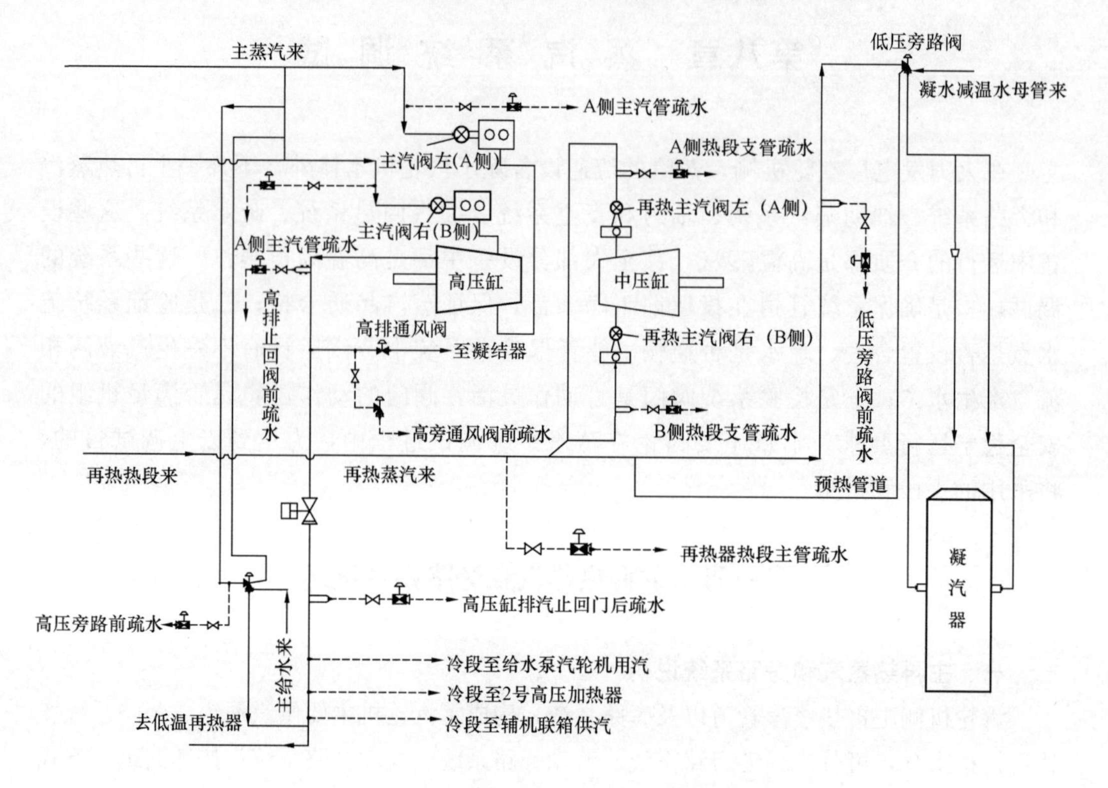

图 8-1　主再热蒸汽和旁路系统一般设置图

(二) 主再热蒸汽管道以及旁路系统管道试运时基本条件

(1) 旁路系统设备、管道与阀门已按设计图纸要求安装完毕，并经检验合格；

(2) 主再热蒸汽管道以及旁路系统已吹扫合格，管道干净清洁；

(3) 压力、温度元件安装正确，校验合格，阀门开度指示与实际一致；

(4) 保护连锁回路试验合格，动作正常；

(5) 系统疏水系统的手动门，气动门全部打开。

四、主再热蒸汽管道以及旁路系统管道试运一般步骤

(一) 主再热蒸汽管道以及旁路系统管道吹扫

管道吹扫主要在锅炉吹管过程中完成，主再热蒸汽管道吹扫也包含在锅炉吹扫系统内，高压旁路系统在锅炉吹管前不安装旁路阀，通过临时装设冲洗阀进行吹扫，低压旁路系统只有在整套启动过程中通过蒸汽对系统进行冲洗。

(二) 主再热蒸汽管道以及旁路系统试运

(1) 在锅炉点火，主蒸汽系统有压力后，对主蒸汽疏水管道进行点温检查，检查疏水是否通畅。

(2) 主蒸汽系统压力达到一定值后，打开旁路系统进行暖管，并对高压缸排汽后疏

水管道进行点温检查，检查疏水是否通畅，暖管结束后根据燃烧情况，调整高低旁开度，并根据旁路后温度，投入旁路喷水减温系统。

（3）在锅炉燃烧稳定后，投入旁路系统自动逻辑，通过改变设定值进行扰动，检验自动是否跟踪正常。

五、主再热蒸汽管道以及旁路系统试运注意事项及常见故障分析与处理

1. 注意事项

主再热蒸汽管道以及旁路系统试运是在整套启动过程中进行的，而获得机组启动蒸汽参数，旁路系统的稳定运行有着决定性的作用。主再热蒸汽管道以及旁路系统首次试运，需要对以下几个方面引起重视。

（1）主再热蒸汽以及旁路管路疏水充分，以免造成管路水击，在试运初期，必须对疏水管道进行点温检查，发现问题及时进行处理。

（2）旁路操作必须兼顾汽轮机状况及锅炉燃烧炉情况，以免造成压力的大幅度波动对其他操作造成不利影响。

（3）在系统试运前和试运中，检查高旁减温水隔离阀是否严密，以免造成汽轮机进水。

2. 常见故障分析与处理

（1）旁路减温水压力测点安装错误。某电厂在调试试运阶段，发现低旁减温水不是取自杂用水母管，而是就近取自除氧器上水调节阀后母管，低负荷下该母管压力很低，无法达到设计减温水压力，不能保障减温器的雾化效果。要求安装单位把低旁减温水改造至杂用水母管后，该问题得到解决。某电厂在调试阶段，发现高、低旁减温水压力取压孔位于高、低旁减温水调节阀后，在投用低旁时，只有在低旁减温水调节阀开度达50%后才能达到低旁开启的压力设定值；在高、低旁减温水投自动后，调节阀开度在40%左右时，减温水压力已达到连锁关闭高、低旁的设定值。要求安装单位对取压孔改造至高、低旁减温水关断阀前位置后，该问题得到解决。

（2）机组启动初期，高压旁路阀开启过快导致再热冷段管道振动大。机组在点火后升温升压，当锅炉过热器压力升至1MPa左右后，为加大锅炉吸热量，防止再热蒸汽管道干烧，需要开启高压旁路阀。当高压旁路阀开启过快后，由于高旁后冷端再热器管道壁温较低，蒸汽遇冷后凝结，致使再热冷段发生水击。为防止再热冷段水击现象出现，高压旁路阀应该缓慢开启，观察高旁阀后壁温与再热冷段壁温高于150℃后，再根据锅炉需要自由开启。

（3）旁路逻辑合理性问题。厂家提供旁路控制逻辑是一个比较理想化的逻辑，往往在生产实际上很难办到，有以下几点需要根据实际进行增减：①凝汽器水位HH（高高）切除低压旁路。实际中即使凝汽器水位HH时低旁运行也不会造成危害，建议取消该逻辑；②在高旁逻辑控制中有一条“当高旁减压阀开度小于3%，连锁关闭低旁高旁减温水调节阀”，该逻辑本身没什么问题，其目的是为了防止冷段管道进水，但在实际运行出现了高旁减压阀开度小于3%而高旁减温水调节阀卡涩在某一开度位置，从而

造成大量减温水喷到冷段管道，引起冷段管道积水、振动，建议将该逻辑修改为“当高旁减压阀开度小于3%，连锁关闭高旁减温水调节阀和减温水电动闸阀”；③低压旁路自动控制时，减温水调节阀开度应设置下限。低压旁路控制逻辑中有“当减温水调节阀开度小于3%，连锁关闭低旁减压阀”，在低旁温度投入自动控制时，假若该调节阀不设置下限，会造成因减温水调节阀全关，切除低压旁路，建议将减温水调节阀在自动位时设置8%的下限。

第二节　辅助蒸汽系统试运

一、辅助蒸汽系统说明

辅助蒸汽系统的主要功能有两方面。当本机组处于启动阶段而需要蒸汽时，可将正在运行的相邻机组（首台机组启动则是辅助锅炉）的蒸汽引送到本机组的蒸汽用户，如除氧器水箱预热、暖风器及燃油加热、厂用热交换器、汽轮机轴封、燃油加热及雾化、水处理室等；当本机组正在运行时，也可将本机组的蒸汽引送到相邻（正在启动）机组的蒸汽用户，或将本机组再热冷段的蒸汽引送到本机组各个需要辅助蒸汽的用户，为全厂提供公用汽源。

二、辅助蒸汽系统试运内容

辅助蒸汽系统试运内容如下：

（1）辅助蒸汽母管蒸汽吹管；

（2）辅助蒸汽主要用户管道吹管；

（3）辅助蒸汽系统参数调整（压力自动投入、减温水自动投入）。

三、辅助蒸汽系统试运基本条件

（1）辅助蒸汽系统管道已按设计图纸要求安装完毕，并经检验合格；

（2）辅助蒸汽主要用户已安装临时吹扫管道；

（3）辅助蒸汽联箱和吹扫主要用户及临时管道已做好保温；

（4）吹扫部分与汽缸本体及其他设备能完全隔离；

（5）吹扫区域涉及的管道疏水点布置合理；

（6）吹扫范围内的调节阀门、止回门、流量孔板、节流孔板和减温减压器等或已全开、或已抽芯、或已用临时短管代替；

（7）吹扫区域设置围栏，并准备足够消防设施；

（8）吹扫排放口设置围栏，并派专人监护。

四、辅助蒸汽系统试运一般步骤

（一）母管及主要用户吹管

利用邻机或启动炉提供的压力在0.8～1MPa、过热度大于56℃的过热蒸汽，通过加装临时排放管道，对蒸汽母管进行蒸汽吹扫。

蒸汽母管蒸汽吹扫后，对辅助蒸汽主要用户管道吹扫，排放方式仍采用临时排放管道，吹扫蒸汽参数要求与母管吹扫一致。吹扫的主要用户管道如下：

（1）除氧器加热进汽管；

（2）汽轮机轴封蒸汽管；

（3）化学水处理加热蒸汽管；

（4）采暖加热蒸汽管；

（5）暖风器加热蒸汽管；

（6）空气预热器辅助吹灰蒸汽管；

（7）磨煤机蒸汽灭火管道；

（8）锅炉燃油雾化蒸汽管；

（9）锅炉防冻用蒸汽管；

（10）抽汽至辅助蒸汽母管管道；

（11）冷端再热汽蒸汽管道至辅助蒸汽管道；

（12）给水泵汽轮机进汽管道；

（13）汽轮机缸体预暖管道（若配置）。

（二）辅助蒸汽系统参数调整

蒸汽母管及主要用户管道吹管合格后，对系统进行恢复，抽汽至辅助蒸汽母管及冷端再热汽蒸汽管道至辅助蒸汽管道上止回门重新安装阀门门芯，管道上调整门装复。辅助蒸汽母管及用户投用时，手动调整调节阀及减温水阀门开度，保证用户的蒸汽参数达到运行要求，并对阀门的自动逻辑进行检验。

五、辅助蒸汽试运需要注意事项及常见故障分析与处理

1. 注意事项

（1）各用户管道吹管前应充分暖管疏水，防止管道发生水击。

（2）辅助蒸汽联箱箱体及各段管道疏水均应接至排地沟，不得将疏水排入凝汽器，疏水出口处应有保护遮盖装置。

（3）吹管前应严格检查系统隔离措施，必要处增加临时堵板，严防蒸汽进入主汽轮机及给水泵汽轮机。

（4）吹管临时排放口均引至主厂房窗外，并固定牢固，排汽口不得正对建筑物，吹扫时需设安全警戒线。

（5）吹管结束后，打开辅助蒸汽联箱箱体端部人孔，由安装单位对辅助蒸汽联箱进行清理，建设单位、监理、安装三方检查通过后再恢复堵板。

（6）供汽各支管等管道及死角区应按“隐蔽工程”处理，并办理签证。

2. 常见故障分析与处理

辅助蒸汽吹扫时疏水不充分引起管道振动。辅助蒸汽在吹扫时，由于临时短接管道较多，吹扫管道易积水部分没有设置正常疏水点，在吹扫暖管阶段由于管道积水致使管道无法暖透，如果暖管阶段未检查到位，在吹扫时会造成严重的水击。所以在辅助蒸汽吹扫系统检查时，必须对易积水部位设置临时疏水点，保障管道疏水充分。

第三节　轴封和真空系统试运

一、轴封和真空系统说明

轴封蒸汽系统的主要功能是向汽轮机、给水泵汽轮机的轴封提供密封蒸汽，同时将各汽封的漏汽合理导向或抽出。在汽轮机的高压区段，轴封系统的正常功能是防止蒸汽向外泄漏，以确保汽轮机有较高的效率；在汽轮机的低压区段，则是防止外界的空气进入汽轮机内部，保证汽轮机有尽可能高的真空，也是为了保证汽轮机组的高效率。

真空系统的任务是抽除凝汽器内不能凝结的气体，以维持凝汽器的正常真空。所以真空泵的工作正常与否对凝汽器压力的影响很大。真空系统的抽气器，在国产小型机组上一般用射汽抽气器；大型再热机组上以前多用射水抽气器，近几年已普遍采用水环式真空泵。

二、轴封和真空系统试运内容

（一）轴封系统试运内容

1. 轴封系统各供汽管道吹扫

该吹扫工作一般在辅助蒸汽吹扫时完成。

2. 轴封系统减温水管道水冲洗

该冲洗工作一般在凝结水杂用户冲洗时完成。

3. 轴封系统投运

（1）轴封系统供汽减温装置调整；

（2）轴封蒸汽压力控制装置调整；

（3）轴封冷却器投运及轴冷风机试运；

（4）轴封回汽负压调整；

（5）轴封系统投用。

（二）真空系统试运内容

1. 真空系统严密性检查

在负压系统安装完毕、凝汽器内部工作完成后，通过制定详细的阀门检查卡（包括相关负压表计一、二次门），对整个负压部位进行灌水查漏。灌水部位最高至主汽轮机轴封洼窝。

2. 真空泵试运

3. 真空系统试抽真空

在不投轴封情况下，对凝汽器干抽真空。

三、轴封和真空系统试运一般步骤

（一）真空系统严密性检查

在新机组投产前或大修后，湿冷机组真空系统严密性检查一般采用凝汽器灌水查漏（空冷机组的真空严密性试验在第六章进行说明）。

凝汽器灌水查漏在真空系统安装完工后进行，灌水高度为低压缸与凝汽器排汽接管连接处下约300mm，灌水完成后安装单位应在灌水目标高度做好明显标记，凝汽器灌满水维持24h。

灌水范围应包括机组的负压部分，如低压加热器汽侧、加热器危机疏水调节阀后、给水泵汽轮机排汽系统以及真空系统表计的二次门前等，其他正压部分管道可以进行有效隔离。

新安装机组的凝汽器灌水查漏一般要进行多次，当发现有漏水情况时，需要对泄漏点进行处理，处理结束后再进行复查，直至无泄漏发生，且在24h试验结束后凝汽器水位保持不下降。

（二）真空泵试运及真空系统试抽真空

真空泵试运前需检查确认：真空泵及附属设备、管路系统安装完毕，各阀门开关灵活，方向正确，并经热工调校合格；泵体测点及仪表安装正确、检验合格，保护连锁回路试验合格；补水系统、冷却水系统投入备用，泵体气水分离器冲洗干净，分离器水位正常；电动机绝缘合格，转向正确。

真空泵试运是在入口门全关的情况下进行，真空泵试运时间不宜过长，在试运中主要检查真空泵的抽吸力、泵组轴承的振动状况。

当真空系统严密性检查合格、真空泵试运完成后，可以进行真空系统试抽真空。因为试抽真空是在机组未投入轴封情况下进行，不同电厂轴封间隙大小不一致，所以没有试抽真空应达值的考核，试抽真空的主要目的是为了考验真空泵的带负荷状况是否正常。

（三）轴封系统及真空系统投运

根据工程进度安排，对轴封系统及真空系统投入运行。

在轴封投入前，试运轴封风机并检查连锁保护是否正常，在轴封投入阶段，投运轴封压力自动和减温水自动，检验阀门自动逻辑是否可靠。

四、轴封和真空系统试运注意事项及常见故障分析与处理

1. 注意事项

（1）防止真空泵水室水位过高，否则会导致泵体内水量过大，叶轮负荷过重，使泵损坏。

（2）防止真空泵水室水位过低，容易造成真空泵干转，使泵损坏。

（3）防止真空泵电动机、泵体轴承润滑不佳，使电动机轴承、泵体损坏。

（4）在试抽真空前，需要对机组轴封周围场所进行清洁，如果施工现场扬尘较多，可以选择夜晚安装工作较少时进行。

（5）轴封投入前需要充分暖管，防止轴封管道产生水击。

2. 常见故障分析与处理

（1）真空泵冷却器换热效果差

某350MW机组在整套启动阶段，机组真空较差。在启动备用真空泵后，真空出现好转，但随运行时间变长后，机组真空又变差。就地检查真空泵组后发现真空泵泵体温度较高，真空泵冷却器循环液进出口温度温降较低，只有2～3℃。初步怀疑真空泵冷却器换热效果差，有可能是换热器脏污严重。经安装单位对换热器解体检查，真空泵换热器冷却水侧脏污严重，对换热器清洗后，真空泵冷却器换热效果明显，真空得到显著改善。

(2) 机组启动初期，低压缸内轴封管道发生水击

某电厂在机组在启动初期，低压缸内轴封管道发生水击，调整轴封压力和改变轴封蒸汽温度，都没有明显改善。随负荷上升后，关闭低压缸排汽喷水减温，低压缸内轴封管道水击现象消失。机组停机后进低压缸检查后发现，低压缸内轴封管道未安装套管，排汽缸减温喷水可直接喷淋至轴封管道，安装单位对低压缸内轴封管道装设套管后再重新启动机组，未再出现水击现象。

第四节 抽汽回热系统试运

抽汽回热系统作为一个最普遍、对提高机组和全厂热经济性最有效的手段，被当今所有火力发电厂的汽轮机所采用，它是火力发电厂热力系统中的主要系统之一，对全厂的安全、经济运行影响很大。

一、抽汽回热系统说明

抽汽回热系统指与汽轮机抽汽回热有关的管道及设备，在蒸汽热力循环中，通常是从汽轮机数个中间级抽出一部分蒸汽，送到给水加热器中，用于锅炉给水加热。常规机组一般采用“三高、四低、一除氧”的加热布置。

二、抽汽回热系统试运内容

抽汽回热系统试运内容如下：

1. 抽汽止回门调整及防进水连锁保护校验

常规抽汽回热逻辑保护试验内容

(1) 高、低压加热器水位高，解列高压加热器汽侧和水侧；

(2) 手动高压加热器解列，解列高压加热器汽侧和水侧；

(3) 高压加热器解列汽侧，联关各段抽汽止回门和电动门；

(4) 发电机解列，联关各段抽汽止回门和电动门；

(5) 汽轮机跳闸，联关各段抽汽止回门和电动门；

(6) 高压加热器入口三通门关或高压加热器出口电动门关，联关各段抽汽止回门和电动门；

(7) 抽汽管道壁温差大于42℃，联关各段抽汽止回门和电动门；

(8) 高压加热器水侧解列，联开高压加热器入口三通门，联关高压加热器出口电动门；

(9) 高、低压加热器水位高，联开该加热器危急疏水调节阀；

（10）抽汽止回门和电动门关闭，联开相应抽汽疏水气动门。

2. 加热器调试

（1）加热器水位冷态标定；

（2）加热器水侧冲洗；

（3）加热器汽侧吹扫。

3. 加热器冲洗与投运

（1）低压加热器解除连锁，开危急疏水阀，待水质合格后恢复连锁，再逐级自流回收；

（2）高压加热器解除连锁，开危急疏水阀，在机组带负荷约20%时微开加热器进汽阀对加热器进行暖管，当温度稳定后再开大加热器进汽阀直至全开，待水质合格后恢复连锁，再逐级自流至除氧器；

（3）水位保护投用；

（4）加热器水位冷热态比对；

（5）加热器端差检查。

三、抽汽回热系统试运基本条件

（1）相关逻辑保护试验已完成，并已投入。

（2）各自动、信号及报警装置齐全、完好。

（3）各电动门、气动门电源、气源送上，所有表计投入正常。

（4）高低压加热器各阀门状态正常。

四、抽汽回热系统试运一般步骤

（一）抽汽止回门调整及防进水连锁保护校验

在安装抽汽管道阀门前，检查止回门是否灵活可靠。在静态试验时，检查各段抽汽电动门、止回门、疏水门连锁保护是否正常。

（二）加热器调试

（1）根据厂家说明书，对加热器水位进行冷态标定，调整水位报警开关动作值符合厂家说明书。

（2）在除氧器上水及锅炉上水前，对凝结水系统及高压给水系统进行水冲洗，保证管道清洁度。

（3）在炉前碱洗时，对抽汽管道加装临时排放管道，对抽汽管道进行碱洗，碱洗前水冲洗可以对加热器水位进行校核。

（三）加热器冲洗与投运

（1）在汽轮机冲转期间，投入低压加热器汽侧，打开危急疏水阀，待水质合格后恢复危急疏水阀连锁，再逐级自流回收。

（2）在机组带负荷约20%时打开危急疏水阀，微开加热器进汽阀对加热器进行暖管，当温度稳定后再开大加热器进汽阀直至全开，待水质合格后恢复危急疏水阀连锁，再逐级自流至除氧器。

(3) 检查加热器水位测点是否正常，调整加热器至正常水位，正常疏水阀投自动，投入加热器水位保护。

(4) 在加热器水位自动正常投入后，检查加热器端差是否符合设计值。

五、抽汽回热系统试运注意事项及常见故障分析与处理

1. 注意事项

抽汽回热系统试运过程中，需要对以下几点事项引起注意。

(1) 加热器投运前，应充分暖管疏水，防止水冲击。

(2) 未采用随机启动方式时，加热器汽侧投运应按低压到高压的顺序进行，停运时应按高压至低压的顺序进行。

(3) 首次投入高、低压加热器汽侧时，危急疏水排凝汽器容易导致凝结水泵入口滤网堵塞，需要注意凝结水泵运行状况。

(4) 高、低压加热器疏水系统若由于调整不当造成加热器满水，会导致汽缸进水，造成水击和上下缸温差大，大轴弯曲等重大事故的发生，首次试运时必须对加热器水位仔细核对，在进行水位调整时必须监视好加热器参数。

2. 常见故障分析与处理

抽汽回热系统故障一般需要机组带负荷调试阶段才能充分暴露，常见故障及处理参见本书第十三章第一节中的加热器投运部分内容。

第五节 疏水系统试运

疏水系统不但影响到发电厂的热经济性，也威胁到设备的安全可靠运行。将蒸汽管道中的凝结水及时排掉是非常重要的，若疏水不畅（如管径偏小），管道中聚集了凝结水，会引起管道水击或振动，轻者会损坏支吊架，重者造成管道破裂、设备损坏的安全事故；水若进入汽轮机，还会损坏叶片，引起机组振动、推力瓦烧损、大轴弯曲、汽缸变形等恶性事故；而疏水系统阀门不严导致蒸汽泄漏，会降低系统的热效率，影响机组经济性。因此，对疏水及放水系统的设计、安装以及试运都应足够重视。

一、疏水系统说明

发电厂的疏水系统由锅炉、汽轮机本体疏水和蒸汽管道疏水两部分组成。在启动或长时间停机后重新启动过程中，疏水系统在保障机组启动参数符合设计曲线和蒸汽设备正常顺利投用上，起着关键性的作用。而抽汽管道及缸本体的疏水系统设计，更是汽缸防进水保护的基础条件。

二、疏水系统试运内容

(1) 检查疏水管道的通畅性和疏水阀门的严密性。

(2) 检查疏水系统阀门的连锁保护是否正常。

常规疏水系统阀门连锁保护逻辑内容：

(1) 机组负荷大于10%额定负荷时，联关高压疏水管道阀门；

(2) 机组负荷小于10%额定负荷时，联开高压疏水管道阀门；

(3) 机组负荷大于20%额定负荷时，联关中低压疏水管道阀门；

(4) 机组负荷小于20%额定负荷时，联开中低压疏水管道阀门；

(5) 汽轮机跳闸后，联开高中低压疏水管道阀门。

三、疏水系统试运的基本条件

(1) 相关疏水系统管道及阀门按设计图纸安装完毕；

(2) 各电动门、气动门电源、气源送上，阀门验收合格。

四、疏水系统试运的基本步骤

(一) 检查疏水系统阀门的连锁保护试验

(1) 在静态试验前，检查系统阀门是否动作正常，机械位置是否到位。

(2) 静态试验时，检查疏水阀门动作是否正常，连锁保护逻辑是否符合汽缸防进水连锁保护要求。

(二) 检查疏水管道的通畅性和疏水阀门的严密性

(1) 所有蒸汽管道都设置有疏水点，所以在投用相关蒸汽管道初期，必须打开疏水阀门进行疏水，疏水时需要对疏水管道进行就地点温，检查疏水管道是否通畅。

(2) 疏水完成后，关闭疏水阀。在充分冷却后，需要对疏水管道进行就地点温，检查疏水阀门是否严密。

五、疏水系统试运注意事项及常见故障分析和处理

(1) 疏水系统连锁保护逻辑必须符合汽缸防进水连锁保护要求。

(2) 在运行过程中发现疏水容易聚集点未装设疏水装置时，必须进行加装。

(3) 在蒸汽系统正常投入运行后，有装设自动疏水装置的，必须投入自动疏水装置。

第九章 空冷系统调试

第一节 直接空冷系统调试

我国人均淡水资源占有量只有世界平均水平的四分之一，且地区分布差别很大。燃煤发电厂是耗水大户，一个百万千瓦电厂如采用湿冷凝汽式发电机组，每年需消耗水量2000万t左右，采用空冷机组则运行耗水率约为湿冷机组的15%～25%，煤耗率比湿冷机组高10～20g/（kW•h）。空冷机组因其卓越的节水性能在我国北方及西北富煤缺水地区得到广泛应用。

空冷汽轮机的冷却系统有两种。一种是机械通风直接空气冷却系统，即将汽轮机的排汽送到机房外平台上的空气冷却器，通风冷凝后，用凝结泵送入热力系统。另一种是间接空气冷却系统，它又分为两种：一种将汽轮机的排汽用冷却水喷射，混合换热凝结成水，分成两路：一路用凝结泵送进热力系统，作锅炉用水；另一路至风冷塔散热，冷却后再回冷凝器喷射冷却汽轮机的排汽，称为混合式凝汽器的间接空冷系统。另一种为表面式冷凝器的间接空冷系统，和常规湿冷机组一样，汽轮机组的排汽由表面式冷凝器冷却，只要将流经冷凝器加热后的循环水送到空气冷却塔冷却，再回到凝汽器的系统，称为表面式凝汽器的间接空冷系统。

一、直接空冷系统说明

直接空冷凝汽器系统（Air Cooled Condenser System，缩写为ACC）是指汽轮机的排汽直接用空气来冷凝，空气与蒸汽进行热交换，所需冷却空气由机械通风方式供应。如图9-1所示。

通常直接空冷系统主要由以下几部分构成：

（1）排汽管道和配汽管道；

（2）翅片管换热器；

（3）支撑结构和平台；

（4）风扇及其驱动装置；

（5）抽真空系统；

（6）排水和凝结水系统；

（7）清洗系统；

（8）控制和仪表系统。

直接空冷凝汽器一般采用屋顶结构（或称A形框架结构），如图9-2所示。直接空冷系统每台风机对应一个A形框架基本冷却管束单元，每个冷却单元应有其空气通道，以保证冷空气进入及热空气排出。一般一台300MW直接空冷机组有25～30个冷却单

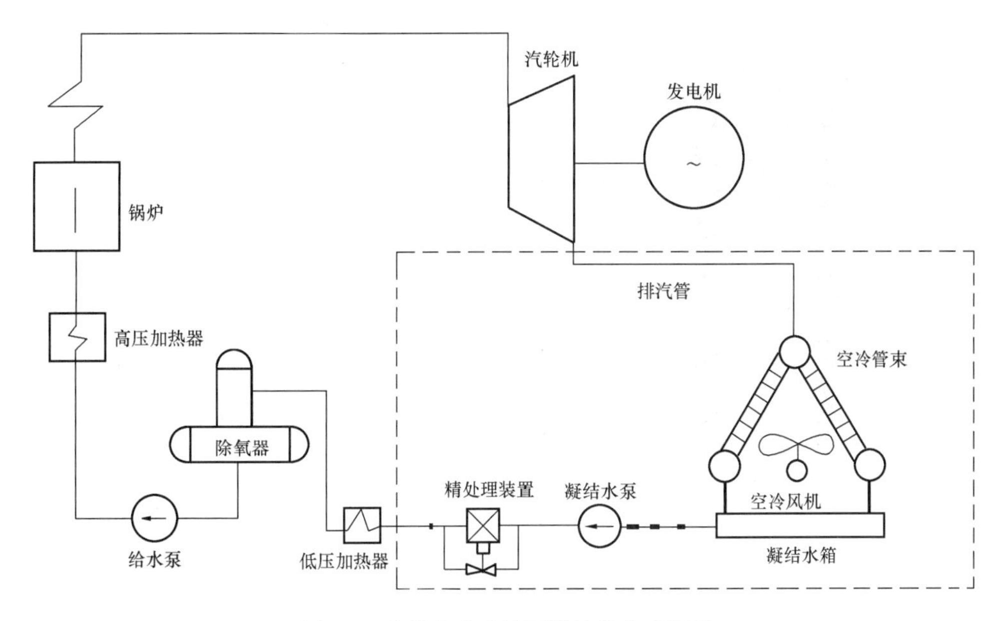

图 9-1　直接空冷系统原则性热力系统图

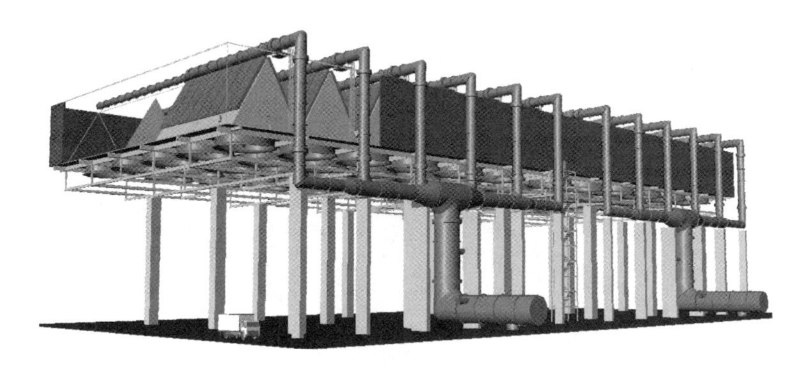

图 9-2　直接空冷系统总体结构

元，一台 600MW 直接空冷机组有 56～64 个冷却单元，图 9-3 是 300MW 机组直接空冷系统布置图。

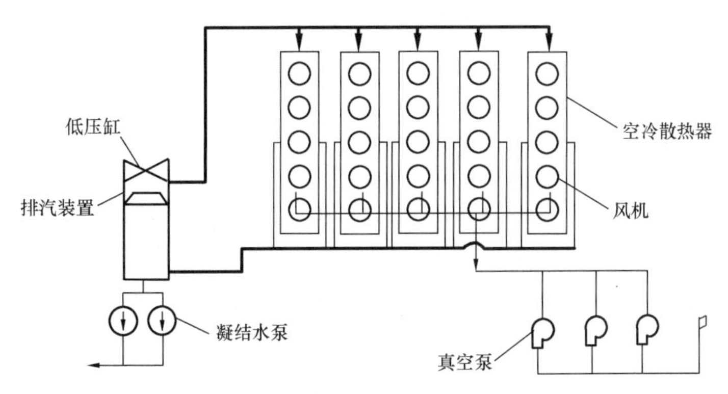

图 9-3　300MW 机组直接空冷系统布置图

直接空冷系统的换热管一般采用椭圆形扁平基管钎焊铝翅片，如图 9-4 所示。

图 9-4 直接空冷系统换热管

空冷平台高度：300MW 机组一般为 30～35m，600MW 机组为 45m 左右。

直接空冷系统风机采用变频调速技术，风机转速可在 30%～100%间调节，环境温度 20℃及以上应能以 110%的转速运行，用于逆流冷却单元的风机可以反转。

直接空冷凝汽器配有专用的喷水清洗系统，利用高压除盐水清洗空冷管束的外表面，去除附着在其上的污垢和尘埃，减少热阻，保持良好的传热效果。

直接空冷系统的工作流程为：从汽轮机低压缸排出的蒸汽，经由粗大的排汽管道引出厂房外，垂直上升到一定高度后，分出若干根蒸汽分配管，将蒸汽引入空冷凝汽器顶部的配汽联箱。每组分配联箱与若干个冷却单元相连接，每个冷却单元由一定数量的冷却翅片管束和轴流风机组成。翅片管束以接近 60°角组成的等腰三角形“A”形结构构成，“A”形结构两侧管束数量相等。如图 9-5 所示。

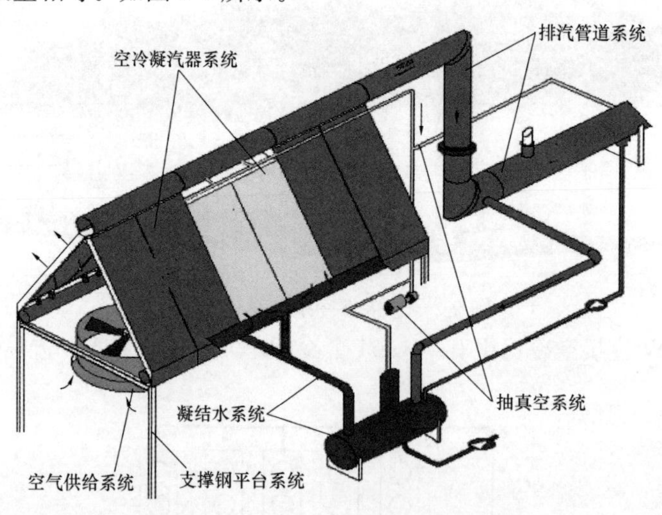

图 9-5 直接空冷系统工作流程示意图

当排汽通过联箱流经空冷凝汽器的翅片管束时，由轴流风机吸入的大量冷空气，通过翅片管的外部，与管束内的蒸汽进行表面换热，将排汽的热量带走，从而使排汽凝结为水。凝结水由凝结水管收集起来，排至凝结水箱。由凝结水泵升压，送往汽轮机的热力系统完成热力循环。

约 70%～80%的汽轮机排汽在顺流式凝汽器中被冷却，形成凝结水，剩余的蒸汽随后在逆流式凝汽器中被冷却。在逆流管束的顶部设有抽真空系统，能够比较畅通地将系统中空气和不凝结气体抽出。

二、直接空冷系统试运内容

在空冷系统的机械设备、管道都已安装就位，与其配套的电气、热控等系统安装工作结束之后，对空冷系统进行全面的调整试验工作，使空冷系统在计划的时间内能与主机一起安全、顺利启动并达到额定运行状态。

直接空冷系统的试运包括以下内容：

（1）直接空冷系统连锁保护传动试验；

（2）直接空冷系统风机试转；

（3）空冷凝汽器气密性试验（由施工单位负责进行）；

（4）空冷凝汽器热态清洗；

（5）直接空冷系统投运。

三、直接空冷系统试运的基本条件

（一）现场应具备的条件

（1）试运范围场地平整，道路畅通。

（2）试运现场环境干净，现场的沟道及孔洞的盖板齐全，临时孔洞装好护栏或盖板，平台有正规的楼梯、通道、过桥、栏杆及其底部护板。

（3）排水系统及设施能正常使用。

（4）现场有足够的正式照明，事故照明系统完整可靠并处于备用状态。

（5）消防设施处于可靠备用状态。

（6）通信设备安装完毕，可以投入使用，准备好对讲机，保证试运现场通信畅通。

（7）在寒冷气候下进行试运的现场，应做好厂房封闭和防冻措施，室内温度能保持+5℃以上。

（二）系统应具备的条件

（1）设备及系统安装完成，在调试前相关签证齐全，具备调试条件。

（2）施工单位提供安装记录及相关技术资料。

（3）系统的热工仪表校验合格，压力开关的设定值已校验正确，有关的热工信号和连锁保护校验正常。

（4）系统中所有电动门、气动门经检查动作灵活、可靠。

（5）除盐水系统试运正常，能向凝结水系统连续补水。

（6）系统中有关的转动部件动作灵活、无卡涩等异常情况。

（7）闭式冷却水系统已投入。

（8）真空泵及真空系统已能正常投运。

（9）各水位计、油位计正常投入，转动机械加好符合要求的润滑油脂。

（10）试运前，投入各监控仪表，各表计指示正常。

（11）DCS能正常投用，实现设备的启停，能准确地显示温度、压力、电流等数据。

（12）所有风机单体试转完毕，转向正确。

（13）调试资料、工具、仪表、记录表格已准备好。

四、直接空冷系统试运的一般步骤

（一）空冷系统设备的全面检查

空冷系统安装前，安装单位应对所有排汽管道、蒸汽分配管、凝结水集管进行喷砂处理，在封闭顶部的蒸汽分配管前，对管道进行人工清理，采用金属丝刷清理管道内壁浮锈、并清理管内残留废弃物，防止杂质及废弃物进入翅片管堵塞管束。在封闭凝结水收集管的端板之前，应对其进行除锈、除渣。注意在对蒸汽分配管进行清理时，应对散热器片加堵，防止焊渣、碎屑堵塞管束。

空冷岛所属设备，包括空冷散热器、管路、阀门等安装完毕后系统启动前应由安装单位对各管道系统（排汽管道系统、抽气管道系统和凝结水管道系统）进行清除杂质和系统冲洗工作，在封闭凝结水收集管的端板之前，采用水流对其进行清洗，这个阶段的清洗工作不包括换热管束。清洗完毕应经过建设单位、监理单位、安装单位、设备厂家等相关单位检查验收合格。

同时对空冷系统内的所有电动阀门进行调整、试验、验收，对系统的手动门进行开关及严密性检查。

（二）风机试运

要求安装工作结束，转动机械、热工测点及电气安装全部结束。单体试转检查运行正常，测点显示正确，各连锁保护动作正常。

1. 连锁保护传动

（1）风机启动允许条件

1）绕组温度小于135℃；

2）润滑油温大于−5℃；

3）本列进汽阀门打开且环境温度低于2℃时，本列凝结水温度和抽空气管温度大于20℃。

（2）空冷风机跳闸条件

1）风机运行且润滑油压低延时20s；

2）风机振动大（振动开关）；

3）润滑油温低（−16℃）；

4）润滑油温高。

2. 风机试运

空冷风机分别在15、25、35、50、55Hz下运转，记录油温、油压、振动、电流等数据。逆流风机还需进行反转试运。

空冷风机在55Hz超频运行，记录运行电流，应不超过额定电流。比较每台风机在额定转速下的电流值应基本一致，如果风机电流偏差大，通过调整叶片角进行修正。

（三）直接空冷系统气密性试验

整个直接空冷系统设备安装完成之后，由施工单位负责进行气压法气密性试验，其目的是检验直接空冷系统是否有泄漏。气密性试验是检验安装质量的重要依据。

气密性试验的范围：空气冷凝器的换热器管束；连接管路（凝结水管路，抽真空管路）；管束及管束下集箱；配汽管道及蒸汽分配管。

1. 气密性试验的隔离措施

（1）在主排汽管道内采用堵板将空冷凝汽器与汽轮机排汽装置隔离；

（2）封闭主排汽管道和蒸汽分配管上的人孔；

（3）空冷凝汽器凝结水管道在进入排汽装置前断开，采用堵板隔离；

（4）关闭抽真空管道进入三台真空泵入口阀，或采用堵板隔离；

（5）将排汽管道上安全隔膜拆卸下来并用堵板隔离；

（6）开启所有排汽管道上的隔离阀；

（7）试验系统中的所有压力仪表必须先拆卸下来或关闭一次门及二次门，以避免试验过程中被损坏（除非经确认可以用于气密性试验）；

（8）所有排水、放气口封堵；

（9）安装临时快速排放截止阀；

（10）将气密性试验范围内的所有阀门开启。

2. 气密性试验步骤

（1）将压缩空气管连接到空冷系统（视现场条件选择合适的接入口，例如抽真空管道、凝结水管道等，需厂家认可）；

（2）试验时要使用洁净的空气，不能含有油；

（3）在试验系统上安装两支压力表（安装位置须得到厂家代表认可），记录试验过程中的压力值。压力测量的精确度为±0.1kPa；

（4）准备好温度测量设备，用于测量周围环境温度及主排气管中的空气温度。温度测量设备的精确度为±0.5℃；

（5）空冷凝汽器用压缩空气进行加压，在加压的过程中环境温度需要每隔1h记录一次；

（6）首先将系统加压到10kPa，检查系统隔离边界的法兰、接头、焊缝；

（7）系统加压过程中，发现任何泄漏，必须立即泄压并进行处理；

（8）达到气密性试验的压力设定值后，停止充入空气，试验开始；

（9）试验期间（通常为24h）每隔1h读取并记录两支压力表及两支温度计的显示值，并记录大气压力和环境温度变化；

（10）对所有部件进行全面检查，看是否存在裂纹、泄漏、变形。试验过程中如有泄漏部位或变形，系统应马上泄压、排空，进行缺陷处理，再次进行试验。

3. 试验标准

根据DL 5190.3《电力建设施工技术规范 第3部分：汽轮发电机组》，直接空冷系统气密性试验合格的标准为：24h压力下降小于5kPa或按制造厂家规定。一般压力下降速率小于0.05kPa/h为优秀，小于0.1kPa/h为良好，小于0.2kPa/h为合格。计算时需考虑温度变化的修正。

（四）空冷岛热态冲洗

空冷凝汽器在生产、运输、安装过程中不可避免的存在焊渣、污垢、铁锈等杂质，通过安装前清理、冷态冲洗等方法可将系统内部大部分杂质去除。而空冷凝汽器空冷管束多，结构复杂，为了清除系统内残留的焊渣和尘垢，以及空冷配汽管道及换热管束的铁锈，从而避免由于直接空冷系统不洁净造成凝结水泵滤网堵塞、精处理滤网堵塞、精处理树脂失效、凝结水铁含量超标、汽水品质不合格等不利因素。因此，必须在锅炉冲管完成后，空冷系统正式投入运行前，对直接空冷系统相关管道进行热态冲洗。

直接空冷岛热态冲洗要求汽轮机组的所有安装工作结束，汽轮机具备盘车条件。汽轮机汽封送汽及抽真空系统调试完毕，具备建立真空条件。另外，需完成空冷岛热态冲洗的所有临时措施，主要包括：所有化学除盐水箱制满水；完成由除盐水箱至凝结水箱的临时补水泵及临时管路连接；空冷岛临时排放水箱及管路连接等。

由于热态冲洗的凝结水不回收，而且冲洗时流量越大效果越好，冲洗期间需要大量补水，600MW 等级机组空冷系统热态冲洗耗水量约为 400～500t/h，储水工作非常关键。一般补水泵没有如此大的补水量，需在除盐水箱处加装临时补水泵进行补水。图 9-6是直接空冷系统热态冲洗临时系统示意图。空冷岛热态冲洗的步骤如下。

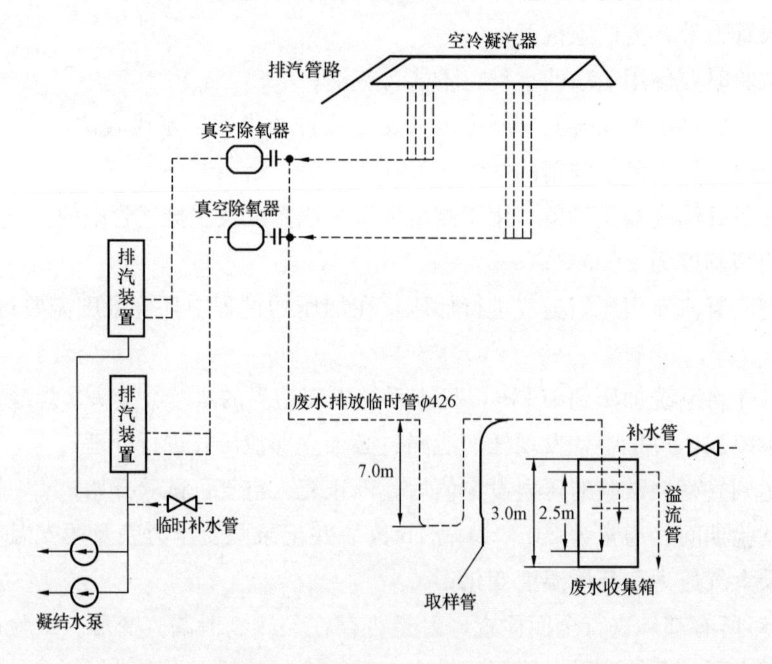

图 9-6　直接空冷系统热态冲洗临时系统示意图

（1）临时措施完成，经检查合格。

（2）空冷系统的热态清洗，在锅炉启动后带 20%负荷，通过旁路向空冷岛进汽进行冲洗。如补水量满足要求，可考虑空冷系统的热态清洗与汽轮机整套启动同时进行。

（3）空冷岛热态冲洗正式开始时，冲洗临时水箱注满水，排水系统畅通，热态冲洗的水能及时排放。

（4）汽轮机投入润滑油系统、顶轴油系统及盘车装置。

（5）汽轮机本体疏水系统疏水阀门组开启，汽封系统投入运行。

（6）分别启动三台真空泵，真空系统抽真空。

（7）关闭有蒸汽隔离阀的空冷列入口电动蝶阀。考虑到电动蝶阀可能会有不严密现象，因此即使关闭也应该严密监视后端凝结水温度。

（8）当空冷系统的压力至少降低到15kPa时，根据锅炉参数情况，通过旁路系统逐渐向空冷系统供汽，对各列凝汽器进行预暖，供汽过程中空冷系统压力保持低于30kPa。

（9）汽轮机高低压旁路的喷水系统置于自动状态，低旁后略有3～5℃的过热度，以确保进入空冷系统的蒸汽不含水，严格防止超温（≥120℃）现象发生。

（10）随着低压旁路的开大（排汽流量应缓慢地增加），排汽压力、排汽温度不断上升，空冷器两侧凝结水温度逐渐增加，直到凝结水温度与排汽温度基本一致时，再启动冲洗列逆流风机直至额定转速，顺流风机根据背压情况参与调节（手动调整），调整排汽压力在35～40kPa（对应的温度约为75～80℃），调整锅炉的蒸汽量达到约额定负荷的20%。

启动风机组的顺序：从逆流到顺流、从中间单元向外依次启动，并根据当时的环境温度和汽轮机背压控制风机的转速 。

（11）热态冲洗按单列空冷单元逐列冲洗，先冲洗无进汽阀的列，再冲洗有进汽阀的列。利用大压降增加流量的原理，空冷岛各列依次循环进行冲洗。冲洗列的风机尽量维持高转速，从而可提高蒸汽冲洗流量，同一列空冷岛的风机交替运行，使空冷岛产生温度变化，从而有利于增强冲洗效果。

（12）每列的冲洗结果要根据化验凝结水的铁含量和固体悬浮物的含量来判断冲洗是否合格。DL/T 5295《火力发电建设工程机组调试质量验收及评价规程》要求，亚临界机组铁含量小于1000μg/L，超临界机组铁含量小于500μg/L，固体悬浮物的含量小于10mg/L。

（13）当所有列都完成热态清洗后，水质达到要求时，冲洗结束。

（五）直接空冷系统投运

空冷岛热态冲洗完成，系统恢复以后，在机组整套启动阶段进行空冷系统投运。此阶段主要任务是检查空冷凝汽器的正常投运状况并进行调整，包括检查空冷顺序控制、自动控制及其他各项功能。

直接空冷系统正常投运步骤：

（1）抽真空前，关闭主蒸汽、再热蒸汽管道疏水。

（2）锅炉点火前，按照汽轮机冷热状态及时送汽封。开启空冷凝汽器凝结水管道和抽真空管道上的所有阀门 。

（3）启动三台真空泵，系统抽真空。

（4）排汽压力降至30kPa左右，稍开高低压旁路阀进行暖管，然后缓慢开启旁路，开始向空冷系统进汽，但此时不开启风机。

（5）随着低压旁路的开大，排汽压力、排汽温度不断的上涨，空冷器两侧的凝结水温度缓慢增加，直到凝结水温度与排汽温度基本一致时，开启逆流、顺流风机，调整风机转速，但应该保证凝结水温度与排汽温度的偏差在5℃内。

（6）汽轮机开始带负荷时，随着负荷增加，可自动或手动启动每个空冷单元的风机，并根据当时的环境温度和汽轮机背压控制风机的转速，直至全部投入。

要注意的是，空冷岛初次进汽时汽量应该是逐渐增加而不要突然大量进汽。即使空冷岛背压达到10kPa，空冷岛巨大的真空容积内仍滞留着相当多的空气。所以最初的进汽量不可太多（可以允许5%～10%的蒸汽负荷），随着蒸汽的推动和抽真空的进行，将空气慢慢抽出系统。

（六）直接空冷系统真空严密性试验

直接空冷系统投运正常，在机组带负荷调试阶段，应进行机组真空严密性试验。DL 5190.3—2012《电力建设施工技术规范 第3部分：汽轮发电机组》对机组真空严密性试验有如下规定：

汽轮机带负荷试运行中，应进行真空严密性试验，并符合下列规定：

（1）负荷稳定在80%额定负荷以上，关闭抽空气阀，停真空泵，30s后开始每30s记录机组真空值一次；

（2）水冷凝汽器机组记录时间为8min，取后5min的真空下降值，平均每分钟下降值应小于300Pa；

（3）直接空冷机组记录时间为15min，取后10min的真空下降值，平均每分钟下降值应小于200Pa。

（七）直接空冷系统的运行调节

直接空冷系统中主要控制项目为排汽压力、凝结水温度及凝结水下降管道的水位。

在汽轮机允许的安全范围内，根据凝汽器的热负荷（发电机功率）和环境空气温度，通过调整风机运行台数，风机转速来改变通过空冷凝汽器的风量，保持凝结水出水温度及过冷度在一定范围内，使汽轮机达到最佳运行状态。

直接空冷系统运行调节任务：

（1）保持最佳的汽轮机排汽压力；

（2）维持过冷度恒定的凝结水温度；

（3）在相同负荷下尽可能的降低空冷风机的电耗；

（4）直接空冷系统的防冻。

为了达到上述目的，应对空气流量和蒸汽流量进行调节。

在机组冲转及低负荷工况时，由于主汽流量较小，空冷系统蒸汽凝结不稳定。调节高、低压旁路减压阀开度，使蒸汽流量大于最小蒸汽量，将整个空冷散热器充满蒸汽、达到饱和状态是必要的。此时，凝结水温度为排汽压力下的饱和温度。空冷风机在上述条件下运行可以最大限度地接近环境温度下的机组真空，在耗电最小情况下调节风机转速，并保持最佳的排汽压力和凝结水温度。

当环境温度稳定时，随着不同负荷工况的改变，空冷凝汽器排汽压力及凝结水温度的变化幅度较大，而在机组功率稳定时，排汽压力、凝结水温度随环境温度的影响较大。空冷风机的转速调节是维持排汽压力和凝结水温度的必要手段，在夏季运行工况下，当环境温度超出设计气温时，空冷风机的最大转速可以提升至110%；在冬季工况下，当环境温度小于−2℃时，逆流风机回暖循环将被启动，利用热空气加热防止空冷凝汽器冰冻。

（八）直接空冷系统停运

当汽轮发电机组正常停机时，从低压旁路进入空冷凝汽器汽量减小到一定程度时，空冷凝汽器需停止运行。停运顺序为：首先停顺流单元风机→然后停逆流单元风机→停真空泵→打开真空破坏阀。

机组正常运行中需停某一列或几列空冷凝汽器时，其停运顺序为：先关闭需停运列进汽阀→停顺流单元风机→停逆流单元风机，并保持该列凝汽器真空状态。

五、直接空冷系统试运关键控制点

（一）安装阶段

（1）直接空冷系统体积庞大，空冷管束和管道一般锈蚀得比较厉害，安装时以及试运前的人工清理工作很重要，清理不到位将严重影响热态冲洗的时间。

（2）直接空冷系统由于散热面积比湿冷机组大得多，系统中的不凝结气体若不及时排出，将导致蒸汽汽流被不凝结气体阻塞，使蒸汽不能畅通地循环流动，影响换热效果。如空冷凝汽器进汽流量偏低，则冬季环境温度低时空冷器凝汽器管束很容易发生冻结现象。空冷系统含空气量越大，空冷凝汽器及管路越容易产生冻结。因此安装期间要严格把关，要求空冷系统气密性试验必须合格，最好达到优良标准。

（3）如果蒸汽分配管入口蝶阀的严密性不好，在停运空冷凝汽器时，有少量蒸汽漏入空冷凝汽器管束。冬季环境温度低时会出现大面积结冰、冻坏管束。安装时应严格空冷系统蒸汽隔离阀的验收标准，阀门调试期间打开管路人孔，确保所有蒸汽隔离阀均能严密关闭到位。

（4）严格空冷系统各测点的验收工作，确保测点准确无误，可以真正反映空冷系统各位置实际温度。热工仪表管等部位应采取保温措施或伴热，冬季运行期间可靠投入，以免影响运行人员的判断。

（二）热态冲洗阶段

（1）空冷系统热态冲洗前，严格做好人工清洗工作，有效去除空冷配汽管道及换热管束由于与空气接触而在内表面产生铁锈与现场安装工作残留焊渣和尘垢。

（2）由于排污量大，为保证空冷系统连续的热态冲洗，除盐水箱必须储满合格的除盐水，且连续制除盐水能力应该达到100t/h以上。为满足系统补水要求，应增设除盐水至凝结水箱的临时补水管道。

(3) 热态冲洗时尽量加大清洗流量，清洗过程逐列进行。利用压降大增加流量的原理，各列凝汽器依次循环进行清洗。同一列风机交替运行，使凝汽器产生温度变化，从而有利于增强清洗效果。热态清洗时，应尽量使所清洗列对应的风机在全速下运行，并监视凝结水的过冷度不超过5℃。

(4) 空冷系统热态冲洗时间比较长，如果与机组的整套启动同时进行，可能会出现由于补水不足、设备缺陷等原因使得机组冲洗过程会出现一次或多次停机情况。

(5) 热态冲洗化学取样口必须低于水箱液面，否则有可能被抽干，放不出水。排放出水口最好能够目测到，以便于观察冲洗情况。

(6) 热态冲洗过程中应时刻关注空冷系统的测量仪表指示是否准确，真空泵抽真空能力是否异常，出现情况及时处理，防止污染物堵住测量管线以及真空泵入口滤网。在热态冲洗结束后应对测量管线、真空泵入口滤网进行清理。

(7) 空冷系统热态冲洗与机组整套启动同时进行时，各汽水系统较脏，可能会造成凝结水泵入口滤网的堵塞，要严密监视泵入口滤网压差信号及泵运行状态，配备足够的人员及时清理滤网。建议准备另外一套临时滤网，缩短滤网清洗时间。凝结泵入口为负压，清理滤网时一定要按照正确的操作票执行。

(三) 冬季低温条件下热态清洗防冻注意要点

(1) 尽量减少空冷系统空气含量。空冷气密性试验必须合格，应尽量减少外界空气漏入真空系统。在空冷系统进汽前，机组尽量维持低背压，一般控制低于10kPa，机组抽真空过程中保持三台真空泵运行，抽真空结束保持一台真空泵运行，如一台真空泵不能维持低背压，则表明漏入真空系统空气量较大，应查找真空系统漏点。

(2) 热态清洗过程中环境温度低，应严密监视抽空气温度和凝结水温度，如过低可停运清洗列逆流风机。停逆流风机后抽真空温度及凝结水温度不回升，可将逆流风机反转。在清洗过程中就地测试清洗凝汽器管束及抽空气管温度，当温度较低时适当降低相应风机转速直至温度回升。

(3) 空冷临时补水管路及废水箱均在室外，当不补水或补水流量很小时，补水管路很容易冻结，此时应将废水箱临时补水手动门保持一定开度，以保证补水管路不被冻结，同时保证空冷岛未送入蒸汽时废水箱不被冻结。

(4) 蒸汽量如小于规定的最小防冻流量，会造成空冷管束冻结。向空冷凝汽器供汽前，锅炉应保持较大的燃烧量，通过汽轮机旁路系统向空冷岛供汽，一般有一套制粉系统处于运行状态，满足空冷最小防冻流量的要求。空冷凝汽器先进行预暖，开启进汽隔离阀，各列风机均不运行，待各列抽真空温度及凝结水温度升至30℃，视机组背压变化情况，向空冷岛送入蒸汽量尽量快速增大，预暖时间应尽量短。监视高、低压旁路蒸汽及减温水调整阀的运行情况，防止超温和进水。同时注意防止由于高、低压旁路保护动作关闭而导致主蒸汽和再热蒸汽超压。

(四) 直接空冷系统冬季防冻

冬季极端温度条件下，空冷系统具有很高的冰冻危险，在运行中空冷凝汽器可出现结冰，甚至被迫停机的故障。对于空冷机组来说，冬季防冻是一项必须要充分重视的工作。

空冷系统冬季低温运行时之所以发生冻结，主要有四方面原因：设计结构不合理、空冷凝汽器热负荷太小、冷却空气流量过大和空气聚集。若空冷机组处于“三低”（低气温、低负荷、低排汽压力）工况下运行或者进行冬季启动、停机，则严重偏离设计工况，容易发生冻结现象。

1. 安装期间系统的防冻

安装期间严格把关，要求空冷系统的气密性试验结果优良；严格验收空冷系统蒸汽分配管隔离阀，确保能严密关闭到位；对空冷系统防冻逻辑进行讨论完善，优化空冷风机回暖、防冻程序，提高空冷系统冻性能。

2. 机组启动时空冷系统的防冻

（1）启动尽可能安排在白天温度较高的时候进行。

（2）机组启动时应采用中压缸或高中压缸联合启动方式，保证尽量多的蒸汽通过旁路系统进入空冷岛。

（3）在启动时严格控制进入空冷岛的蒸汽流量，保证进入空冷岛的蒸汽流量大于厂家提供的最小防冻流量要求。表 9-1 是冬季条件下某 600MW 机组直接空冷系统所需最小热负荷与气温的关系。

表 9-1　冬季条件下某 600MW 机组直接空冷系统所需最小热负荷与气温的关系

环境温度（℃）	ACC 最小热负荷（MW）						达到最小热负荷时要求的运行时间（h）
	不装隔离阀	装隔离阀 3 只	装隔离阀 4 只	装隔离阀 5 只	装隔离阀 6 只	装隔离阀 7 只	
−5	316.8	199.5	160.3	121.0	81.5	41.7	3
−10	410.3	258.6	207.8	156.8	105.6	54.0	2
−15	517.7	326.2	262.3	198.0	133.3	68.2	1.75
−20	638.8	402.6	323.6	244.3	164.6	84.1	1.5
−25	773.4	487.5	391.8	295.8	199.2	101.7	1.25
−30	920.1	580.2	466.4	352.0	237.1	121.0	1

（4）冬季机组启动，锅炉点火启动初期，疏水不得进入排汽装置。锅炉点火同时主机送轴封后启动三台水环真空泵开始抽真空。随着锅炉升压，旁路暖管充分后投入，向空冷岛供汽。投入的过程应可能缩短，在规定的时间内使进入空冷的蒸汽流量提升到最小流量要求。

（5）旁路系统投入后，根据排汽缸温度投入汽缸喷水，控制排汽缸温度为 60～70℃，同时投三级减温水，尽量使蒸汽进入空冷后有一定过热度，确保凝结水温度大于 35℃。

（6）空冷岛送汽后密切监视凝结水及抽空气管温度。真空抽气口位于逆流凝汽器的顶部，将空冷凝汽器内的不凝结气体抽出，以保证换热效果。由于大量的蒸汽是在顺流单元内被冷却，到逆流单元的蒸汽温度降低了很多。所以，直接空冷机组在冬季运行期间抽气口的温度监测尤为重要。如果控制不好，容易结霜将抽气口堵住。此时还有大量的蒸汽进入散热管束被冷却凝结后结冰，极易发生本排管束全部冰冻。

(7) 冬季低温时在启动初期或者低负荷下，空冷系统进汽量少，风机的启动和升速不能盲目根据背压的升高来进行。背压的升高除了与进入空冷管束的风量和风温有关外，还与换热管束的热传导能力有关。如果管束内壁因冻结而附着一层冰，会增加管束的热阻，此时启动风机和增加风机转速不但不能降低背压，反而会加重管束的结冻，进一步增加热阻，形成恶性循环，背压会越升越高。针对这种情况，唯有增加进汽量对管束进行化冰，才能控制背压，达到防冻的目的。

3. 正常运行时的防冻措施

(1) 冬季正常运行时，机组背压维持 15～20kPa，任何情况下不得低于 10kPa 运行。

(2) 空冷凝汽器投入运行后，关闭空冷岛各列散热器端部小门及同一列中各冷却单元之间通行小门。

(3) 机组正常运行时，调节空冷风机转速，维持主机真空，最高真空值以凝结水温度不低于 35℃为准，并监视凝结水温度不超过 70℃。

(4) 冬季运行期间，加强对排汽装置的补水量及水位的监视，发现除氧装置、排汽装置水位下降，补水量异常增大时，应分析空冷排汽装置以及凝结水管道是否冻结。

(5) 空冷岛检查人员应重点检查以下部位：未投运列进汽门、各列空气门、各列凝结水门的伴热投入情况，门前、后温度；各投运列顺流管束下部、逆流管束上部温度，顺、逆流管束温度以及管束整齐情况。发现抽空气温度或管束温度低时，应降低风机转速或停止风机运行，如果长时间低温，可通过提高背压进行消除。

(6) 机组运行时，过冷度应不大于 3℃，抽空气温度与凝结水温度温差控制在 10～15℃，否则可采用增加负荷、增加背压、停运风机、使风机倒转或启动备用真空泵等方法，对逆流区内蒸汽和不凝结气体进行强制流动，使管束温度上升或降低空气抽出管与凝结水温差，使部分冻结的管束迅速融化。空冷风机在自动方式下运行，各运行风机尽量控制在同一频率。

(7) 运行人员应根据风向、风速及时调整机组运行状态，保证机组的运行稳定性。

(8) 在异常情况下，风机停用仍然不能满足防冻要求时，可将风机口封住，避免冷风对流冻结。

(9) 加强对凝结水溶氧、凝结水过冷度的监视，定期进行真空严密性试验。当凝结水溶氧超标时，表明空冷系统严密性较差、真空系统泄漏、易造成局部系统冻结，此时可适当提高低压缸汽封进汽压力，并对安全门、防爆门、负压系统进行查漏、堵漏工作，直至溶氧合格。

(10) 如机组运行过程中，空冷系统出现冻结的情况，则提高空冷风机转速，冻结情况更严重，背压反而升高，此时应将空冷风机置手动位，开启备用真空泵，停运逆流风机，同时降低顺流风机转速，必要时逆流风机反转运行。当背压逐渐降低时，表明冻结现象已逐渐消失。

4. 机组停机时空冷系统的防冻

（1）冬季停机时，尽量安排在白天气温高时进行。

（2）冬季停机时，机组滑停时间应尽量缩短，以保证负荷在较高的情况下即可打闸停机；若需滑至较低负荷时，应投入旁路系统，以保证空冷岛的最小防冻流量。

（3）随着机组负荷的降低，结合凝结水温度的下降，逐渐进行降转速、停风机的操作保证凝结水温度在35℃以上。

（4）机组在停机过程中，根据机组背压依次停运各列。机组打闸停机后，关闭所有至排汽装置的疏水，机组转速降至400r/min时破坏真空，关闭所有空冷岛进汽蝶阀并就地确认蝶阀在完全关闭状态。真空到0，立即停止轴封供汽，关严各轴封供汽门，开启疏水排大气。

（5）冬季停机过程中，应注意监视凝结水及排汽装置温度变化，防止因温度过高造成真空急剧下降或温度过低造成空冷岛结冻。

（6）停机过程中，要及时将停止的各列散热器及相应风机入口风筒用棉布帘或苫布帘封盖好。

5. 机组甩负荷的防冻措施

（1）冬季机组发生甩负荷，立即将空冷系统切手动控制，视情况停止空冷风机，将进汽蝶阀关闭，注意监视空冷蝶阀后的温度、压力变化，防止由于蝶阀不严造成管束冻结。

（2）适度开启旁路门，进行空冷岛防冻，确保进入空冷岛的蒸汽量满足对应的最小防冻蒸汽流量要求，注意确保进入排汽装置的蒸汽不超温、超压，排汽安全门不动作，旁路开启后应注意锅炉侧参数。

（3）若机组能在短时间内（2h以内）启动，则在锅炉点火后尽量加快机组启动速度，锅炉增加燃烧，在尽量短的时间内最快达到机组冲转条件，机组并网后立即接带负荷，尽快达到金属温度对应的负荷，同时要保证空冷岛的最小流量。

（4）如机组不能立即启动或启动不成功，应立即关闭停止各列进汽蝶阀，稍后关闭抽真空电动阀（确保列内无蒸汽存留），检查旁路门关闭，将进入排汽装置的疏水倒至锅炉疏水扩容器或排地沟。切断一切可以进入空冷的汽源。

6. 空冷岛进汽蝶阀关闭不严的处理办法

（1）当进汽蝶阀关闭后，应就地通过观察和测温，并根据抽真空温度、凝结水温度的下降趋势判断出该列进汽蝶阀是否严密。若不严，应立即再投入该列或手动关严该进汽蝶阀。

（2）开机时，冲转并网后在允许范围内尽快带负荷，增大进汽流量，使进汽蝶阀不严的列尽早投入。

（3）停机时，不要隔离进汽蝶阀不严的列，蒸汽流量随负荷降低不能满足空冷岛需要时，可手动调整空冷运行方式，以保证不严列的安全蒸汽进汽量，直到打闸。

（五）直接空冷系统夏季试运

直接空冷机组在运行中对气象条件的变化极其敏感。在夏季高温阶段直接空冷机组都不同程度出现由于运行背压高而限制机组出力的现象，严重制约空冷机组夏季的安全满发和经济运行。直接空冷机组夏季运行时自然大风对机组背压影响较大（大风能使机组背压升高 10～15kPa）。因此，在夏季高温大负荷时段，直接空冷机组必须留出一定的背压裕量，防止气候突变造成背压严重恶化，避免背压保护动作跳机。

1. 安装、调试阶段

(1) 严格控制与真空系统有关的施工焊接质量，确保空冷系统的气密性试验达到优良水平。

(2) 确保汽水系统阀门严密性，尤其是低压旁路阀和疏水系统阀门的严密性，以防排热量增加。

(3) 保证空冷系统换热管束的清洁。空冷凝汽器普遍应用于我国北方干旱地区，气候条件比较恶劣，沙尘天气较多，空冷系统管束散热翅片间距较小，散热表面不可避免的会存在积灰。一旦散热面发生积灰，则会使冷却空气流动阻力增加，换热效果变差，引起机组真空下降。在夏季高温季节机组带大负荷之前，应冲洗空冷凝汽器外表面，将沉积在空冷凝汽器翅片间的灰、泥垢清洗干净，保持空冷凝汽器良好的散热性能。

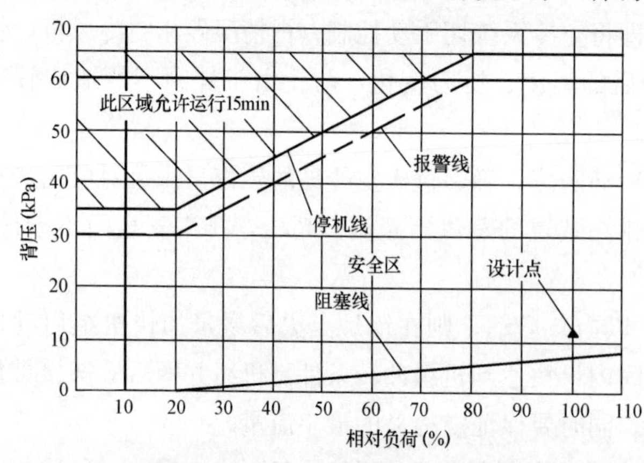

图 9-7　空冷汽轮机背压控制保护曲线

2. 直接空冷系统夏季运行措施

(1) 机组在运行期间，必须严格按照背压控制曲线的要求进行负荷控制。空冷机组设计背压是湿冷机组的 2～3 倍，并且大气条件的变化会引起机组背压频繁的大幅度波动，这将严重威胁汽轮机低压缸叶片的安全。因此，采用复杂的背压控制和保护对于空冷机组的安全运行非常重要。图 9-7 是典型的空冷汽轮机背压控制保护曲线。

(2) 当空冷风机转速接近最高时，在保证空冷风机电动机的电流和变频器温度不超过允许值的前提下，解除风机自动并控制风机转速在最高运行。随着环境温度的升高，机组背压升高后，必要时限制机组出力。

(3) 运行机组背压达到并超过 40kPa 后，应密切监视背压的变化。同时应增开一台真空泵，迅速降低机组负荷，将机组背压控制在低于 40kPa 以内，留出一定的余地，防止气象干扰因素造成机组背压进一步恶化。

(4) 机组在高负荷、高背压运行期间，应控制汽轮机进汽参数在额定值。调节级压力不得超限，同时应注意轴向位移不得接近报警值以及排汽缸温度不得超过 90℃。上述参数有任意一个达到或接近报警值，必须尽快降低机组负荷，直至合格。

（5）高负荷、高背压运行期间，应注意监视汽轮发电机组轴系振动情况，发现任一轴承盖振动或轴振有较大幅度的变化时，应及时进行分析，必要时降低机组出力。

（6）高负荷、高背压运行期间，应对推力轴承钨金温度及回油温度进行密切地监视。任何情况均不得超过运行规程规定的数值。

（7）机组在高背压运行期间，要注意运行真空泵汽水分离器水位和工作液温度的监视，保证水位和工作液温度正常。

（8）夏季，机组在高背压区运行，应加强大气风速和风向对背压影响的监视，防止热风回流。

直接空冷系统的热风回流是指空冷散热器排出的热空气，在某些气象条件下被轴流风机吸入，提高了空冷散热器的入口空气温度，因而导致了散热能力的下降，引起机组背压突然升高，甚至达到跳机值，严重影响机组安全运行。如图 9-8 所示。

在大风期间，注意机组背压的变化，一旦超过 40kPa 应迅速减负荷。大风期间，空冷风机最好手动调整，留足背压裕度，让背压随风适度波动。在具体的调整中，根据外界风向，风机手动、自动也可以同步进行，迎风面的风机或逆流风机手动控制，保持恒速，其余部分风机投入自动，可以有效地降低电耗率，同时也可避免运行人员频繁调整。

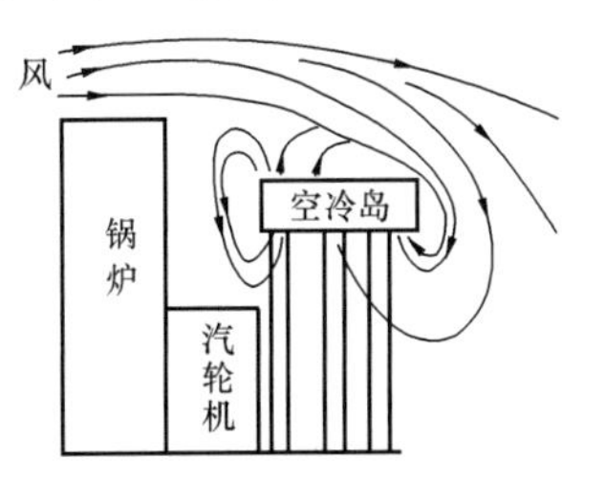

图 9-8　热风回流

六、直接空冷系统调试一般故障及处理

1. 真空系统大量漏空气

在调试中某直接空冷机组出现过突然大量漏空气的现象。当时正值冬季，环境温度较低，机组满负荷运行较为稳定。背压设定在 15kPa，空冷风机全部投入自动运行。运行人员误关机组轴封供汽门，轴封压力下跌至零，此时大量的不凝结冷空气漏入空冷岛，背压也相应上升，而自动控制器的输出根据背压变化提高风机转速，以增大换热量，凝结水温度迅速降低，过冷度急剧增加。当时凝结水温度由 53℃开始下降。调试人员发现该现象后迅速将风机控制由自动切为手动，并降低风机转速，将背压稳定在 37kPa，即使这样第 3 列左侧凝结水温度最低也降到了 2.5℃，然后回升。如果没有及时发现采取措施，仅靠连锁保护到凝结水温度下降至 15℃时才降低风机转速，很可能出现凝结水管冻裂的现象。

冬季低温运行，空冷系统风机调速不能盲目根据背压的升高来进行。背压的升高除了与进入空冷管束的风量和风温有关外，还与换热管束的热传导能力有关。如果管束内壁因冻结而附着一层冰，会增加管束的热阻，此时增加风机转速不但不能降低背压，反而会加重管束的结冻，进一步增加热阻，形成恶性循环，背压会越升越高。此时应将空冷风机置手动位，开启备用真空泵，停运逆流风机，同时降低顺流风机转速，必要时逆流风机反转运行。当背压逐渐降低时，表明冻结现象已逐渐消失。

2. 直接空冷系统局部管束结冰

受多方面因素影响，空冷岛翅片管温度分布并不是很均匀，冬季运行时，尤其是环境温度在−5℃以下，尽管采取多种措施，空冷凝汽器局部换热管束还是可能结冰。空冷岛上测点布置比较少，不能充分反映空冷岛各个部分的温度变化，空冷凝汽器局部管束结冰一般只能通过就地检查空冷岛散热器管束表面温度来发现。当换热管束表面温度低于0℃时，其内部的蒸汽/水肯定已经开始过冷并有冰层，此时必须及时采取有效的化冰措施。单排管空冷凝汽器个别管束有冰层并不可怕，最重要的是这种情况如不能及时发现，任其发展蔓延下去将造成严重的后果。实际运行表明，即使空冷管束的表面温度低于−15℃，通过采取有效措施后仍能使其恢复正常。这时可采取下列措施：首先停止有结冰现象的换热管束对应单元的冷却风机。此时对于单排管凝汽器来说，其管束内部还有一定截面的蒸汽流动空间。造成管束表面温度低的主要原因是管子内部的凝结水过冷，在管子内壁形成冰层后蒸汽流动阻力大所致。停止对应的冷却风机运行后，蒸汽流经通流截面对冰层加热，使冰层减薄，直至全部融化。如果整个管子的通流截面全部被结冰堵塞，停运风机进行解冻需要足够长的时间。此时要利用相邻管子的辐射热使管内冰柱与管壁分离，需适当提高机组运行背压，以提高汽轮机排汽及凝结水温度，增加空冷凝汽器的热负荷。如果此时仍有空冷风机运行，首先考虑先通过停运行风机来提高背压，根据结冰面积及严重程度来调整背压，结冰越严重，背压相应保持越高，但要注意不要使机组背压进入到背压保护曲线的报警区。

3. 凝结水溶解氧超标

机组凝结水溶氧超标的原因主要有两个，一是真空系统空气漏入量大造成，二是补入的除盐水不能有效除氧。空冷机组凝结水溶氧要合格，首先是机组真空严密性达到要求，特别是真空系统中凝结水部分出现泄漏，比如阀门和泵的盘根部分泄漏等会直接引起凝结水溶氧的增高。其次是增强对凝结水补水的除氧，目前主要有这几种除氧设计方案：一是在外部凝结水箱增加填料式除氧装置并引入排汽除氧。第三是在内部凝结水箱增加喷雾式除氧装置并引入排汽除氧。第四是把补水引至空冷散热器入口雾化。

空冷凝汽器回水的残余溶氧是在凝结水箱中利用热力除氧原理除去的，为提高凝结水箱的除氧效果，应在凝结水箱中装设足够数量的雾化喷嘴，保证进入凝结水箱的回水全部从喷嘴喷出雾化，加大凝结水的受热面积，同时从主排汽管道引出部分排汽至凝结水箱内与雾化水逆流接触，增强除氧效果。

把补水管接到置于排汽管道内部的水环，水环上安装有雾化喷嘴，补水经喷嘴雾化喷出，与汽轮机排汽充分混合受热，完成热力除氧。这种补水方式还可减少进入空冷凝汽器的排汽量，提高机组的热经济性。补水和部分排汽的凝结水一起从排汽管道底部接出的疏水管进入凝结水箱。

把补水补入蒸汽分配管上，一方面可以保证补水有可靠的汽源加热，另一方面补水位置在最高处，落差大，汽水有充分的接触加热时间，能够保证回热到饱和温度，同时析出的气体可以很容易地被真空泵从管道排到大气中。

4. 热风回流对直接空冷机组的影响

某机组受大风影响情况：夏季环境温度 38℃，机组运行比较平稳，负荷维持在 250MW，空冷风机入口空气温度在 40～45℃，机组运行背压 44.1～46.5kPa，全部空冷风机转速维持在 98%运行。此时突起大风，风速大约 15～16m/s，机组运行背压发生大幅度变化，背压由 44.2kPa 升高到 64.9kPa，低真空保护动作，机组跳闸停机。

所有空冷机组均存在热风回流现象，随着自然风速的提高，热风回流越严重。当环境风场的速度大于 7m/s，自然风的作用会在极短的时间内使本应从散热器翅片上扩散出的热气突然压回，使得大多的散热器的翅片被包围在热源中，造成换热突然恶化，机组背压升高而危及机组的安全运行。

针对热风回流现象，除设置挡风墙外，应在空冷岛上装设一套高灵敏度的风向风速仪，将其信号引至机组 DCS 画面，根据不同的风向、风速，对照排汽背压的趋势合理调整机组出力，以提高机组的安全性和经济性。还应增加背压急速升高快速降负荷的热工逻辑，通过机组控制系统实现背压急速升高时机组快速减负荷，尽可能避免因大风突袭所造成的停机事件。

第二节 间接空冷系统调试

一、间接空冷系统说明

（一）间接空冷系统的分类

间接空冷系统分为两种：一种是混合式凝汽器的间接空冷系统（又称海勒式间接空冷系统）；另一种为表面式冷凝器的间接空冷系统（又称哈蒙式间接空冷系统）。

间接空冷散热器分为钢制或铝制，可以在空冷塔内水平布置或在空冷塔外垂直布置。通常，哈蒙式间接空冷系统采用表面式凝汽器和钢管钢翅片散热器塔内水平布置，海勒式间接空冷系统采用混合式凝汽器和铝管铝翅片塔外垂直布置。见图 9-9。

1. 混合式凝汽器的间接空冷系统

混合式凝汽器的间接空冷系统在 20 世纪 50 年代由匈牙利人海勒发明，其原则性系统见图 9-10。它与常规机组的首要区别是凝汽器中喷入冷却水，与汽轮机的排汽混合，因此被称为混合式凝汽器。

这种间接空冷系统的优点是：

（1）混合式凝汽器体积小，可以布置在汽轮机的下部；

（2）汽轮机排汽管道短，真空系统小，保持了水冷的特点；

（3）可与中背压汽轮机配套，煤耗率较低。

其缺点是：

（1）设备多，系统复杂，设备布置比较困难；

（2）由于采用了混合式凝汽器，系统中的冷却水量相当于锅炉给水的 30 倍，这就

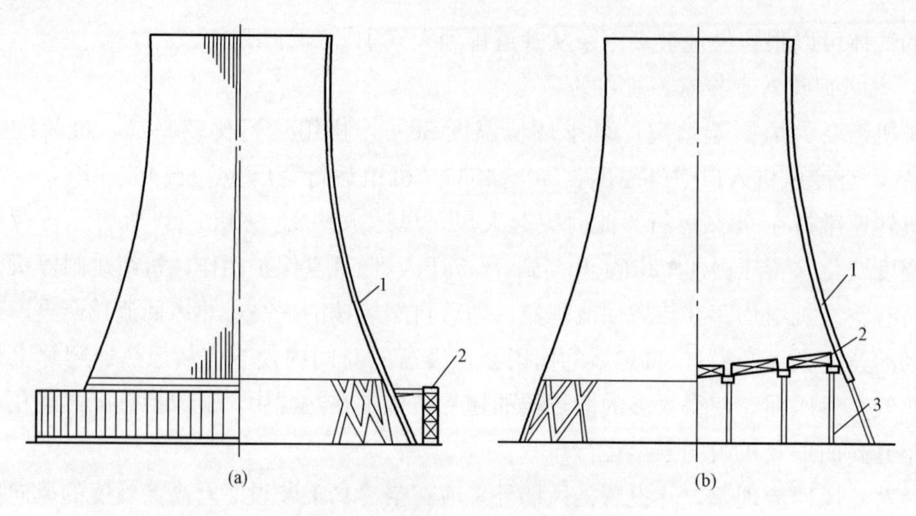

图 9-9　海勒式和哈蒙式空冷塔

(a) 海勒式；(b) 哈蒙式

1—空冷塔；2—散热器；3—支架

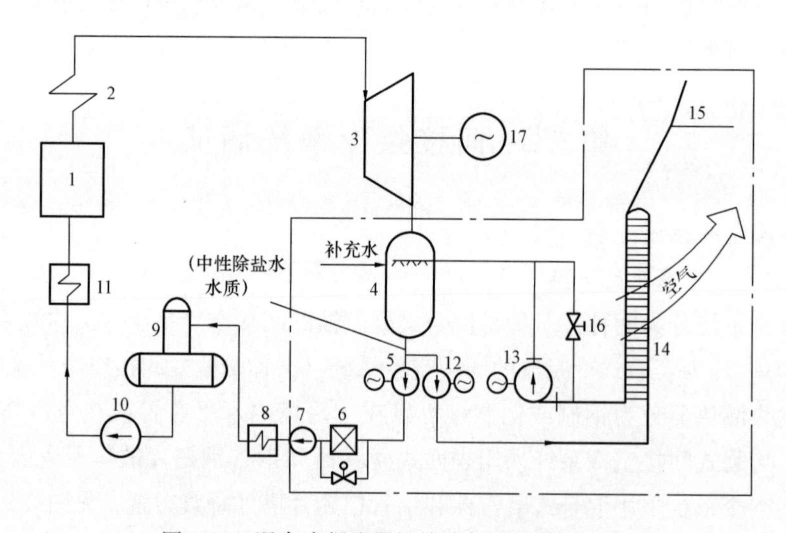

图 9-10　混合式凝汽器间接冷却原则性系统图

1—锅炉；2—过热器；3—汽轮机；4—喷射式凝汽器；5—凝结水泵；6—凝结水精处理装置；7—凝结水升压泵；8—低压加热器；9—除氧器；10—给水泵；11—高压加热器；12—冷却水循环泵；13—调压水轮机；14—全铝制散热器；15—空冷塔；16—旁路节流阀；17—发电机

需要大量的与锅炉水质一样的水，从而增加了处理费用；

(3) 自动控制复杂，全铝制散热器的防冻性能差，冷却效果受风的影响大。

2. 表面式凝汽器的间接空冷系统

表面式冷凝器的间接空冷系统，由常规表面式冷凝器和自然通风空气冷却塔构成，在空冷系统回路中设置了对冷却水膨胀起补偿作用的膨胀水箱。表面式凝汽器间接空冷系统的工艺流程为：循环水进入表面式凝汽器的水侧通过表面换热，冷却凝汽器汽侧的汽轮机排汽，受热后的循环水由循环水泵送至空冷塔，通过空冷散热器与空气进行表面换热，循环水被空气冷却后再返回凝汽器去冷却汽轮机排汽，构成了密闭循环。该系统与常规的湿冷系统基本相仿，不同之处是用空冷塔代替湿冷塔，用密闭式循环冷却水系统代替敞开式循环冷却水系统，循环水采用除盐水。

表面式凝汽器间接空冷原则性热力系统图见图 9-11。

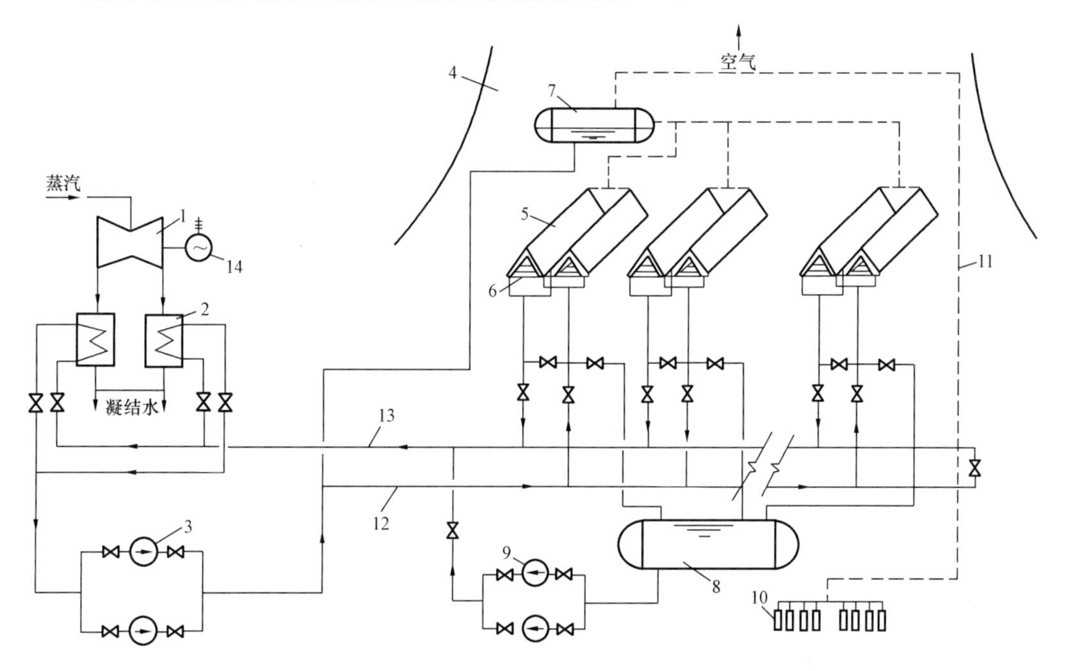

图 9-11　表面式凝汽器间接空冷原则性热力系统图

1—汽轮机；2—表面式凝汽器；3—循环水泵；4—空冷塔；5—全钢制散热器；6—百叶窗；7—膨胀水箱；8—地下储水箱；9—充水泵；10—氮气瓶；11—氮气管道；12—热水母管；13—冷水母管；14—发电机

这种间接空冷系统的优点是：

（1）设备少，系统比较简单，节约厂用电；

（2）冷却水系统与汽水系统分开，两者水质可按各自要求控制。

该系统的缺点是：

（1）冷却水必须进行两次交换，传热效果差；

（2）在同样设计气温下，汽轮机背压较高，导致经济性下降；

（3）如果保证同样的汽轮机背压，则投资会相应增大。

两种间接空冷系统的主要区别是：混合式凝汽器间接空冷系统冷却原理较好，理论上可将饱和温度的凝结水直接输送到空冷塔。不足的是在凝结水喷入冷凝器，循环水和凝结水混用，增加了水处理的复杂性，且水中的压力能几乎全部释放，为了回收部分能量，需装设一台水轮发电机，增加了工程投资。表面式冷凝器间接空冷系统，凝结水和循环水之间有换热端差，加热后的循环水进入布置在空冷塔中的空冷器，其温度比前者理论上约低 2～3℃，需增加空冷器的散热面积，它的主要优点是凝结水和循环水隔开，分别成为独立的两个系统，水质要求可以各取所需。

在两种间冷系统的经济比较中，通常以凝汽器端差4℃为条件，得出混合式冷却系统在热力学评价中稍优的结果，但近年来表面式凝汽器在降低端差方面进行了大量的工作，首先是在凝汽器中装配较多直径较小的冷却水管，提高传热系数，这虽然增加了冷凝器的投资，但降低了冷却塔的造价，总起来可以获得一定效益。其次是冷却水管变化之后，冷却水量比常规机组有所下降，这就必须采用一个较大的冷却塔，但是循环水泵功率降低，节省了厂用电，优化结果是再一次获得效益。第三，因为循环水很清洁，在水管内壁不会结垢，这也改善了传热，使端差稍稍降低。上述措施的结果，可使表面式凝汽器的端差由平均4℃降低到2℃。此外，为了进一步节省投资，还可以把冷却水管的材质由价格较贵的合金钢改为碳钢，因为清洁的冷却水不会引起腐蚀。这些措施可以使两种间接冷却系统的空冷器所需的传热面积，由热力学最初评价的相差15%～25%降低到非常接近的程度。

目前国际上已投运的600MW等级的直接空冷系统和哈蒙表面式凝汽器间接空冷系统都有，而海勒式的混合喷射式凝汽器间接空冷系统，国际上最大装机容量仅300MW等级。因此，目前新建的间接空冷机组基本采用表面式凝汽器的间接空冷系统。

表面式凝汽器间接空冷系统的散热器需布置于塔内支撑环梁上，空冷塔占地面积大，基建投资多，目前还有一种新型的表面凝汽器间接空冷系统——SCAL型间接空冷系统，采用表面式凝汽器与塔外垂直布置的铝制散热器，解决了空冷塔体型庞大、水质要求高、控制复杂等问题，满足了机组容量大型化对空冷系统的要求。SCAL型间接空冷系统如图9-12、图9-13所示。

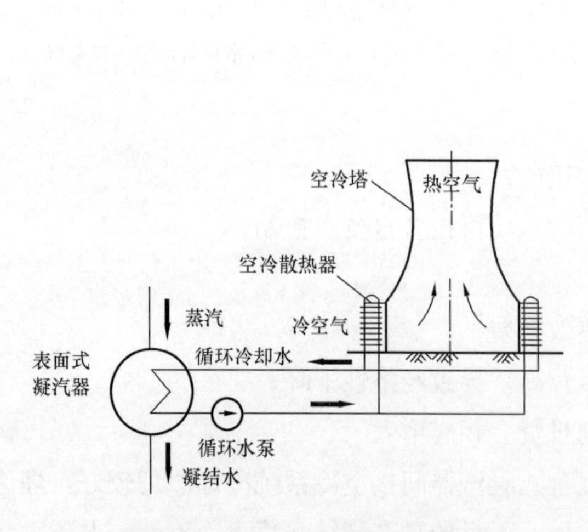

图9-12　SCAL型间接空冷系统

图9-13　SCAL型间接空冷系统空冷塔外形

（二）表面式凝汽器间接空冷系统组成

表面式间接空冷系统由表面式凝汽器、抽真空系统、循环水系统、空冷塔等部分组成。其中凝汽器、抽真空系统、循环水系统与常规湿冷机组基本一样。空冷塔由空冷散热器、空气输送系统、充排水系统、补水（稳压）系统、空冷散热器清洗系统、防冻保护系统等部分组成。

空冷散热器由冷却管束、管束上下联箱、支撑管束的钢构架组成。空冷散热器分段（扇区），每段（扇区）设独立的进、出水管和排水管。空冷散热器充排水系统由地下储水箱、充水泵、充水管道和阀门组成。储水箱布置在空冷塔内地面以下，地下储水箱的容积满足所有扇区放空后储水的要求。为了保持循环水系统内水压稳定，维持正常的水循环，空冷塔内设置稳压补水系统。由补水泵、高位膨胀水箱以及连接管道组成。空冷系统补充水水源来自化学制水车间，补充水管道从化学制水车间至空冷塔内地下储水箱。为了防止落在空冷散热器表面的灰尘影响散热效果和腐蚀，设置了冲洗水泵和冲洗管道。为防冻以及调整的需要，在空冷散热器外部设置了百叶窗及其控制机构。

空冷散热器的防冻保护由安装在母管上的两个紧急泄水阀完成，当出现紧急防冻报警时这两个阀门快速打开，将所有扇区的水泄至地下储水箱。另外，当温度过低时扇区会自动泄水。

1. 间接空冷散热器系统

间接空冷散热器系统包括散热器管束、进出水联箱、管束上部联箱、支撑框架等附属连接件。空冷散热器有铝管铝翅片散热器和钢管钢翅片散热器两种。

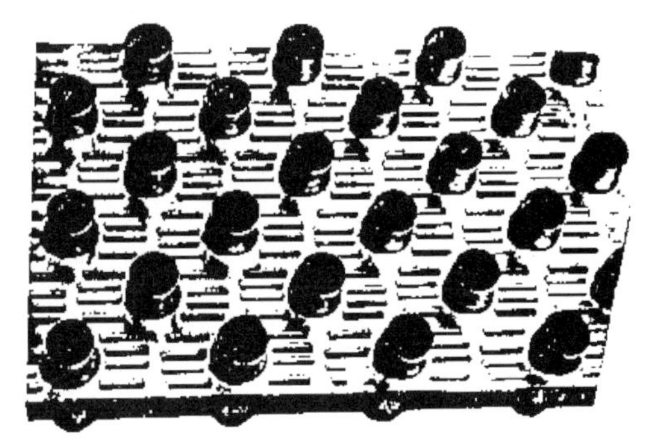

图 9-14　福哥型散热器外形

(1) 铝管铝翅片散热器。铝管铝翅片散热器也称福哥型散热器，铝管铝翅片均为纯铝（99.5%）制成，多应用于混合式凝汽器间接空冷系统（海勒式）。采用表面式凝汽器的SCAL型间接空冷系统，其散热器为塔外垂直布置的铝制散热器。铝散热器的换热特性好，换热面积将减少，可以将空冷塔的体积缩小，节约投资。一种典型的福哥型散热器如图 9-14 和 9-15 所示。

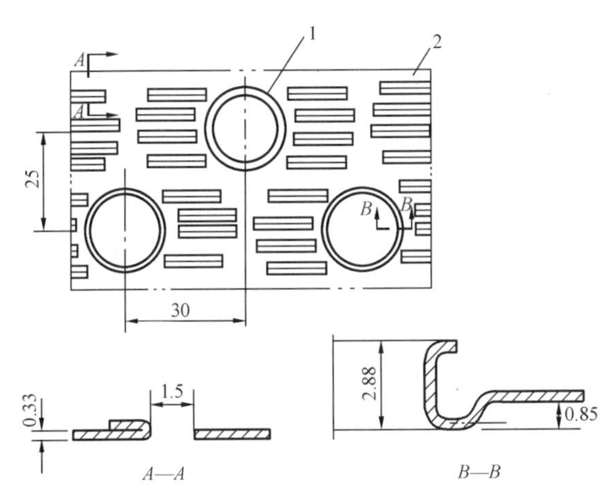

图 9-15　福哥型散热器结构（单位：mm）
1—圆铝管；2—铝翅片

散热器采用圆铝管错位排列，管长4840mm，横向6排布置。60根圆铝管和翅片及加强板组成一个管束，管束要整体进行表面防腐处理。四个冷却管束和两端管板并联构成一个冷却元件。冷却元件是散热器最基本的单元，每个散热器可由1～4个冷却元件串联组成。如图 9-16～

图 9-18 所示。

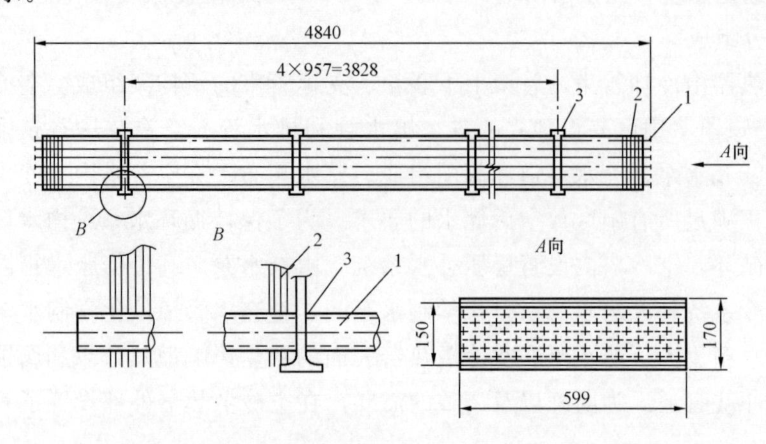

图 9-16　冷却管束（单位：mm）

1—圆铝管；2—翅片；3—加强板

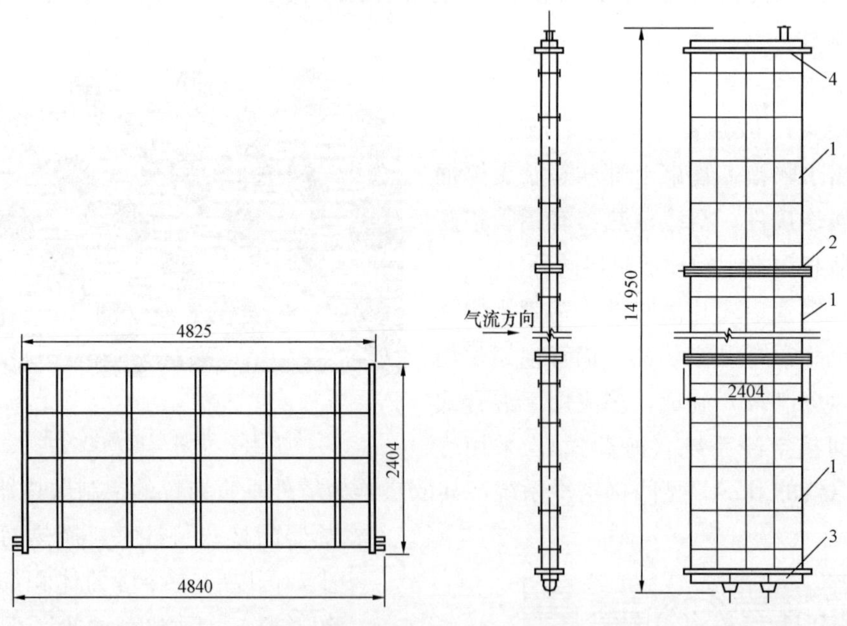

图 9-17　冷却元件（单位：mm）

图 9-18　散热器（单位：mm）

1—冷却元件；2—连接板；3—底部水室；4—顶部水室

如图 9-19 所示，在一个夹角为 60°左右的三角形钢构架的两边固定两个散热器，第三边为空气通道，一般安装百叶窗，即形成一个冷却三角。

（2）钢管翅片散热器。钢管钢翅片散热器按翅片在光管上的结合方式分，有绕片式和套片式两种；按光管形状分，有圆管式和椭圆管式两种。目前空冷电厂中的钢管钢翅片散热器多由镀锌椭圆钢管钢翅片组成。钢管钢翅片散热器不仅适用于间接空冷机组，也适用于直空冷机组。

镀锌椭圆钢翅片管（见图 9-20）由椭圆光管和翅片两部分组成，椭圆管材质普通

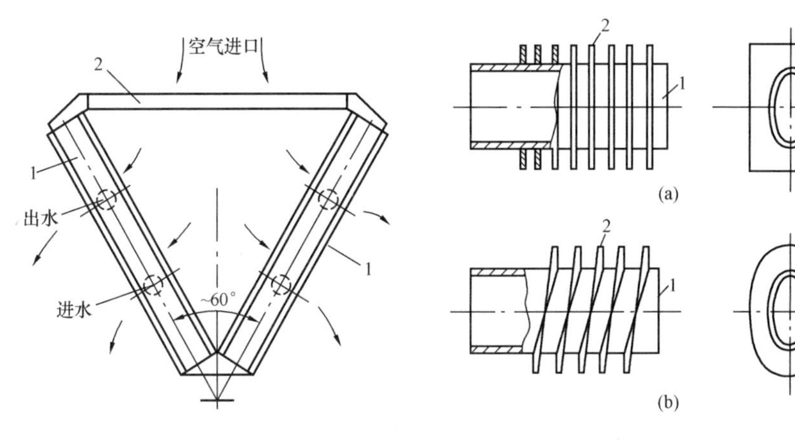

图 9-19　冷却三角

1—散热器；2—百叶窗

图 9-20　镀锌椭圆钢翅片管

(a) 套片管；(b) 绕片管

1—椭圆钢管；2—翅片

碳素钢，翅片有采用钢翅片也有采用铝翅片的。管子长度根据布置需要选择，中间不必采用接头。多根相同长度的翅片管两端分别与联箱连接起来，形成管束，一般是错列两排管或错列四排管排列。联箱由管板、箱体、端盖和引出管组成，管板与翅片管是焊接连接。一端的联箱内设有隔板，分别接冷却水进口和出口；另一端的联箱内无隔板，只设有排气口，形成双流程管束。

管束与支撑框架一起组成散热器，一个散热器就是一个冷却单元。百叶窗与呈“人”形安装的两个散热器组装在一起构成冷却三角。

2. 空气输送系统

自然通风冷却塔的空气输送系统由空冷塔、百叶窗及其电动执行机构等组成。利用双曲线形自然通风冷却塔内外空气密度差形成的抽力满足散热器冷却所需要的空气量。

3. 循环水管道系统

塔内循环水系统由塔内循环水管道、阀门等组成，循环水进、出水管道逐级分支后与空冷散热器管束底部联箱连接。每个冷却扇区分别设独立的循环水进、出水支管，管道上装有电动阀门。

4. 充、排水系统

充、排水系统主要由充、排水管道，充水泵，相关阀门，地下储水箱，连接管路等组成。

储水箱布置在空冷塔内地面以下，充水泵布置在塔内地下储水箱内，可向冷却塔中的空冷散热器充水。空冷塔内每个扇区都能独立充水和排水。

5. 稳压补水系统

稳压补水系统主要由补水管道、溢流管道、补水泵、相关阀门、膨胀水箱、连接管路等组成。

补水泵布置在地下储水箱内。系统正常运行中，1 台泵运行，1 台泵备用，稳压补水泵系统自动控制，当膨胀水箱为低水位时补水泵开启向系统补水，补至高水位时补水泵停运。

6. 充氮保护系统

充氮保护系统主要由氮气管道、阀门、氮气瓶、压力调节阀、缓冲罐、安全阀及连接管路等组成。

氮气管路与地下储水箱顶部相连，并通过膨胀水箱溢流管、散热器顶部连通管组成充氮保护管道系统。当散热器停运排水后，充氮保护系统自动将氮气充入散热器内，防止空气进入，以免造成空冷散热器内表面的腐蚀。

7. 空冷散热器清洗系统

清洗系统包括：高压冲洗水泵、管道、支吊架、阀门、清洗喷头、冲洗装置底架、驱动装置、快速接头、高压软管、导轨、连接件、控制盘、控制电缆及开关等控制系统的相关设备等。

清洗系统冲洗水管沿塔内底部环形布置，每隔一定距离留有接口，供冲洗时与冲洗管道连接。移动式冲洗框架设置在塔内，冲洗框架沿三角内侧移动，在三角间喷头组伸向管束，垂直喷向散热器。

二、间接空冷系统试运内容

在间接空冷系统安装工作结束后，按照标准、规程、规范要求，依据设计资料、设备文件对间接空冷系统所有设备进行调整试验工作，使系统由静态到动态能安全科学地启动，在较短的时间内能与主机一起安全、顺利启动并达到额定运行状态。

间接空冷系统的试运包括以下内容：

（1）间接空冷系统全面检查；

（2）间接空冷系统连锁保护传动试验；

（3）转动机械试运；

（4）系统冲洗（由安装单位负责）；

（5）间接空冷系统投运。

三、间接空冷系统试运的基本条件

（1）系统设备安装完毕，安装记录齐全，检查验收合格；

（2）脚手架等临时设施拆除，设备和周围环境清理干净，沟道、孔洞均用盖板盖好，现场应有足够的消防灭火器材，就地照明良好；

（3）所有循环水管道在安装前进行喷砂处理，并在吊装之前对垂直上升的循环水分配管人工彻底进行除锈、除渣；

（4）管道注水打压无泄漏；

（5）循环水泵润滑、冷却水系统冲洗合格，可投入使用；

（6）循环水泵电动机空载试验完毕；

（7）循环水泵电动机与泵体对轮连接完毕，晃动度符合要求；

（8）热工仪表接线、校验完毕可以使用，绝缘测试合格；

（9）循环水出入口电动门及间冷系统所属电动阀经调整试验达到合格，要有开关时间、预留行程记录，开关灵活，动作可靠准确；

（10）循环水泵出口液控碟阀经调整试验合格，开关灵活；

（11）系统补排水系统可正常投入；

（12）热控顺控系统有关循环水系统控制功能组调试完毕。

四、间接空冷系统试运的一般步骤

（一）设备检查

间接空冷系统安装工作结束，对空冷系统的设备进行全面检查，安装质量符合设计要求。检查百叶窗及传动机构灵活无卡涩，手动或电动均正常。在操作传动机构从全开到全关的过程中，各百叶窗叶片同步动作且无卡涩现象。百叶窗的自动程控装置试验完好。

（二）工艺设备静态试验

完成循环水泵、充水泵、补水泵程控试验，系统电动阀试验和扇区充放水程控试验，百叶窗程控试验，系统紧急放水门、膨胀水箱放水阀程控试验。

1. 百叶窗及传动机构的检查

（1）各传动机构灵活无卡涩，手动或电动均正常；

（2）在操作传动机构从全开到全关的过程中，各百叶窗叶片同步动作且无卡涩现象。

2. 百叶窗的自动控制装置试验

（1）控制投入条件。

1）至少一个扇区已充水；

2）百叶窗处于自动模式；

3）一台循环水泵处于运行状态。

（2）控制模式。

1）背压控制：控制设定点是凝汽器背压。凝汽器背压大于设定点开大百叶窗，小于设定点关小百叶窗。

2）温度控制：控制设定点是扇区出水温度。扇区出水温度大于设定点开大百叶窗，小于设定点关小百叶窗。各扇区百叶窗彼此独立。

3）温度保护：如果扇区出水温度达到最小值，则关闭相应的扇区百叶窗以增加扇区水温。这种控制在扇区之间是彼此独立的，并且即使温度控制处于手动模式时也有效。

3. 各扇区及系统阀门的检查

（1）通过水压试验等确认各扇区及系统管路阀门无泄漏；

（2）母管的大旁路阀门开关灵活，无卡涩；

（3）每个扇形段的入口阀、出口阀、排水阀开关灵活、可靠；

（4）扇区的充、放水自动程控装置试验完好，当环境温度小于2℃，冷却三角出水温度低于定值，入口阀、出口阀关闭，排水阀打开，扇区泄水。

4. 紧急放水阀的检查

紧急放水阀是空冷系统非常重要的保护装置，为了防止散热结冻，必须动作灵敏、迅速、可靠地将冷却水放到储水箱中。紧急放水阀采用液动阀门，应能快速打开。

紧急放水阀的程控装置试验完好，达到以下要求：

(1) 任何扇区的保护性泄水，并且在泄水过程中故障，紧急放水阀自动打开；

(2) 当循环水泵停止且环境温度低于 2℃时，紧急放水阀自动打开。

（三）转动机械的试运

循环水泵、充水泵、补水泵的试运。充水泵、补水泵容量小，试运比较简单，下面以图 9-21 的系统为例介绍循环水泵的启动试运。

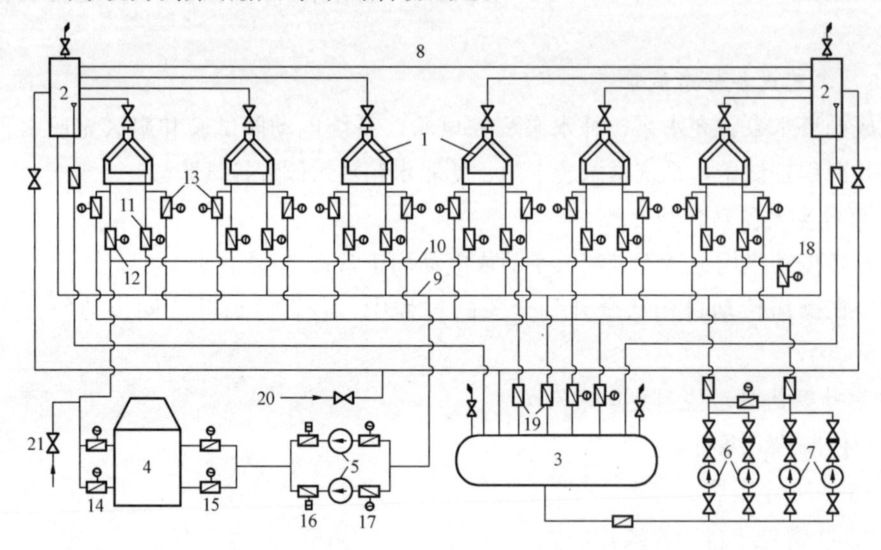

图 9-21 间接空冷系统简图

1—冷却扇区；2—膨胀水箱；3—地下储水箱；4—凝汽器；5—循环水泵；6—补水泵；7—充水泵；8—平衡管；9—热水母管；10—冷水母管；11—扇区入口门；12—扇区出口门；13—扇区放水门；14—凝汽器进口电动蝶阀；15—凝汽器出口电动蝶阀；16—循环水泵入口门；17—循环水泵出口液控蝶阀；18—扇区旁路阀；19—紧急泄水阀；20—充氮管道；21—系统补水门

1. 循环水泵程控装置试验

(1) 循环水系统热工报警信号检查，如润滑水流量低报警值等。

(2) 循环水泵静态试验。

启动条件如下。

1) 循环泵电动机无电气故障信号；

2) 以下阀门应开启：循环泵入口门、扇区旁路阀、系统补水门、凝汽器进出口电动蝶阀；

3) 以下阀门应关闭：循环泵出口液控蝶阀、紧急泄水阀、地下储水箱放水阀、膨胀水箱放水阀；

4) 膨胀水箱水位正常；

5）循环泵无保护跳闸信号；

6）循环水泵的就地钥匙开关置远方位置。

当上述启动条件具备时，启动循环水泵，出口蝶阀联开。

（3）循环水泵停止试验。

按停止按钮，循环水泵出口液控蝶阀关闭。

（4）循环水泵保护试验。

1）事故按钮；

2）循环泵温度保护（电动机绕组温度和轴承温度）；

3）循环泵振动保护；

4）循环水系统循环中断；

5）紧急泄水阀打开；

6）膨胀水箱液位低。

（5）循环水泵润滑水泵的互联试验。

2. 循环水泵试转（扇区旁路运行）

（1）确认电动机与泵对轮连接完毕，电动机绝缘测试合格。

（2）地下储水箱注水至正常水位。

1）关闭紧急泄水阀；

2）关闭循环水冷热水管道放水阀；

3）打开储水箱补给水阀；

4）打开储水箱补水电动阀；

5）储水箱补水至正常水位。

（3）循环水管路及膨胀水箱注水。

1）关闭膨胀水箱放水阀；

2）打开循环泵入口电动阀；

3）打开循环泵出口液控蝶阀；

4）打开凝汽器循环水进出口电动阀；

5）启动充水泵，出口电动门联开，向系统充水；

6）膨胀水箱水位正常后，停运充水泵；

7）注水完毕关闭循环水泵出口电动阀。

（4）检查润滑水压及流量正常，在泵启动之前，轴承润滑水系统应至少运行30min。

（5）投入电动机上轴承油室冷却水，注意冷却水压力和水温。

（6）检查启动条件满足。

（7）启动循环水泵，在其出口液控蝶阀联开。

（8）停泵时，先关闭液控蝶阀至开度15°，停泵。

（9）循环水泵启动后，检查确认动静部分应无明显金属摩擦声；循环水管路无泄漏，无冲击；注意监视电动机电流、泵组轴承振动、轴承温度。如出现异常，应停泵检查。

（四）冷却系统冲洗（安装单位负责）

首次冲洗可采用工业水，启动循环水泵冲洗排放，然后人工清理。以后的注水均采用除盐水，根据水质情况决定冲洗次数。进行系统水冲洗时，先冲洗主管道，合格后再冲洗各个区段管道。

（五）间接空冷系统投运

(1) 投运前系统检查，具备投运条件。

(2) 地下储水箱注水至正常水位。

(3) 启动充水泵向循环水管路及膨胀水箱注水，全开循环水泵进出口阀门，各扇区进出口门关闭，放水门开启。注水至膨胀水箱水位正常，凝汽器入水管路空气门排空见水后关闭。

(4) 投入循环泵冷却水及密封水，关闭循环水泵出口门，启动一台循环水泵，泵出口门联开正常。

(5) 检查循环水泵运行正常，进行扇区注水。当第一个扇区充水结束后，若一切正常，则可顺序向第二、三、四扇区充水。充水过程中，注意膨胀水箱水位，并注意循环水压力，适当调关旁路阀。在有足够数量的扇区充满水后，旁路阀关闭。

(6) 机组启动后，随着负荷的增加，根据机组背压和循环水温度，投入第二台循环水泵。

(7) 间接空冷系统循环水温度控制是通过调节空冷塔各扇区冷却三角百叶窗叶片的开度、调整进入冷却塔内的空气流量、从而达到调节冷塔各扇区出水温度的要求。

五、间接空冷系统试运关键控制点

（一）安装阶段

(1) 空冷系统安装完成，应进行管道注水打压，检查无泄漏。

(2) 间接空冷系统庞大、工艺复杂、水容积大，冲洗及清理工作量很大，清理质量的好坏直接影响后期的调试、运行。清理和水冲洗环节要认真仔细，不留死角，将焊渣、铁锈和尘土等杂质清理彻底。

(3) 百叶窗及传动机构的检查，各传动机构应灵活无卡涩，手动或电动均正常。在操作传动机构从全开到全关的过程中，各百叶窗叶片同步动作且无卡涩现象。

（二）试运阶段

(1) 阀门的严密性对于空冷系统的安全运行非常重要。若运行扇区排水阀不严，将使扇区部分水经排水阀短路返回储水箱，造成该段散热器配水不均，流速降低以及整个系统缺水。若停运扇区进出水阀不严，停运扇区放水阀处于开启状态，系统中的水亦经停运扇区放水阀返回储水箱，造成整个系统缺水。空冷系统缺水，将直接影响循环水泵的正常运行，严重时将导致机组真空急剧下降。应对系统各放水阀门严格验收，确保阀门运行灵活，关闭严密。

（2）空冷散热器百叶窗的任务是调节散热器的冷却风量，控制冷却水温。因此，百叶窗的调整控制对散热器的防冻至关重要。在正常情况下，各扇区百叶窗应投自动，加强监视自动动作情况，在自动调节缓慢或有异常情况时，应及时解除自动并进行手动调节。

（3）夏季高温运行时，控制背压不超过 45kPa，注意监视扇区出水温度，严防风力对背压的影响。了解当日风力与风向做好相关事故预想与调整，防止由于大风造成背压升高。

（4）大风天气应加强对空冷扇区百叶窗外部的巡检，发现杂物堵塞百叶窗及时清理。

（5）当遇大风天气某迎风面扇区出水温度明显较低而背风面扇区出水温度明显高于其他扇区时，可适当关小迎风面扇区百叶窗开度，百叶窗关小的开度大小以迎风面出水温度上升值小于背风面扇区出水温度的下降值即可。

（6）机组正常运行背压变化大，注意背压变化对机组振动的影响。

（7）在夏季高温季节机组带大负荷之前，应冲洗空冷散热器外表面，将沉积在散热器翅片间的灰、泥垢清洗干净，保持散热器良好的换热性能，使机组有较好的真空。

（三）空冷汽轮机的背压保护

与直接空冷机组一样，间接空冷机组运行中要严格按照制造厂给出的“背压保护控制曲线”（见图 9-7）进行负荷控制。当机组背压达到报警值时，立即降负荷，直至背压低于报警值。当机组进入“限制运行区”运行时，立即降低机组负荷，在 15min 内离开该区域运行。当机组带高负荷后，应严密监视汽轮机背压值及排汽温度。

（四）间接空冷系统的防冻

冬季低温环境下，间接空冷系统散热器的冻结事故多数是由于运行中采取的防冻措施不当、控制不完善造成的，故在空冷散热器防冻方面采取如下措施：

（1）为了防止在极端低温和大风天气的情况下冻坏空冷散热器，在空冷塔周围加装测风和测温装置，根据对风速、温度的测量结果，及时采取启动备用循环水泵、关闭百叶窗、提高扇区回水温度、部分或全部扇区泄水等一系列有针对性的措施，来确保空冷散热器的安全过冬。

（2）当机组进入冬季时期或环境温度低于 2℃，将扇区充水程控逻辑选择为“冬季工况”，扇区充水顺控只有在热水管温度大于 40℃的情况下才能被执行。充水时应关闭百叶窗。

（3）进入冬季后，要严格执行空冷系统巡回检查制度，保证设备运行正常，各个必须监视的参数都在允许的范围内，包括风速、环境温度、扇区进/出水温度、膨胀水箱水位等关键参数。

（4）冬季要加强对空冷塔的就地巡检，若发现百叶窗开度异常或局部无法关闭时必须及时处理。运行人员应每天检查调整各运行扇区内百叶窗的开度一致。

（5）百叶窗自动控制：环境温度在 10℃以上时，保持扇区出水温度不低于 25℃；

环境温度在 0～10℃ 时，保持扇区出水温度不低于 28℃；环境温度低于－10℃时，保持扇区出水温度不低于 30℃。在百叶窗投自动时，如果扇区出水温度低于以上要求，要将百叶窗解除自动，手动关小百叶窗开度，直到出水温度达到要求。

（6）机组停运前，提前安排扇区泄水工作，循环水热水母管温度低于 40℃前，所有扇区全部泄水。

（7）当扇区发生泄漏时，扇区百叶窗全部关闭后，扇区出口温度降到 25℃，且继续下降时，应立即退出该段运行，打开每个扇区放水门，防止结冰冻坏冷却管。

（8）循环水泵停运后，为防止扇区内循环水停止流动而发生冻结事故，会自动开启紧急泄水阀，对整个扇区进行泄水。紧急泄水阀开启后，所有扇区的水将快速泄至地下储水箱，确保散热器内的水不会结冰。

（9）冷却三角之间的连接存在微小的缝隙，大风降温时，通过这些微小缝隙漏风，散热片受冻；每个扇区的循环水从散热片的底部中间进入，中间流量大、两边流量小，两边散热片受冻。应在该缝隙处加装密封条，既能起到防冻的作用，又可提高机组的效率。

（10）冬季停机或跳机后，要及时对各扇区进行泄水，同时必须检查确认进水阀和回水阀处于关闭状态、泄水阀处于开启位置，确保散热器内部的存水全部放掉。

六、间接空冷系统调试一般故障及处理

（一）系统压力偏低

系统压力偏低是比较危险的故障，当压力降低到一定程度，扇区顶部微正压消失，气体（空气或氮气）进入扇区，散热器冷却能力降低，可能会引起机组真空下降，严重时导致停机，扇区循环流速降低甚至中止，冬季可能冻坏散热器。若发现系统压力降低应立即查明原因并及时处理。常见的原因有：

（1）空冷系统泄漏，常见的泄漏部位有：

1）紧急放水阀泄漏，水漏到储水箱中；

2）扇区充水后，排水阀未关严；

3）停运扇区进出口门关不严，水经排水阀漏到储水箱中；

4）冷却三角的管束、结合面等处泄漏；

5）主管道系统人孔门、法兰、阀门、膨胀节等处泄漏。

发现有泄漏时应认真查找漏点，针对具体情况进行处理。

（2）循环水泵出口压力低。可能有以下几个方面的原因：

1）循环水泵入口堵塞，影响进水；

2）循环水泵本身故障，如叶轮严重腐蚀等。

发现循环水泵出口压力降低时，也应及时查找原因进行处理。

（二）散热器泄漏

造成散热器泄漏的原因有：

（1）散热器管子在冬季冻坏造成泄漏，应按冬季防冻措施做好预防工作。

（2）散热器腐蚀造成泄漏。如水质不好、停运保护不当等。

（3）散热器表面摩擦造成泄漏。如风沙、尘埃等。

后两种原因形成泄漏都是一种缓慢的过程，只要措施得当，如保证循环水质、做好停运保护、定期清洗散热器表面等，就可以防止泄漏的产生。

当散热器少量管子泄漏时，一般采取堵管的办法进行处理。当泄漏的管子数量超过一定数值时，应停运散热器，进行更换。

（三）排水阀故障

排水阀容易出现的故障有：

（1）阀门关不严；

（2）机械部分卡涩；

（3）阀门电动执行机构不灵活，开关限位不正确。

（四）紧急放水阀故障

产生故障的原因有：

（1）液压系统不正常；

（2）控制系统工作不正常；

（3）机械部位故障。

紧急放水阀是间接空冷系统重要的保护装置，如有缺陷应及时处理。

（五）管道与伸缩节故障

间接空冷系统庞大，管道上法兰、伸缩节较多。管道系统常见的故障有：管道法兰、人孔法兰及焊缝强度不够产生泄漏，伸缩节拉裂或挤压变形等。

某350MW间接空冷机组调试期间，机组带负荷试运时，出现了循环水管道橡胶膨胀节冲开、大量漏水的故障。故障发生时，系统压力迅速下降，膨胀水箱水位降至0，只能停机进行处理。将管道橡胶膨胀节全部更换为金属膨胀节，后再未发生此类问题。

第十章 系统化学清洗

化学清洗是用溶有化学药品的水溶液，清除动力设备内表面上腐蚀产物及各种沉积物，并在金属表面形成良好的保护膜。新建机组的设备、管道在制造、储运和安装过程中，不可避免地会形成氧化皮、腐蚀产物和焊渣，并且会带入砂子、尘土、水泥和保温材料碎渣等含硅杂质。管道在加工成型时，有时使用含硅、铜的冷热润滑剂（如石英砂、硫酸铜等），或者在弯管时灌砂，也都可能使管内残留含硅、铜的杂质。此外，设备在出厂时还可能涂覆油脂类的防腐剂。所有杂物如不撤底清除，会产生以下危害：

（1）启动时，汽水品质特别是含硅量不容易合格，延长了新机组启动到正常运行的时间；

（2）妨碍炉管管壁的传热，造成炉管过热和损坏；

（3）形成碎片或沉渣，堵塞炉管，破坏汽、水的正常流动工况；

（4）加速受热面沉积物的累积，使介质浓缩腐蚀加剧，导致炉管变薄、穿孔和爆破。

根据DL/T 794《火力发电厂锅炉化学清洗导则》的规定，对于新建机组，直流炉和过热蒸汽出口压力为9.8MPa及以上的汽包炉在投产前必须进行化学清洗。锅炉化学清洗包括碱洗、酸洗、钝化等基本过程，是防止受热面因腐蚀和结垢引起事故的必要措施，同时也是提高锅炉效率、改善机组汽水品质的有效措施之一。对于容量在600MW及以上的机组，凝结水及给水管道至少应进行碱洗，凝汽器、低压加热器和高压加热器的汽侧及其疏水系统也应进行碱洗或水冲洗。这样不仅有利于锅炉的安全运行，还能改善锅炉启动时期的汽水品质，使之较快达到正常标准，从而大大缩短新建机组启动到正常运行的时间。

第一节 系统碱洗汽轮机侧配合工作

一、系统碱洗说明

DL/T 794将新建机组分为炉前系统、炉本体和汽系统进行清洗，炉前系统采取碱洗工艺，炉本体采取酸洗工艺。应根据设备参数、管道材质、管道金属表面结垢状况以及机组汽、水品质要求和安装投产进度，确定系统清洗的范围。新建机组凝汽器换热管均采用不锈钢管，因此炉前系统碱洗范围包括凝汽器、凝结水管道、给水管道、低压加热器水侧和汽侧、除氧器、高压加热器水侧和汽侧。炉前系统碱洗主要是除去高低压给水、凝结水管道内壁的油脂、硅酸盐，其次是除去这些管道内壁部分的金属氧化物。炉前系统碱洗的清洗介质一般采用磷酸盐。锅炉化学清洗的工艺步骤为：水冲洗→碱洗→

碱洗后水冲洗→酸洗→酸洗后水冲洗→漂洗和钝化。目前新建机组大部分是采取炉前系统（高低压给水、凝结水系统）和炉本体组成一个系统进行碱洗，然后将炉前高压给水系统并入炉本体系统进行酸洗的清洗方式。

根据设备结构、清洗方式和范围、管道布置、场地等具体情况设计清洗系统，安装清洗临时管道。图10-1为典型的炉前系统碱洗系统示意图。对凝汽器，7、8号低压加热器水侧，5、6号低压加热器水侧及汽侧，除氧器，3、2、1号高压加热器汽侧进行碱洗，利用凝结水泵和汽动给水泵前置泵作为循环动力。采用除氧器混合式加热，热源为辅助蒸汽。

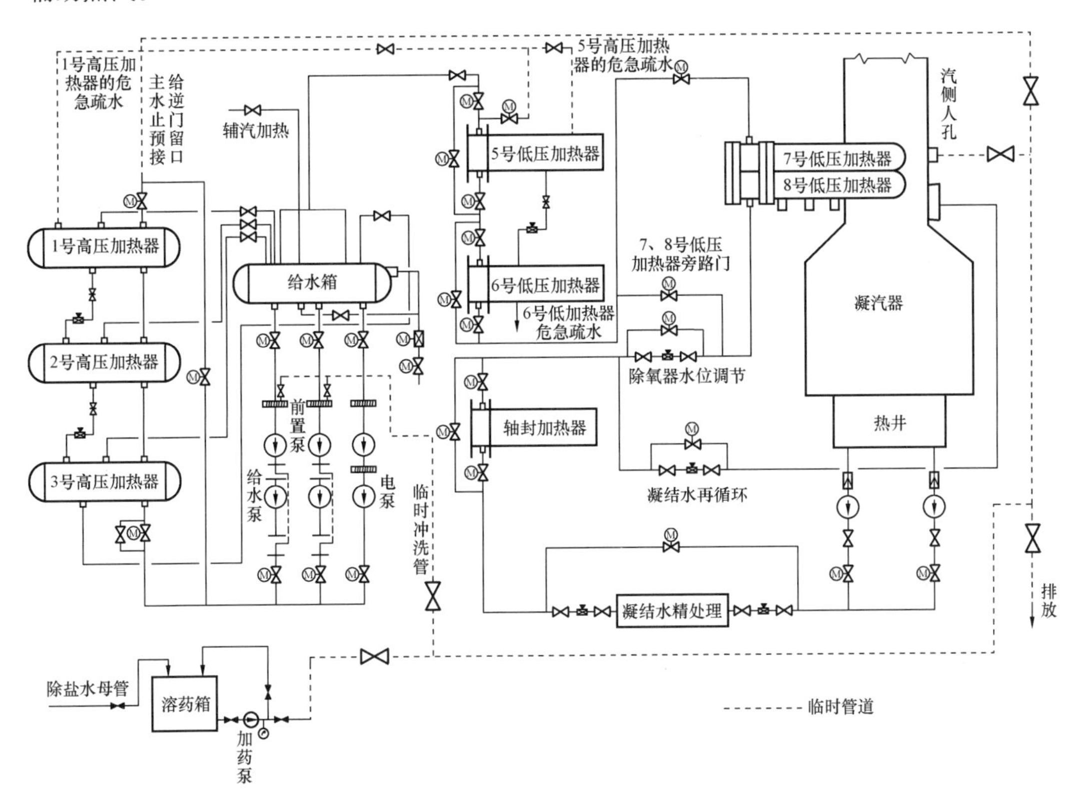

图10-1　典型的炉前系统碱洗系统示意图

二、系统碱洗汽轮机侧工作内容

（一）系统碱洗的工艺过程

炉前系统碱洗，采用水冲洗、磷酸盐碱洗、水冲洗的工艺。

（1）水冲洗：目的是冲洗可见杂质。炉前系统水冲洗是采用凝汽器作为水容器，启动凝结水泵和前置泵进行水冲洗和排放；高压加热器汽侧、低压加热器汽侧要根据管道的位置考虑排放点的设计，分段冲洗；冲洗后，清理凝汽器和滤网。

（2）碱洗：将配置的碱洗液打入清洗系统，启动动力泵循环，加热至60℃左右循环碱洗约18～24h。

（3）水冲洗：将除盐水注入清洗系统，启动动力泵循环，冲洗至水清，pH≤9。

（二）系统碱洗回路划分

回路的划分，力求流速均匀，防止回路短路，并且考虑便于彻底排放清洗液。

以图10-1为例，炉前系统水冲洗回路为：

回路1：凝汽器→凝结水泵→精处理旁路→再循环管→凝汽器。

回路2：凝汽器→凝结水泵→轴封加热器→低压加热器及旁路→除氧器→临时管→排放管。

回路3：凝汽器→凝结水泵→轴封加热器→低压加热器及旁路→除氧器→前置泵→高压加热器及旁路→临时管→排放管。

回路4：凝汽器→凝结水泵→轴封加热器→低压加热器及旁路→5号低压加热器危急疏水管→5号低压加热器汽侧→6号低压加热器汽侧→6号低压加热器危急疏水管→临时管→排放管。

回路5：凝汽器→凝结水泵→轴封加热器→低压加热器及旁路→1号高压加热器危急疏水管→1号高压加热器汽侧→2号高压加热器汽侧→3号高压加热器汽侧→3号高压加热器疏水管→除氧器→临时管→排放管。

炉前系统碱洗回路为：

回路1：凝汽器→凝结水泵→精处理旁路→轴封加热器→低压加热器水侧→除氧器→前置泵→高压加热器水侧→临时管→凝汽器。

回路2：凝汽器→凝结水泵→精处理旁路→轴封加热器→低压加热器水侧→5号低压加热器危急疏水管→5号低压加热器汽侧→6号低压加热器汽侧→6号低压加热器危急疏水管→凝汽器。

回路3：凝汽器→凝结水泵→精处理旁路→轴封加热器→低压加热器水侧→1号高压加热器危急疏水管→1号高压加热器汽侧→2号高压加热器汽侧→3号高压加热器汽侧→3号高压加热器疏水管→除氧器→凝汽器。

其中，回路1使用凝结水泵和前置泵作为循环动力；回路2、回路3均使用凝结水泵作为主动力。

（三）系统碱洗汽轮机专业工作内容

（1）参与系统碱洗方案的讨论和方案制定；

（2）参加清洗前的系统检查和技术交底；

（3）完成清洗系统相关汽水系统阀门的传动试验和测点检查；

（4）完成凝结水泵、汽动给水泵前置泵的试运；

（5）负责系统进水及水冲洗；

（6）负责系统清洗加热蒸汽的投用；

（7）碱洗阶段值班，负责汽轮机侧系统的隔离及系统切换、凝汽器水位的控制和碱液的排放。

三、系统碱洗的基本条件

（1）现场道路畅通，水、汽源充足，电源可靠，照明正常。

（2）清洗系统按机组化学清洗系统图安装完毕，并且经检查正确无误。清洗系统中不得带有铜质部件（如铜质阀芯），正式系统和临时系统水压试验合格，保温工作结束。

（3）与清洗系统相关的各电动阀门调试合格，具备远方操作条件，现场阀门挂临时标示牌。

（4）清洗系统试运合格。各取样、压力、温度测点装好，仪表校验合格、显示准确。

（5）凝结水泵、前置泵已试转完毕，具备投运条件，密封水可靠。

（6）辅助蒸汽系统调试结束，具备投用条件。

（7）机组排水畅通，废水处理系统具备投用条件。

（8）凡是不参加化学清洗的设备和系统应与化学清洗系统完全隔离，如阀门隔离不严密，则必须采用加堵板隔离。

（9）凝汽器安装临时液位计，其高度应超过凝汽器最高层换热管200cm。

（10）除氧器喷嘴不安装，待碱洗完毕后安装。

（11）参与清洗系统范围内调节阀暂不安装。

（12）凝汽器刚性支撑在化学清洗期间不去掉，如强度不够应安装临时加固设施。

（13）临时清洗泵所需的电源可靠，试转完毕。

（14）除盐水系统能正常投运且除盐水箱储满水，除盐水供水流量满足要求。

（15）所有化学药品按种类、数量和纯度要求检验确证无误。

（16）化学清洗组织措施落实，做好安全措施，备有急救药品。

四、系统碱洗的一般步骤

（1）系统隔离检查，确认清洗系统可靠隔离。

（2）凝汽器热井、除氧器水箱的清理。清洗之前，对凝汽器热井、除氧器水箱内部进行人工清理检查，清理干净后封闭人孔。

（3）水冲洗。检查系统安装及隔离情况，用除盐水向凝汽器进水到凝汽器换热管之上20cm，冲洗时补水。按照水冲洗回路分段冲洗多点排放。冲洗标准：透明、无杂物。视污堵情况，清理凝结水泵、前置泵入口滤网。

（4）配药碱洗。按炉前系统碱洗回路建立循环，投加热蒸汽升温，通过临时加药装置向系统加入碱洗药液，严格控制水位，每一回路循环8～10h后结束碱洗。清洗流量可通过相关手动阀门的调整进行，可以单个回路进行循环碱洗，也可以多个回路同时循环，但必须保证循环清洗的流量足够。

（5）碱洗液排放及水冲洗。碱洗结束时，停动力泵，排放回路中的碱液。同时将凝汽器中残余碱液排尽。

（6）系统进水冲洗。凝汽器重新进水，按前述冲洗回路依次冲洗凝汽器、炉前系统和高低压加热器汽侧等，直到排水合格。冲洗合格要求为：pH≤9，基本无色，水质透明澄清。水冲洗合格后排尽系统内余水。

清洗结束后进入凝汽器和给水箱，人工清理其中的杂物。清理凝结水泵及汽前泵进口滤网，然后恢复。

五、系统碱洗关键控制点

（1）炉前系统化学清洗的水容积大，涉及到的压力设备多，要达到清洗效果，清洗流量是个重要的影响因素，一般600MW超临界机组炉前系统碱洗的流量需要1000t/h以上，清洗泵流量达不到要求。因此，炉前系统碱洗大多利用凝结水泵和给水前置泵作为清洗动力。需要注意的是大流量水冲洗排放用的临时管要最好选用DN250或以上的管道，并且排水必须保持畅通。

（2）凝汽器设计最高温度为85℃，为了防止清洗时汽轮机转子上、下部温差过大，对凝汽器进行碱洗时，碱液高度要淹没凝汽器管子，低压缸的人孔门要打开，清洗温度控制在55℃以下。

（3）凡是不参加化学清洗的设备和系统应与化学清洗系统完全隔离，如阀门隔离不严密，则必须采用加堵板隔离，以防止清洗液的侵蚀。碱洗前应根据清洗系统列出需隔离的阀门清单，进行隔离操作和检查确认。隔离的阀门应挂禁止操作牌，电动阀门在操作到位后应退电，防止清洗时有人误动。清洗期间禁止进行机组清洗系统及相关系统范围内任何阀门调试工作与系统试运工作。

（4）为防止蒸汽和清洗液进入汽缸，各抽汽电动门前疏水门应全开，凝汽器颈部膨胀接头处安装防护挡板，加热器水侧、汽侧水压试验合格。

（5）在炉前系统碱洗过程中，采用给水前置泵作为动力源，此时凝结水泵或处在停用位置，或凝结水系统充满碱液，无法向前置泵提供机械密封水，因此，需要从闭式水引一路水源作为替代。

（6）所有清洗工艺结束后，应将管道、容器水放干净，特别是一些无法清洗到的死角（如：电动给水泵入口管道等），要想办法对死角进行排水。

（7）炉前系统化学清洗时，进除氧器的雾化喷头在清洗前应拆除，清洗完成后由安装单位对除氧器进行人工清理，再安装雾化喷头，并由监理公司进行验收完毕后，才允许封闭除氧器人孔门。

（8）冷态、热态冲洗时水可以排入厂区雨水井下水道系统。碱洗废液与碱洗后冲洗水应先排入废水储存池，处理合格后利用或外排。

六、系统碱洗一般故障及处理

对于新建机组的炉前系统碱洗过程一方面是为了达到除油除硅的目的，另一方面也是检验系统设备的缺陷过程。由于炉前系统在化学清洗前没有进行整个系统的试压和水冲洗，故在冷态和热态水冲洗的过程中一定要认真仔细的检查，发现缺陷及时进行处理。炉前系统清洗出现的故障一般有管道法兰泄漏、水室人孔门漏水、阀门泄漏、滤网堵塞等情况。对于系统泄漏，做好隔离，进行检修；如果无法隔离，把清洗液排放到合理的容器内。最好待所有设备试运转正常后，系统缺陷完全消除后再加药进行碱洗。

另外，清洗现场应设置冲洗水源，对局部泄漏冲洗干净，集中排放到废水池。

第二节　系统酸洗汽轮机侧配合工作

一、系统酸洗说明

锅炉内部的脏污物，就其化学成分而论，主要是铁。除去铁的氧化物是锅炉化学清洗的主要步骤，常用清洗介质主要是无机酸和有机酸，如盐酸、氢氟酸、柠檬酸、乙二胺四乙酸、羟基乙酸和甲酸等。所以，锅炉化学清洗常常又称为酸洗，包括碱洗、酸洗、漂洗、钝化等基本过程。

锅炉酸洗系统应根据锅炉设备结构、热力系统、清洗介质、清洗方式、清洗范围、空间和环境等具体情况进行设计。化学清洗方式可分为循环清洗、半开半闭式清洗、浸泡清洗和开式清洗。

目前，新建机组锅炉酸洗均采用循环清洗方式。汽包炉循环清洗系统见图 10-2，直流炉本体循环清洗系统见图 10-3，直流炉本体和过热器循环清洗系统见图 10-4。过热器是否参加化学清洗，关键要参照锅炉的炉型。对于塔式布置的锅炉，因过热器管道水平布置，管内无气塞的可能性，且沉积物容易排出，有条件时过热器适宜参加化学清洗。对于Ⅱ式布置的锅炉，因过热器受热屏管道垂直布置，管道内部有气塞的问题，且管内弯头处沉积物不容易被冲出，进行过热器化学清洗的弊大于利，一般通过锅炉蒸汽吹管使过热器的清洁度满足锅炉启动的需要。再热器一般不进行化学清洗。

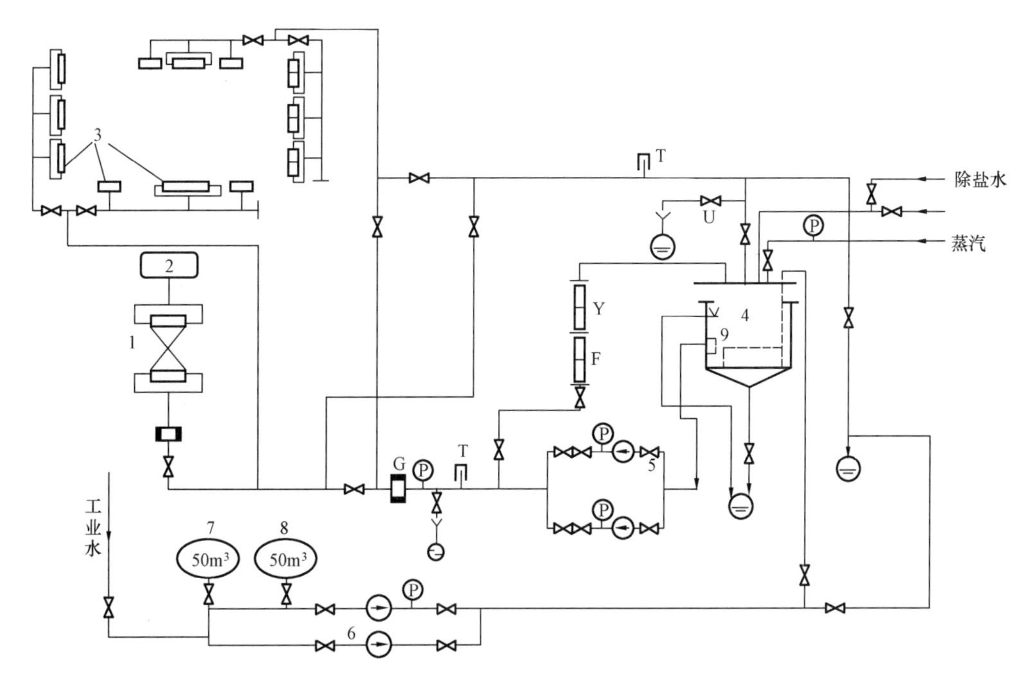

图 10-2　汽包炉循环清洗系统

G—流量表；P—压力表；T—温度计；U—取样点；Y—腐蚀指示片安装处；F—转子流量计；⊖—排放点；1—省煤器；2—汽包；3—水冷壁下联箱；4—清洗箱；5—清洗泵；6—浓药泵；7—浓碱箱；8—浓酸箱；9—滤网

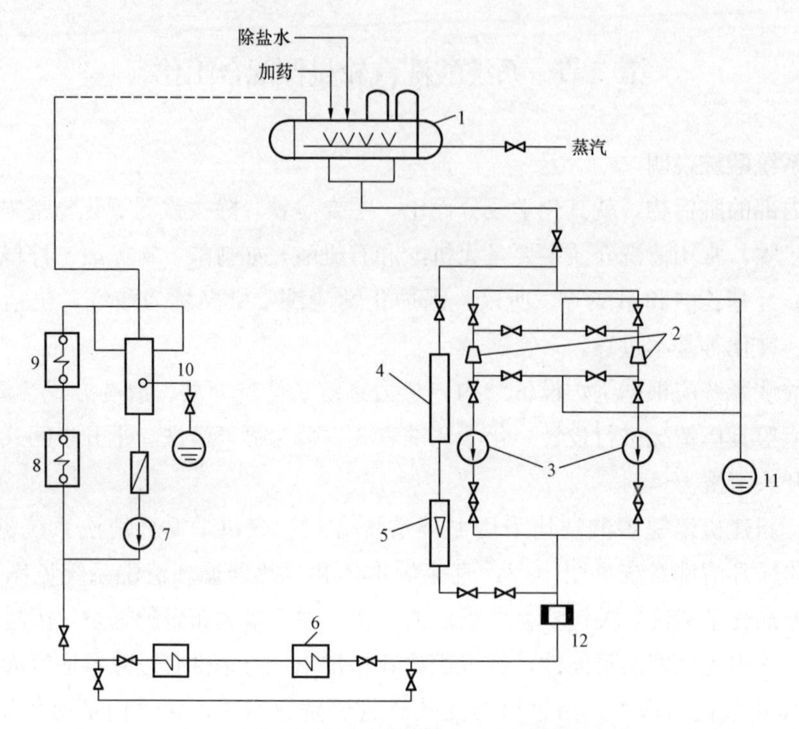

图 10-3　直流炉本体循环清洗系统

1—除氧器；2—滤网；3—清洗泵；4—监视管；5—监视管流量计；6—高压加热器；7—炉水泵；8—省煤器；9—水冷壁；10—启动分离器；11—地沟；12—流量表

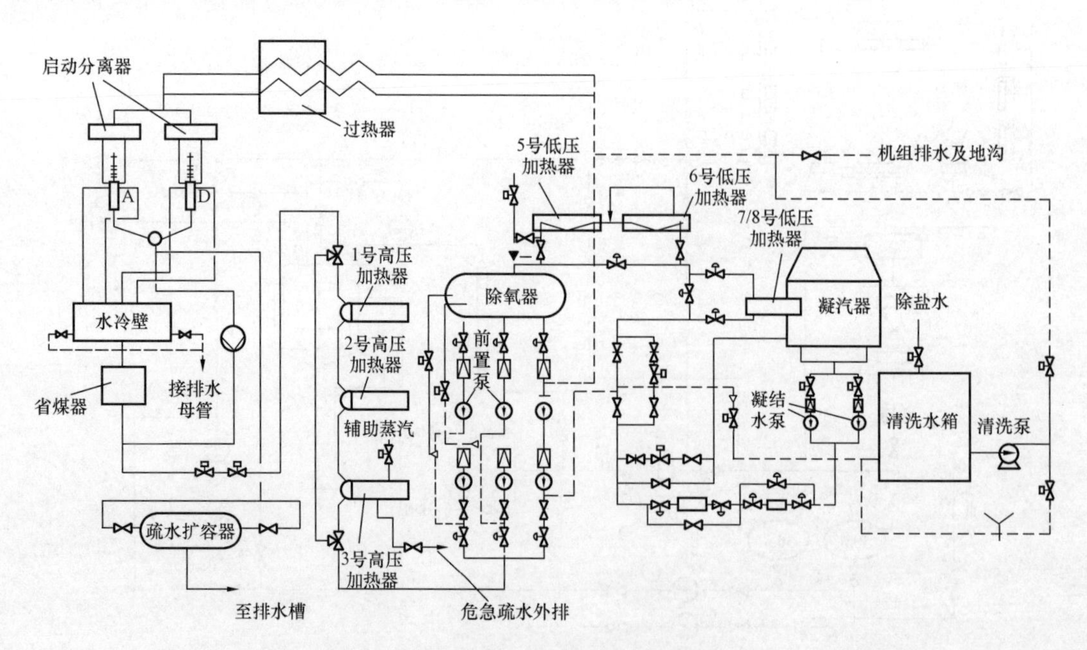

图 10-4　直流炉本体和过热器循环清洗系统

二、系统酸洗汽轮机侧工作内容

根据清洗介质、清洗方式以及机组汽水品质要求和安装投产进度，新建机组酸洗范围可分为：①只清洗锅炉本体。汽包炉酸洗范围包括省煤器、水冷壁、汽包；直流炉酸洗范围包括省煤器、水冷壁系统、启动分离器、储水箱。清洗系统比较简单，采取临时清洗泵作为循环动力，过热器充满保护液进行保护。②高压给水管道参加酸洗。酸洗范围包括高压加热器旁路、主给水管道、省煤器、水冷壁等，循环动力利用临时循环清洗泵或采用给水泵前置泵，过热器充满保护液进行保护。③过热器进行酸洗。酸洗范围包括高压加热器旁路、主给水管道、省煤器、水冷壁、过热器等，循环动力利用临时循环清洗泵或采用给水泵前置泵，利用高压加热器进行加热。

系统酸洗汽轮机专业工作内容：

（1）参与系统酸洗方案的讨论和方案制定；

（2）参加清洗前的系统检查和技术交底；

（3）启动相关热力系统；

（4）系统进水及水冲洗；

（5）系统循环加热；

（6）酸洗阶段值班，负责汽轮机侧系统的隔离及系统切换。

三、系统酸洗的基本条件

（1）现场道路畅通，水、汽源充足，电源可靠，照明正常。

（2）清洗系统按机组化学清洗系统图安装完毕，并且经检查正确无误，正式系统和临时系统水压试验合格，保温工作结束。清洗临时泵试运转合格。

（3）除盐水系统、废液排放系统（含下水道）、加热蒸汽系统、清洗泵供电系统等均具备投运条件，可随时正常投运。除盐水箱储满水，除盐水供水流量满足要求。

（4）清洗正式系统和临时系统各取样、压力、温度测点装好，仪表校验合格，显示准确。

（5）汽包炉设置汽包临时水位计，隔绝其他表计。

（6）最高点设置排氢管，管道长度 2m 以上，截面 DN80～DN150。

（7）设置监视管，管道长度 400mm 左右，应便于拆装观测。

（8）对汽包炉，汽包内的汽水分离、给水清洗装置应拆除，事故放水管按要求接长至汽包中心线以上 350mm 左右。

（9）过热器若不参加清洗应采取保护措施（如充保护液）。

（10）凡是不参加化学清洗的设备和系统应与化学清洗系统完全隔离，如阀门隔离不严密，则必须采用加堵板隔离。

（11）化学清洗的药品经检验确证无误，并按方案要求备足品种和数量。

（12）化学清洗组织措施落实，做好安全措施，备有急救药品。

四、系统酸洗一般步骤

对于只清洗炉本体的方式，酸洗回路简单，汽包炉为：给水管道→省煤器→水冷壁→汽包→下降管→清洗箱；直流炉为：给水管道→省煤器→水冷壁→启动分离器→储水箱。

高压给水管道参与酸洗，直流炉化学清洗回路为：清洗箱→清洗泵→临时管道→高压加热器及旁路→高压给水→省煤器→水冷壁下联箱→水冷壁→启动分离器→储水箱→临时管道→清洗箱。

过热器参加酸洗，直流炉化学清洗回路为：除氧器→临时清洗泵（或前置泵）→临时管→高压加热器及旁路→省煤器进口→分离器→过热器→临时管→除氧器。

酸洗的工艺步骤一般为水冲洗→碱洗（碱煮）→酸洗→水冲洗→漂洗→钝化。目前高压给水及锅炉本体化学清洗采用成熟的工艺，在酸洗阶段采用高效除油缓蚀剂和在酸洗液中添加助溶剂去除金属表面的硅化物，省去锅炉碱洗步骤。

（1）临时系统在安装完毕后进行水压试验，确认系统可靠。

（2）检查隔离情况。

（3）水冲洗。（可在系统碱洗时进行）

过热器不参加清洗的冲洗回路（以图 10-3 为例）如下：

1）清洗箱→清洗泵→临时管道→高压加热器及旁路→高压给水→排放。

2）清洗箱→清洗泵→临时管道→高压加热器及旁路→高压给水→省煤器→水冷壁下联箱→排放。

3）清洗箱→清洗泵→临时管道→高压加热器及旁路→高压给水→省煤器→水冷壁下联箱→水冷壁→启动分离器→储水箱→临时管道→排放。

过热器参加清洗的冲洗回路（以图 10-4 为例）如下：

1）凝汽器→凝结水泵→轴封加热器→低压加热器→除氧器→前置泵→低压给水管→临时管→高压加热器及旁路→省煤器进口→分离器→临时管→排放。

2）凝汽器→凝结水泵→轴封加热器→低压加热器→除氧器→前置泵→低压给水管→临时管→高压加热器及旁路→省煤器进口→水冷壁→分离器→过热器→临时管→排放。

冲洗时先冲洗高压加热器旁路，旁路冲洗干净后切换到高压加热器主路。冲洗标准：出水澄清基本无杂物。

（4）水冲洗完成，如过热器不参加清洗，则充保护液进行保护。系统冲洗干净后，在清洗箱中配制保护液，用清洗泵将其打入清洗系统。待启动分离器满液位时，向过热器顶保护液，直至高温过热器出口集箱空气门连续稳定出水为止。确认过热器所有排气阀及疏水阀均处于关闭状态。

（5）循环试升温。系统冲洗合格后，保留系统内的除盐水，启动清洗泵进行循环，开辅助蒸汽暖管，缓慢投加热，温升速度小于 5℃/min。注意监视锅炉液位，保证整个锅炉的温度均匀升高。当系统温度到 90℃左右时，检查系统的严密情况，检查表计、通信、隔离措施等，确认系统具备清洗条件。

（6）配药酸洗。清洗药品通过清洗药箱进入系统，根据采用的清洗介质控制温度。加药完毕后，进行循环清洗，观察水位的变化，检查系统的严密性。注意监视系统温度变化，调整辅助蒸汽加热，维持温度。

酸洗开始每30min化验一次，待出口全铁离子总量2～3次取样化验基本不变、出口酸的浓度2～3次取样化验基本不变、监视管段清洗干净，可适当延长1～2h后结束酸洗。

（7）顶酸。酸洗结束后，用除盐水对系统进行顶酸冲洗，冲洗过程中继续加热，冲洗过程中注意对死区的冲洗。冲洗至出水澄清，出口全铁离子浓度小于或等于50mg/L。

（8）漂洗和钝化。冲洗结束后，立即建立系统循环回路，继续加热，加入漂洗剂进行循环漂洗1～2h。漂洗结束后，维持温度，在清洗箱内加入钝化剂，循环钝化8～10h。

（9）钝化液热态排放。钝化结束后，将溶液迅速排放到废水系统。最后开省煤器和水冷壁联箱放水门。

（10）检查、清理与保护。打开相关容器人孔、风扇通风，检查并清理其内部的沉积物。

如果锅炉清洗结束后不能在20天内投入运行，则充入氨—联氨进行保护。

五、系统酸洗关键控制点

（1）凡是不参加酸洗的设备和系统应与酸洗系统完全隔离，如阀门隔离不严密，则必须采用加堵板隔离，以防止清洗液的侵蚀。汽轮机专业应在酸洗前根据清洗系统列出需隔离的阀门清单，进行隔离操作和检查确认。隔离的阀门应挂禁止操作牌，电动阀门在操作到位后应退电，防止清洗时有人误动。酸洗期间禁止进行机组酸洗系统及相关系统范围内任何阀门调试工作与系统试运工作。高、低压加热器水侧充满水，凝汽器保持尽可能高的水位，以防止即使有轻微泄漏也能得到有效的稀释。

（2）为防止蒸汽和清洗液进入汽轮机，主蒸汽管道所有疏水门应全开，清洗系统水压试验应合格。

（3）酸洗废液应先排入废水储存池，处理合格后利用或外排。

六、系统酸洗一般故障及处理

新建机组系统酸洗在碱洗之后进行，在系统碱洗过程中对设备和系统进行了考验，缺陷处理基本完成处理。酸洗过程中主要故障是泄漏。对于系统泄漏，做好隔离，进行检修；如果无法隔离，把清洗液排放到合理的容器内。清洗现场应设置冲洗水源，对局部泄漏冲洗干净，集中排放到废水池。

第十一章　锅炉吹管调试

锅炉蒸汽吹管是新建机组投运前的一项重要工序。锅炉过热器，再热器管内及其蒸汽管道内部的清洁程度，对机组的安全经济运行及能否顺利投产关系重大。为了清除在制造、运输、保管、安装过程中残留在过热器、再热器及蒸汽管道中的各种杂物（如焊渣、氧化锈皮、泥砂等）必须对锅炉的过热器、再热器及蒸汽管道进行蒸汽冲洗，以防止机组运行中过、再热器爆管和汽轮机通流部分损伤，提高机组的安全性和经济性，并改善运行期间的蒸汽品质。锅炉吹管调试主要工作集中在锅炉侧，汽轮机侧主要以配合为主，本章所阐述内容也以汽轮机侧为主。

第一节　炉前水系统冲洗

炉前水冲洗的目的是通过凝结水泵进行水冲洗，冲走凝汽器、凝结水管道、轴封加热器水侧、低压加热器水侧主路及旁路、低温省煤器凝结水侧、除氧器等设备或管道内的泥沙、铁锈等，当水冲洗后期化验凝结水水质浊度、含铁量满足精处理的要求时即可投入精处理，以保证凝结水向除氧器上的水满足锅炉上水的水质要求。

一、炉前水冲洗范围

炉前水冲洗的范围包括凝汽器、凝结水泵、轴封加热器水侧、低压加热器水侧、低温省煤器凝结水侧、除氧器以及设备之间的凝结水管道。

炉前水冲洗不包括凝结水精处理装置，因此在进行炉前水冲洗前必须确认将精处理前置过滤器、混床进行有效隔离，以免前期脏水污染精处理装置。

二、炉前水冲洗方法及步骤

炉前设备及系统水冲洗利用凝结水泵进行大流量水冲洗。一般分三个阶段：

第一阶段，凝汽器注入除盐水，对凝汽器进行水冲洗。冲洗方法为：凝汽器补水至正常水位后，通过凝汽器底部防水门排净凝汽器储水，重复补排直至人工取样化验水质合格后，停止凝汽器静态冲洗。

第二阶段，启动凝结水泵对凝结水管道进行大流量冲洗，此阶段注意检查隔离精处理装置、隔离除氧器。如果凝结水系统设计有低压加热器前冲洗排污管路（如图 11-1 某 660MW 直接空冷机组炉前系统水冲洗示意图 A 位置），则关闭除氧器上水调节阀、上水旁路电动门等，首先进行凝结水低压加热器前管路开路水冲洗。低压加热器前冲洗完成后，可进入下一步低压加热器主路、旁路水冲洗，关闭 5 号低压加热器水侧出口电动门，打开除氧器前凝结水管道排污管路（如图 9-1 某 660MW 直接空冷机组炉前系统水冲洗示意图B位置），启动凝结水泵对凝结水母管、轴封加热器水侧、低压加热器水

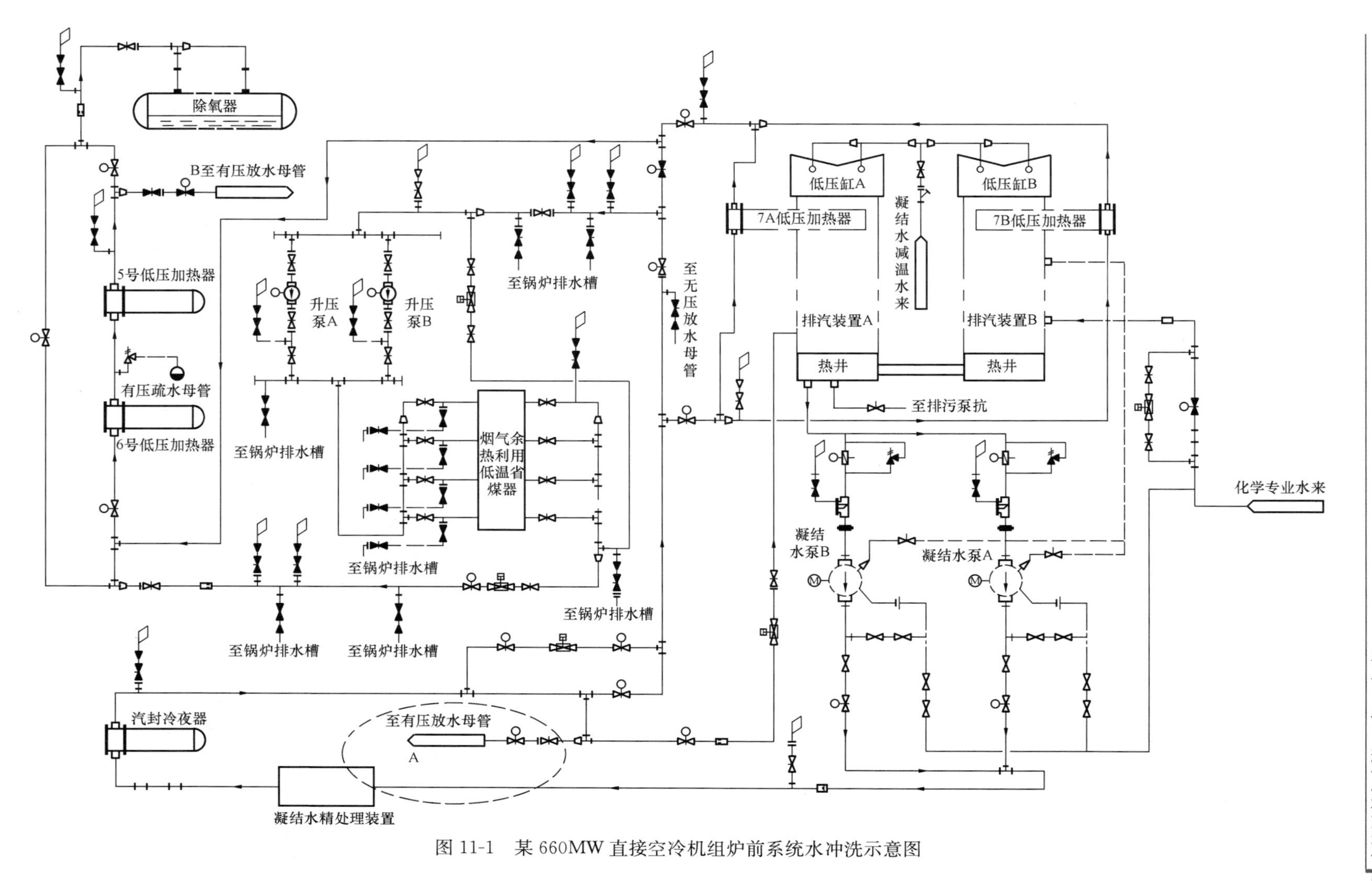

图 11-1 某 660MW 直接空冷机组炉前系统水冲洗示意图

侧、低温省煤器凝结水侧进行大流量开路冲洗，该阶段注意轴封加热器、低压加热器水侧主路、旁路都要进行冲洗，旁路、主路在冲洗期间经常切换冲洗。观察排污水质情况，取样化验水质合格后停止第二阶段冲洗。

第三阶段，第二阶段冲洗合格后应投入精处理装置，向除氧器上水至高水位，停止除氧器上水，将除氧器内凝结水全部排掉一次，再次上水后进行水质取样化验，水质合格后停止第三阶段冲洗。如果除氧器设计有除盐水直接上水管路，此阶段也可以利用该管路直接补入除盐水进行给水管路冲洗，可减少炉前水冲洗时间。

三、炉前水冲洗合格标准

按照《电力基本建设热力设备化学监督导则》（DL/T 889—2015），第二阶段凝结水系统水冲洗水质合格标准要求为：

（1）进出口浊度的差值小于10FTU；

（2）出口浊度小于20FTU；

（3）出口水应无泥沙和锈渣等杂质颗粒，清澈透明；

（4）投精处理前凝结水含铁量小于1000μg/L；

按照DL/T 889—2015，锅炉冷态冲洗前，除氧器水质合格标准要求为：

（1）除氧器出口水含铁量应小于200μg/L；

（2）无凝结水精处理时，除氧器出口水含铁量应小于100μg/L。

四、炉前水冲洗调试中需要注意的事项及常见故障分析及处理

（1）冲洗过程，采用变流量冲洗方式，扰动系统中的死角处聚积的杂质使其被冲走，并能缩短冲洗时间和节约除盐水；

（2）定期清理水系统滤网，有条件应进入凝汽器内进行清扫。

第二节　锅　炉　吹　管

一、锅炉吹管方式

锅炉吹管方式一般分为降压和稳压两种，这两种吹管方式各有优缺点。降压吹管操作简单，单次吹管时间短，耗水量小，锅炉各部分参数变化大，有利于管壁上金属氧化皮的脱落，但是对于超临界锅炉不易满足吹管系数，储水箱水位波动剧烈影响炉水循环泵的安全运行。稳压吹管有效吹管时间长，能取得较好的吹管效果，但操作复杂，需要投入制粉系统，耗水量大，锅炉受热面容易超温。

结合稳压和降压吹管方式优缺点，还有一种稳压和降压相结合的吹管方式，一般采取稳压为主、降压为辅的方式，降压吹管可以通过持续不断的工况变化对受热面内的氧化皮等杂物产生扰动，使之可以从受热面内壁上剥落，并随着吹管气流排出；稳压吹管可以通过长时间的大动量系数对受热面的颗粒就行携带。这种稳压和降压相结合的方式有利于确保吹管质量的前提下缩短工期，以及降低整个调试阶段的水、电、煤、汽等耗量。

针对吹管流程、吹管阶段的不同，锅炉吹管还可分为一段吹管和二段吹管方式。一段吹管方式为过热器与再热器串联联合吹扫方式；二段吹管为第一阶段过热器单独吹扫，第二阶段过热器与再热器串联联合吹扫方式。二段吹管要求第一阶段过热器单独吹扫靶板试验合格后方可进行下一阶段吹扫。

从汽轮机侧给水泵设计及试运计划的角度，锅炉吹管还可分为电动给水泵吹管与汽动给水泵吹管。传统上吹管一般采用电动给水泵上水，采用电动给水泵对于汽轮机侧分系统试运要求低，具有吹管进度快、系统设备运行少、运行操作简单方便等特点，但是也存在耗电量高、电动给水泵容量瞬间流量大时，超过电动机额定电流的缺点，也不利于机组整体试运往前推进。现在火电机组通常只设计电动定速启动给水泵，该类电动给水泵不具备大幅调节给水的功能，而且机组更倾向于无电动给水泵设计，因此只能利用汽动给水泵参与锅炉吹管。

采用汽动给水泵参与锅炉吹管，具有节约大量厂用电、适合超临界机组稳压吹管等优点，但是对于汽轮机侧各分系统试运进度要求高，原则上除汽轮机主机静调、汽轮机高低旁、汽轮机抽汽回热系统、发电机氢油水系统以外，汽轮机侧其他分系统试运要全部完成，特别是主机润滑油、顶轴油及盘车系统应完成试运，给水泵汽轮机润滑油及调节系统应完成试运，主机、给水泵汽轮机轴封真空系统应完成试运，给水泵汽轮机及汽动给水泵系统应完成试运。

二、锅炉吹管前锅炉冷态冲洗

以某台600MW超临界机组锅炉冷态冲洗为例：

1. 锅炉上水及冷态冲洗条件

炉前水冲洗完成，除氧器排水水质达到Fe<100μg/L，关闭除氧器至锅炉疏水扩容器放水门，开启除氧器至凝汽器放水门，投入凝结水精处理。除氧器清洗完成后，投入除氧器加热，进水温度20～70℃，上水温度与启动分离器壁温差不大于40℃。进水应缓慢、均匀，上水时间夏季不少于2h，进水流量80～90t/h，其他季节不少于4h，进水流量40～45t/h，若水温与储水罐壁温接近，可适当加快进水速度。上水开始时加药系统应投运正常。

2. 锅炉上水方式

根据机组设备情况及设计特点，可采用凝结水泵、电动给水泵、汽动给水泵前置泵或汽动给水泵上水。采用凝结水泵上水时，开启凝结水至锅炉上水手动门、电动门，高压加热器水侧走旁路运行，向给水管道及高压加热器水侧注水，调节锅炉给水流量至85t/h左右。采用电动给水泵、汽动给水泵前置泵上水时，确认给水泵入口水质达到Fe<100μg/L，高压加热器水侧切至主路，调节锅炉给水流量至夏天80～90t/h左右、其他季节40～45t/h。根据辅助蒸汽压力尽量维持除氧器温度在80～90℃。当储水罐见水后，放慢上水速度，加强监视。当储水罐水位达到12m，检查361阀开启，自动调节正常。关闭启动分离器前所有空气门，锅炉上水完毕。对于新机组锅炉吹管首次上水，为增强冲洗效果，建议进行上水、整炉放水、再上水、再放水等多次上水、放水操作，有

利于提高后期锅炉冷态冲洗效率。

3. 锅炉冷态冲洗

采用电动给水泵进行大流量冷态冲洗，如果机组设计无电动给水泵，采用汽动给水泵冲洗，采用汽动给水泵上水及冷态冲洗要求锅炉冲管前必须完成汽轮机轴封真空、润滑油盘车、密封油、给水泵汽轮机及汽动给水泵等系统分部试运。

首先进行冷态开式冲洗，调整锅炉给水流量为400～500t/h左右，锅炉进行冷态开式清洗，清洗水排锅炉疏水扩容器不回收，检查361阀自动正常。当启动分离器排水水质达到Fe≤500μg/L时，冷态开式清洗完毕。冷态开式清洗完成后开始冷态循环冲洗，开启储水罐疏水排凝汽器电动门，关闭排锅炉疏水扩容器电动门，清洗水切换至排凝汽器，进行冷态循环清洗，开大辅助蒸汽至除氧器加热门，逐步提高给水温度至80～90℃。当启动分离器储水罐出口水质达到Fe≤100μg/L时，冷态循环清洗完毕。

锅炉首次冷态冲洗建议采用整炉上水、放水的方式进行。

三、锅炉吹管系数选择

（1）吹管系数计算见公式。

$$K=\frac{G_b^2 v_b}{G_0^2 v_0}$$

式中 K——吹管系数；

G_b——吹管工况蒸汽流量，t/h；

v_b——吹管工况蒸汽比体积，m^3/kg；

G_0——锅炉最大连续蒸发量（BMCR）工况蒸汽流量，t/h；

v_0——锅炉BMCR工况蒸汽比体积，m^3/kg。

（2）吹管参数的选择必须保证被吹扫系统各处的吹管系数均大于1。

（3）降压吹管时，吹管临时控制门全开后过热器出口压力应不小于表11-1中推荐的压力值。

表11-1 吹扫时推荐的压力数值

锅炉参数 MPa/℃	过热器出口压力 MPa	锅炉参数 MPa/℃	过热器出口压力 MPa
9.82/540	2.4	25/570	6.25
13.7/540	3.4	27.2/605	6.5
16.67/545	4.25		

（4）降压吹管时，吹管工况与锅炉最大连续蒸发量（BMCR）工况过热器压降比应不小于1.4，压降比计算应按下式进行：

$$\beta_{\Delta p}=\frac{\Delta p_b}{\Delta p_0}$$

式中 $\beta_{\Delta p}$——压降比；

Δp_b——吹管工况某区段流动压降（阻力），MPa；

Δp_0——锅炉最大连续蒸发量（BMCR）工况该区段流动压降（阻力），MPa。

（5）稳压吹管时，锅炉蒸发量宜选定在锅炉最大连续蒸发量（BMCR）工况的45%及以上。

（6）吹管过程中，应对过热器及再热器吹管系数进行校核，并根据实际情况对吹管参数进行必要的调整。

四、锅炉吹管临时系统

锅炉吹管的主要临时系统基本都在汽轮机侧，锅炉侧基本上全部为正式系统。锅炉吹管临时系统包括临时阀门、临时管道及支吊架、临时堵板、临时疏水、集粒器、靶板器、消音器以及临时保温等设施。下面，以某台600MW超临界机组吹管为例，分别介绍临时系统。

（1）临时阀门：包括锅炉吹管临吹电动门，临冲电动门旁路手动门，高旁吹扫临时电动门，一段、二段吹管切换电动门以及其他小系统参与吹扫时的隔离控制电动门。其中吹管临吹电动门最为关键，要求较高：公称压力应不小于16.0MPa，设计温度应不小于450℃，公称直径应不小于主蒸汽管道内径，全行程开关时间应小于60s。吹管临时电动门安装位置应靠近正式管道垂直安装在水平管段，并应搭设操作平台，能实现远方操作，且具有中停功能。

（2）临时堵板：包括主机高压主汽门、中压主汽门临时堵板（假门芯），高压缸排汽止回门处冷段管道临时堵板，热段再热蒸汽至低旁管道堵板，一段、二段吹管时热段再热管道隔离堵板，冷段至辅助蒸汽管道堵板，冷段至小机进汽管道堵板，主蒸汽至轴封供汽管道堵板等。选用的堵板应能承受吹管参数下的压力及温度。

（3）临时管道及支吊架：临时管道主要包括主汽门后至冷端再热蒸汽临时管道、高旁至冷端再热临时管道、中压主汽门后热段再热管道、其他参与吹扫的小系统临时管道，支吊架是能够为临时管道提供限位、支撑的临时支吊架。临时控制门及旁路门前的临时管道设计压力应不小于10.0MPa、设计温度应不小于450℃；临时管道内径应不小于主蒸汽正式管道内径，旁路门管道内径应不小于50mm。临时控制门后的临时管道，设计压力应不小于6.0MPa，设计温度应不小于450℃。中压主汽门后的临时管道，设计压力应不小于2.0MPa，设计温度降压吹管时应不小于450℃，稳压吹管时应不小于530℃；管道内径应不小于再热热段正式管道内径；应采用优质无缝钢管。临时管道内部应清洁、无杂物，靶板前的临时管道在安装前宜进行喷砂处理。临时管道焊接应符合DL/T 868、DL/T 869的规定，焊口应进行100%无损检测；异种钢焊接应符合DL/T752的规定；靶板前焊口应采用氩弧焊打底。长距离临时管道应有0.2%的坡度，并在最低点设置疏水，主蒸汽、再热蒸汽等管道疏水应分别接出排放，且不得排入凝汽器。临时管道宜采用Y形的汇集三通，两管之间夹角宜选择为30°～60°的锐角。临时管道支吊架应设置合理、牢固可靠，其强度应按大于4倍的吹管反力计算。临时管道固定支架应安装牢固，滑动支架应满足管道膨胀要求，并验收合格。吹管范围内的流量测量装置应用等径短管替代，流量装置恢复时应采取防止异物落入管内的措施。

（4）临时疏水包括正式系统参与吹扫的主蒸汽、再热蒸汽管道等正式疏水在进凝汽器前，断开正式疏水管道，接临时管道汇入临时疏水系统接厂房外可靠外排，另外还包括临时管道的疏水以及临时疏水系统的减温减压喷水管道。

（5）集粒器：集粒器应靠近再热器安装；布置在汽机房时，再热冷段管道应进行清理，并验收合格。集粒器设计制造应符合 GB 150 的规定，且设计压力应不小于 6.0MPa，设计温度应不小于 450℃，阻力应小于 0.1MPa。集粒器通流总截面积应不小于主蒸汽管道有效截面积的 6 倍。集粒器应水平安装并搭设操作平台，且便于清理。集粒器结构示意图如图 11-2 所示。

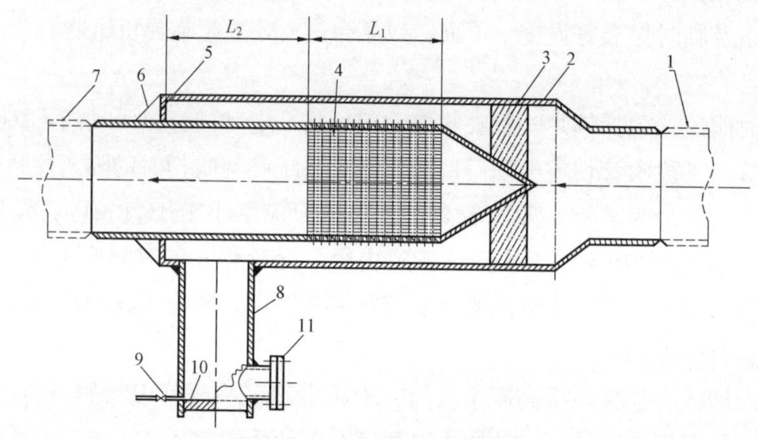

图 11-2　集粒器结构示意图

1—再热蒸汽冷段管道；2—集粒器外筒、大小头及连接短管；3—加固导向筋板；4—多孔管道，$L_1 \geqslant 1$m，$L_2 > 0.9$m；5—堵板；6—加强筋板；7—再热器入口管道或再热蒸汽冷段管道；8—集粒器污物收集管道；9—疏水阀门；10—堵板；11—污物清理口短管程法兰

（6）靶板器：靶板器强度应满足吹管要求，密封良好，操作灵活。靶板器宜采用法兰式或串轴式结构。靶板器应靠近正式管道，靶板器前直管段长度宜为管道直径的 4～5 倍，靶板器后直管段长度宜为管道直径的 2～3 倍。

（7）消音器：消音器应经有资质的设计单位进行设计计算，通流面积应满足吹管参数、降噪和阻力要求。消音器设计制造应符合 GB 150 的规定；设计压力应不小于 1.0MPa；设计温度降压吹管时应不小于 450℃，稳压吹管时应不小于 530℃；阻力应小于 0.1MPa。消音器排汽厂界噪声应符合 GB 12348 的规定。消音器安装前，其焊缝、密封部件、通流孔等应经检验合格。

五、锅炉吹管主要范围及流程

锅炉吹管范围主要包括过热器、主蒸汽管道、高旁蒸汽管道、冷端再热蒸汽管道、再热器、再热蒸汽管道，还有冷端再热器至给水泵汽轮机高压汽源管道、主蒸汽至轴封蒸汽管道等机侧小管道。一段、二段吹管典型蒸汽吹扫流程如图 11-3、图 11-4 所示。

一阶段过热器与再热器联合吹扫方式，汽水流程如下：除盐水→凝汽器→凝结水→除氧器→给水→省煤器→分离器→各级过热器→过热器集汽箱主蒸汽管道→高压主汽阀门室→临时管→临冲阀临时管→低温再热管路（集粒器）→各级再热器高温再热管路→中压蒸汽阀门室→临时管→消声器→排大气。

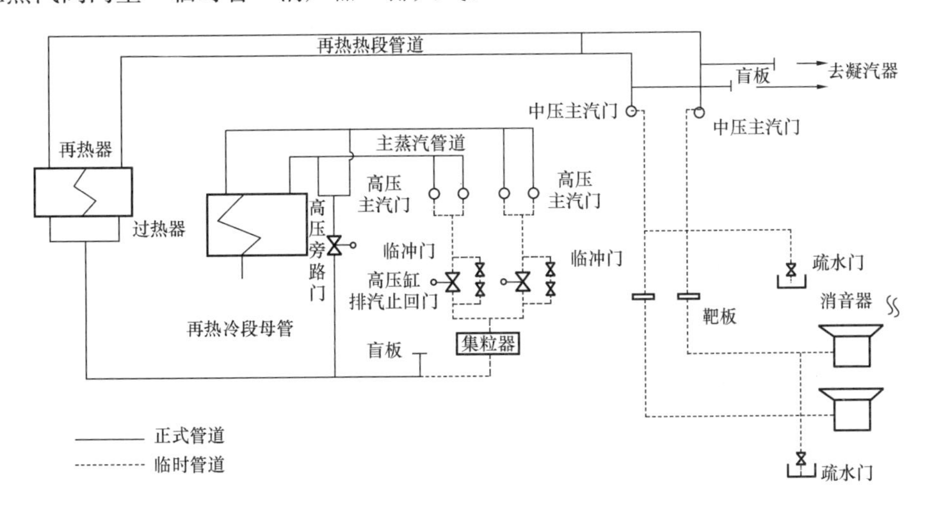

图 11-3 一段吹管典型蒸汽吹扫流程图

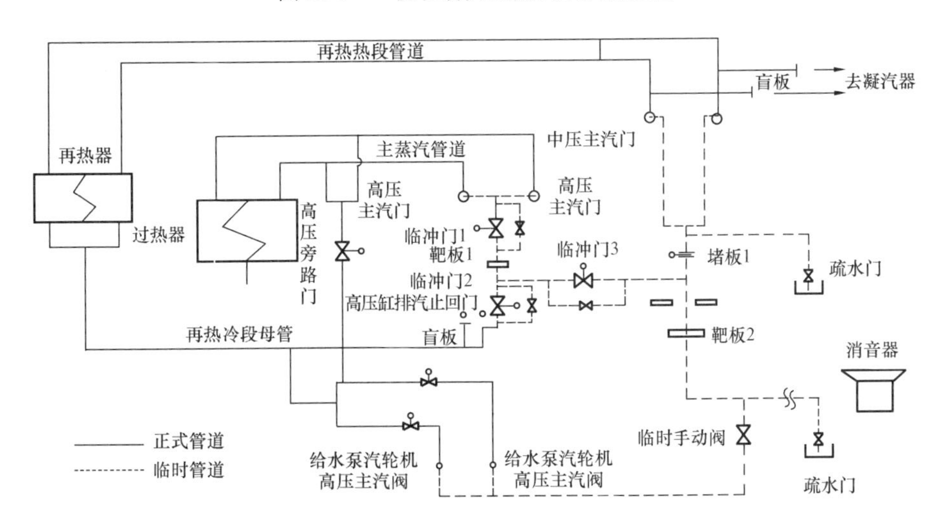

图 11-4 二段吹管典型蒸汽吹扫流程图

一阶段过热器单独吹扫、二阶段过热器与再热器串联联合吹扫方式，一阶段汽水流程如下：除盐水→凝汽器→凝结水→除氧器→给水→省煤器→分离器→各级过热器→过热器集汽箱主蒸汽管道→高压主汽阀门室→临时管→消声器→排大气，二阶段汽水流程如下：除盐水→凝汽器→凝结水→除氧器→给水→省煤器→分离器→各级过热器→过热器集汽箱主蒸汽管道→高压主汽阀门室→临时管→临冲阀临时管→低温再热管路（集粒器）→各级再热器高温再热管路→中压蒸汽阀门室→临时管→消声器→排大气。

六、锅炉吹管合格标准

1. 蒸汽冲管的质量标准

各冲管进程的试冲阶段一般不放置靶板，待系统吹洗一定次数后于相应位置放入靶板检验，在保证冲管系数前提下，连续两次更换靶板检查，靶板上冲击斑痕粒度不大于0.2～0.5mm，且斑痕不多于5点即认为吹洗合格。冲管时需要分别检验主蒸汽和再热汽管道的冲管质量。

冲管系数有效性判断通过过热器、再热器的压降来计算，吹洗时控制$\Delta p/\Delta p_0>1.4$，Δp、Δp_0分别是冲管时和额定负荷时的受热面压降。

2. 蒸汽冲管靶板的标准

靶板材质：铝制或铜制靶板。

靶板表面处理：抛光，粗糙度Ra100级。

靶板尺寸：宽度为临时管内径的8%且不小于25mm，厚度不小于5mm，长度不小于临时管内径。

七、吹管结束后隐蔽工程验收

按照《火力发电建设工程机组蒸汽吹管导则》要求，吹管结束后应打开锅炉集箱手孔进行内部检查（至少打开集箱总数的1/3）；装有节流孔板的锅炉受热面，应进行内窥镜或射线检查。

由于锅炉吹管必须将汽轮机进行隔离，因此汽轮机侧必然有一部分系统及管道无法参与蒸汽吹扫，比如部分高压旁路、低压旁路、高压缸排汽管道等未参与蒸汽吹扫的主要管道必须在锅炉吹管结束后、正式系统恢复前进行人工内部清理并验收合格，参与吹扫但是通过堵板短接属于隐蔽措施的主汽门、中压主汽门阀体在恢复正式系统前必须要人工清理干净并验收合格。

八、吹管调试一般注意事项

（1）在锅炉首次升温升压以前，应充分排尽过热蒸汽、再热蒸汽里疏水。

（2）在锅炉点火升压及吹管过程中，应控制并逐渐改善炉水品质。

（3）在正式吹管前，应进行三次低于选定吹管压力的试吹管，试吹压力可按正式吹管压力的30%、50%、70%选定，并对临时系统、系统隔离状况进行检查。

（4）首次正式吹管宜加装靶板，检查吹管系统原始脏污程度及靶板器的使用性能。

（5）每阶段吹管过程中，应至少停炉冷却两次，每次停炉冷却时间不得小于12h；停炉冷却期间锅炉应带压放水。

（6）稳压吹管在达到吹管系数后，每次持续时间应不少于15min。在锅炉转干态过程中，汽水分离器出口蒸汽过热度不宜超过30℃。

（7）锅炉吹管过程中，禁止给水泵超出力运行。

第三节　锅炉吹管一般故障及处理

一、管道疏水不畅

在锅炉首次点火吹管前期，管道疏水不畅导致管道发生水击是最常见的故障。由于锅炉吹管首次点火前锅炉通常已经完成酸洗，锅炉过热器出口至汽轮机主汽门前管道可能积存大量保护液或余水，过热器出口至汽轮机主汽门前管道以及再热器出口至汽轮机再热主汽门前管道通常具有管系长、弯头多、容积大等特点，所以在锅炉首次点火后升温升压过程很容易发生蒸汽管道大量积水导致管道疏水补偿发生水击事故。蒸汽管道发生水击现象时，主要的征象一是管道系统发生振动，管道本体、支（吊）架及管道穿墙处均有振动，水击越强烈振动也越强烈；二是管道内发出刺耳的声响，投运时暖管或疏水不足的管道多阶段性地发出“咚咚”的声响。

视锅炉炉型不同，通常锅炉侧主、再热蒸汽管道无疏水点，一般在汽轮机侧主蒸汽管道、再热蒸汽管道进主汽门前低点设 2～3 路疏水，由于疏水管设计压力、温度高，其疏水管径、疏水阀通流面积都较小。锅炉首次点火启动过程中，原系统内酸洗后管道遗留的铁锈等杂物随蒸汽及疏水进入疏水管及疏水阀体，很容易导致疏水管路疏水不畅甚至不通。在锅炉吹管阶段，为防止机前管道内蒸汽及疏水进入凝汽器，通常要将汽轮机侧主蒸汽管道、再热蒸汽管道疏水由正式管道至凝汽器改为接临时管道至外界排大气，如果临时管道安装工艺不佳或材料问题，也可能导致上述疏水不畅或不通。因此，为防止锅炉吹管期间由于蒸汽管道疏水不畅导致蒸汽管道发生水击事故，要重点采取以下措施：

（1）锅炉吹管前临时管道安装过程中，要重点检查主、再热蒸汽管道正式疏水管、疏水阀及临时管道，要求正式疏水气动截止阀、手动截止阀不能参与吹管；临时管管径不得小于原正式管径，且临时管材质与正式疏水管材质一致，尽量避免有小于 90°弯头，临时管管道内部清洁无杂物；临时疏水管道必须加装相应等级的疏水手动截止阀，截止阀内部清洁无异物，阀杆开关顺畅无卡涩；如果多条疏水管共接一个外排放口，外排母管管径必须满足多条疏水管同时疏水要求，且管道内部无杂物，外排口可对空向上设计，但是排放口底部必须有足够大的疏水孔，且不得对向任何设备或作业人员。

（2）锅炉点火前，必须安排专门运行人员或安装单位人员提前逐段确认汽轮机侧主蒸汽、再热蒸汽管道各疏水管道截止阀全开，并悬挂“禁止操作”警示牌。

（3）在锅炉点火后的升温升压过程中，注意 DCS 监视观察主汽管道、再热蒸汽管道、冷端再热管道等管道的温升情况，并专门安排人员就地用红外测温仪测量各段疏水管道截止阀前后疏水温度，一旦发生前后温差大或者疏水温度低于其他管道，应立即安排安装单位通过震击管道、阀体，防止管道内部铁锈、沙粒等杂物将疏水阀堵塞导致疏水不畅。

（4）锅炉升压后，在各段管道疏水正常的情况下最好在压力 3.0MPa 时进行试吹一次，一是主要检验各临时管道及支吊架安装情况、膨胀情况，二是可以在该压力下保持各路疏水打开带压排放一次，可有效防止疏水管道内部积存杂物。

案例：在某电厂 660MW 直接空冷机组 1 号锅炉首次点火冲管期间，锅炉点火后升压过程中就出现汽轮机侧再热蒸汽管道疏水不畅的问题，如图 11-5 所示。

该机组锅炉吹管采取一段吹管方式，即过热器、再热器串联联合吹扫，锅炉首次点火后，临时吹管电动门微开，汽轮机侧主蒸汽、再热蒸汽、冷端再热蒸汽管道疏水阀打

图 11-5 某机组首次吹管点火后一侧管道疏水不畅

开，随锅炉升温升压暖管疏水，在锅炉过热器出口压力到 0.1MPa 时，机房外两根消音器只有左侧支路开始大量冒汽，另一右侧支路毫无冒汽现象，于是就地用红外测温仪测量临时管道温度情况，发现左侧排汽临时管道温度大于 80℃，右侧排汽临时管道仅有 20℃，再通过各段管道疏水测温情况确定为右侧中压主汽门前再热蒸汽管道底部疏水不通，怀疑该点疏水手动阀被杂物堵死，而该段管道正好处于 6.9m 平台最低标高，锅炉来再热蒸汽管道从 80m 标高穿过汽机平台 13.7m 到机房 6.9m 空中，然后管道下穿 6.9m 地面水平达到汽轮机高中压缸底部再向垂直上进入中压主汽门，因此中压主汽门前水平管道正好处于 U 形弯最底部，一旦该处疏水不畅，那么该处非常容易积水。此时锅炉过热器、再热器压力很小，U 形弯底部积聚大量冷水，以至于再热器过来的蒸汽无法通过，从而使该侧排汽临时管道无法正常通汽暖管。

发现该段蒸汽管道疏水阀不畅后，通过人工震击疏水管道、阀体，使得卡在疏水阀内的杂物慢慢被震松、疏水冲走，该段管道所积大量冷水被慢慢排掉，右侧中压主汽阀后管道开始温度上升，目测右侧管道消音器也逐渐开始冒汽，右侧管道终于通过蒸汽暖管疏水后开始通汽，有效排除一起疏水不畅引起的水击事件。

二、临冲电动门故障

临时吹管控制门是影响吹管工序正常进行的重要部件之一，特别是锅炉降压吹管时，临冲电动门承受比额定工况下更大、更频繁的压差和扭矩，也承受着较大的温差，因此临冲电动门的运行工况相当恶劣。根据吹管导则，吹管临时电动控制闸阀应符合下列要求：

(1) 公称压力应不小于 16.0MPa；

(2) 设计温度应不小于 450℃；

(3) 公称直径应不小于主蒸汽管道内径；

(4) 全行程开关时间应小于 60s。

实际吹管过程中，临冲电动门往往由于较大的温差、压差导致临冲电动门产生阀芯密封面磨损、阀杆卡涩、阀门传动齿轮磨损、电动机过力矩烧损等问题，造成临冲电动门全关漏汽量大或者阀门卡涩无法使用等故障，严重影响锅炉吹管质量及滞后吹管工期。

建议机组吹管采用进口电动闸阀，电动闸阀除必须满足吹管导则要求以外，还要求阀门电动机力矩大、耐高温、传动齿轮耐磨等条件，以满足锅炉吹管期间电动闸阀的恶劣工况，另外有条件的话建议配置一组备用的电动闸阀驱动电动机及传动机构，防止吹管期间由于临冲电动门故障造成工期延误。

三、锅炉冲管临时系统故障

锅炉吹管期间，为防止汽轮机进入不合格蒸汽，锅炉吹管必须将汽轮机进行旁路、可靠隔离，因此锅炉吹管的主要临时系统基本都在汽轮机侧，锅炉侧基本上全部为正式系统。锅炉吹管临时系统包括临时阀门、临时管道及支吊架、临时堵板、临时疏水、集粒器、靶板器、消音器以及临时保温等设施。

这些临时系统受设计校核、材料材质、安装工艺质量等多方面制约，容易存在临时管道设计不合理、临时管道材质有缺陷、临时支吊架不牢固、临时堵板不严密、临时管道输水不畅等问题或故障，往往成为锅炉吹管阶段的薄弱地带。

为防止锅炉吹管期间临时系统故障，建议对临时系统采取以下措施：

（1）根据每台机组实际特点，选择有经验有资质的设计单位对吹管临时管道及支吊架进行设计校核，临时管道一方面应该满足锅炉吹管系数的要求，另一方面管道及支吊架设计安装也应该符合国标、行标、规范要求，满足管道正常膨胀、正常位移、支吊架强度大于4倍的吹管反力计算。

（2）临时堵板、临时阀门、消音器、集粒器、靶板器设计、安装应符合《火力发电建设工程机组蒸汽吹管导则》要求，吹管临时系统使用的压力容器应委托有资质的单位制造。

（3）吹管调试措施、临时系统安装措施应经试运总指挥批准，锅炉吹管前临时系统必须经监理单位验收合格后方可投入吹管调试。

（4）正式吹管前，应进行三次低于选定吹管压力的试吹管，试吹压力可按正式吹管压力的30%、50%、70%选定，每次试吹后对临时系统进行全面检查。

案例：某电厂超临界锅炉冲管过程中发生多次临冲管道剧烈振动造成管道爆管事故，爆管的位置发生在同样位置，为纵向破口，破口管道在蒸汽力的冲击下向两边沿周向撕开并展平成板状，在破口处内侧还存在明显的独立纵向裂纹，这说明该处曾受到极大的周向应力。

该机组锅炉冲管采用稳压冲管方式，锅炉出口直至消音器中间无隔离阀，锅炉启动后随着锅炉升温升压即开始管道暖管疏水、向空排汽，当锅炉出口流量达到45%BMCR时即开始计时吹管。前后两次爆管都在同一处，但破坏点以外的管道却安然无恙，两次破口均在同一位置，且断口特点相同。两次冲管的参数（动量）为最大的两次，都是投入了3号磨煤机，使得过热和再热汽温上升。此外，每次冲管压力接近规定值时，都会引发临冲管系统较大的振动。导致管系相关的法兰、支吊架紧固螺栓松动甚至拉长，每次冲管结束后都要对管系所有螺栓进行检查和重新紧固，并更换因螺栓松动造成蒸汽泄漏而冲坏的密封垫片。

事后分析原因，该事故段的轴向和周向的自振频率恰巧非常接近，因此，当冲管过程中管内蒸汽压力波频率与其合拍后，必然出现壁面共振。而破坏点应在最大振幅处，即轴向的最大挠曲处，而这两次的爆破口正好位于该处，这是管道压力共振产生的管道爆管事故。

在找出管道压力共振原因后，对已损坏的临时管道采取以下措施：

1）提高事故管道壁厚，一方面增加了强度，另一方面改变了管道的轴向自振频率，破坏了管段的共振条件。

2）原T形三通改为斜Y形三通，将原90°连接改为135°进入，并将三通的直管部分改粗，显著降低汇流处的流速，消除了音障，降低了涡流效应。

3）所有90°弯管的弯曲半径由原来的1.5D放大为3D，大大降低了涡流效应。

4）简化临冲管系统，改善支吊架布置等。

此次事故系临时管道设计不当，使得事故段的管道的轴向自振频率和周向的自振频率吻合。当流速增加至压力波频率与管段的自振频率合拍时发生压力共振，在振幅超过管壁的耐受极限时产生爆破。通过事故原因分析提出并实施上述整改措施，后续的锅炉冲管再没有出现管道爆管事故。

四、超临界机组锅炉炉水循环泵故障状态下冲管

在机组调试阶段，往往由于设备到货、安装、缺陷故障等情况出现锅炉炉水循环泵无法按时投用，为保证机组调试进度，工程实际要求采取可靠临时措施用于不带炉水循环泵的锅炉吹管方式。

超临界机组锅炉汽水系统一般配置有炉水循环泵，炉水循环泵主要用于锅炉启动初期，大部分给水通过炉水循环泵在水冷壁内实现再循环，见图11-6。该种汽水流程可以回收大部分锅炉热量，暖炉效果好，有效防止水冷壁、过热器、再热器超温现象。当系统水质不合格时，一部分给水经大气扩容器由启动疏水泵直接外排至废水池。

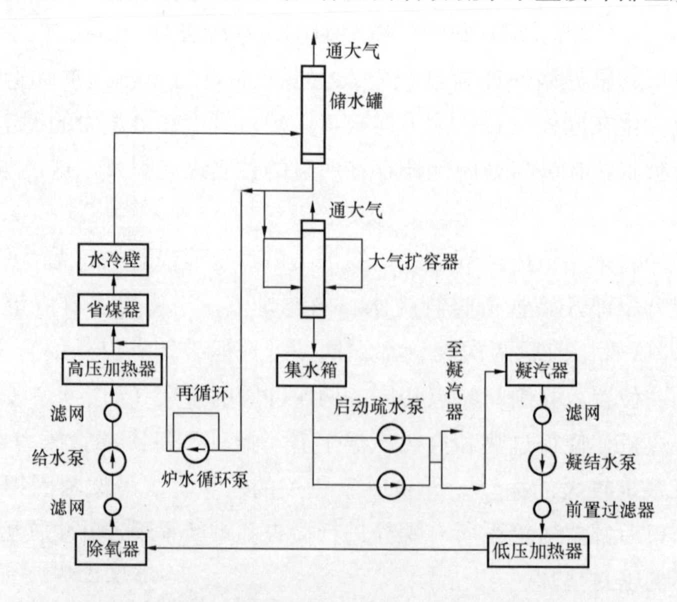

图11-6　超临界机组带炉水循环泵启动汽水流程图

在机组炉水循环泵故障情况下，超临界机组还可以实现无炉水循环泵启动，锅炉给水除产生蒸汽外，其余全部进入大气式扩容器，见图11-7。该种汽水流程方式下系统

水质合格的情况时由锅炉启动疏水泵回收至凝汽器，水质不合格时启动疏水直接外排至废水池。

带炉水循环泵的锅炉吹管方式具有热量直接回收、暖炉效果好、启动时间短、节省大量燃料、水冷壁流量大、相同燃料情况下产汽量大、防止壁温超温等优点，缺点是吹管期间储水罐水位调节难度大、炉水循环泵工况差、前期锅炉冲洗效果差等。

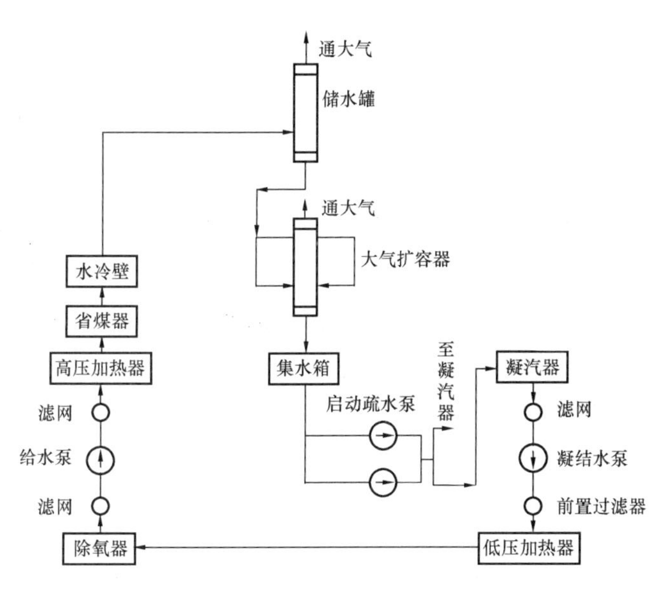

图 11-7　超临界机组无炉水循环泵启动汽水流程图

不带炉水循环泵的锅炉吹管方式具有冲洗流量大、冲洗效果好、吹管期间储水罐水位容易控制的优点，缺点是锅炉启动时间长、大量热量损失、冲管燃料耗用大、锅炉壁温容易超温、耗水量大等。

不带炉水循环泵的锅炉吹管方式应该采取的措施及注意事项：

（1）该方式下锅炉疏水量大。必须事先对锅炉 2 台启动疏水泵的出力进行试验，确保泵的出力能够满足锅炉最小启动流量的要求。

（2）锅炉冲管阶段，系统水质较差时大部分水应该外排，不应回收至凝汽器，因此系统耗水量、补水量较高，需要重视凝汽器补水、化学除盐水制水情况。

（3）在系统水质合格后，锅炉疏水大量回收至凝汽器，同时大量热量也被带入凝汽器。在启动前，检查关闭汽轮机及各抽汽管路疏水手动门，严密监视汽轮机汽缸、转子温度。同时确保汽轮机油系统、轴封系统及盘车正常运行，严防冲管期间汽轮机停转。

（4）锅炉疏水直接回收至凝汽器。虽经大气扩容器减压，但大量疏水温度基本达到100℃，导致凝汽器水温异常上升，前期凝结水泵入口滤网容易堵塞，凝结水温度升高非常容易引起凝结水泵进口汽蚀，应密切监视并严格控制凝结水温上升速度，及时补充冷水，同时大量热水进入凝汽器，还会在一定程度上影响真空，要注意监视汽动给水泵的运行情况。

（5）延长暖炉时间，严格控制锅炉启动期间燃料量，严密监视水冷壁、过热器、再热器壁温，防止出现超温情况。汽轮机侧应尽量提高锅炉给水温度，开大辅汽至除氧器加热门，保持给水在100℃以上；控制锅炉上水速度，用热水对锅炉进行持续暖炉；延长大油枪暖炉时间，推迟投粉；锅炉吹管阶段由于给水流量大，除氧器加热量不够，可以提前采用辅汽接临时管至2号高压加热器，通过2号高压加热器来提高锅炉给水温度至120～130℃，可以有效防止锅炉水冷壁超温。

(6) 不带炉水循环泵启动或吹管，锅炉必须保证过热器、再热器减温水可以投用，启动前必须重视过热器、再热器减温水阀门的检查和调试，防止某侧减温水出现严重漏流；在锅炉首次点火吹管前，应该通过辅助蒸汽对过热器、再热器减温水管道进行蒸汽吹管，可以有效防止在稳压冲管过程中，某侧减温水出现管道堵塞造成壁温超温。

(7) 加强吹管期间化学检验，特别是凝汽器、省煤器进口水质检验. 在长时间大流量冲刷的情况下，给水中仍有可能存在大量铁离子和水冷壁内剥落的氧化皮等物质。这些物质富集在凝汽器中，若凝汽器水质不合格，应及时加大补充水，同时从5号低压加热器出口排放、甚至停炉放水、换水。

(8) 采用该方式进行冲管，锅炉内杂质被带入凝汽器、除氧器及高、低压加热器管道等，在吹管过程中应严密监视凝结水泵进口滤网和前置泵进、出口滤网的压差，出现滤网压差大的情况后应提前启用备用泵，停下堵塞泵进行滤网清洗。

五、无电动给水泵吹管调试要点

由于优化设计方面原因，一些新建机组设计配置方面，将原有电动调速泵改为定速启动泵，该类电动给水泵不具备大幅调节给水的功能，而且为减少机组建设成本、维护成本，机组更倾向于无电动给水泵设计，机组只配置两台50%TMCR容量的汽动给水泵或一台100%TMCR容量的汽动给水泵，无论是锅炉上水、冷态冲洗、热态冲洗、带负荷只能采用汽动给水泵，因此这种机组设计只能利用汽动给水泵参与锅炉吹管。

采用汽动给水泵参与锅炉吹管，具有节约大量厂用电、适合超临界机组稳压吹管等优点，但是对于汽轮机侧各分系统试运进度要求高，原则上除汽轮机主机静调、汽轮机高低旁、汽轮机抽汽回热系统、发电机氢油水系统以外，汽轮机侧其他分系统试运要全部完成，特别是主机润滑油、顶轴油及盘车系统应完成试运，给水泵汽轮机润滑油及调节系统应完成试运，主机、给水泵汽轮机轴封真空系统应完成试运，给水泵汽轮机及汽动给水泵系统应完成试运。

无电动给水泵锅炉冷态冲洗及锅炉吹管的关键点及注意事项如下：

(1) 除氧器投加热，启动一台汽动给水泵前置泵即可向锅炉上水，进行锅炉冷态冲洗；

(2) 根据锅炉冲洗流量要求，提前进行启动汽动给水泵准备工作：投运主机润滑油、顶轴油及盘车系统，密封油系统，给水泵汽轮机及汽动给水泵润滑油系统，主机循环冷却水系统（湿冷机组及间接冷却系统）或直接空冷系统（直接空冷机组），主机及给水泵汽轮机轴封、真空系统。

(3) 锅炉主给水旁路调节阀控制，一般单台汽动给水泵转速3200r/min即可保证锅炉上水冲洗需要，在锅炉点火升压后开始吹管时，可以适当提高单台汽动给水泵转速至3500r/min，锅炉给水流量可以通过调节主给水旁路调节阀来控制。对于降压方式吹管，临冲门打开后锅炉给水瞬间流量会增大，此时要注意汽动给水泵转速最低不能低于3000r/min。

（4）配置2台50%TMCR容量的汽动给水泵，锅炉吹管期间，辅助蒸汽流量充裕的条件下尽量保持两台汽动给水泵运行，一台汽动给水泵带负荷上水，一台汽动给水泵以最小流量方式在3000r/min下备用，防止吹管期间单台汽动给水泵跳闸造成调试进程中断。

（5）采用无电动给水泵启动初期，汽动给水泵处于低转速、小流量工况，调整操作不当会引起汽动给水泵最小流量保护跳闸，严重时甚至会损坏汽动给水泵，同时也会对锅炉上水压力、流量产生影响。因此汽动给水泵调试投运期间应掌握汽动给水泵流量特性曲线，试运阶段要密切关注汽动给水泵组各项参数，使泵组在汽动给水泵制造厂提供的流量特性曲线范围内运行。

（6）针对给水泵汽轮机与主汽轮机共用凝汽器的设计特点，在锅炉稳压吹管采用汽动给水泵冲管方式时需注意主机凝汽器补水方式，因为锅炉稳压吹管流量较大，凝汽器补水量在400～700t/h左右，正式系统设计的凝汽器补水量无法满足，一般要从化学除盐水箱单独接大流量临时水泵及补水临时管道至凝汽器，也可以采用将凝汽器上水至高水位，利用凝汽器汽侧巨大的容积储存足够的除盐水，但需要注意的是：凝汽器就地设临时水位计监视水位变化。另外，为保证真空泵正常工作，凝汽器内部抽真空管道底部抽气口位置要临时上移，以防止真空泵大量抽水导致真空泵过流损坏。

（7）由于汽动给水泵有备用泵可以投用，因此汽动给水泵上水及吹管可靠性比单纯电动给水泵吹管可靠性高，在锅炉吹管阶段，特别对于新建电厂首台机组，要特别注意辅助蒸汽稳定供应，防止给水泵汽轮机汽源不够导致汽动给水泵出力不足。

（8）采用汽动给水泵参与锅炉吹管，对汽轮机侧分系统试运进度要求较高，原则上除主机静态调试、高低压旁路、抽汽回热系统等以外的分系统必须完成分部试运，必须按照吹管节点提前满足汽动给水泵试运及投运所具备的条件。但是受设备到货、设计、安装进度等多因素制约，无电动给水泵吹管往往面临调试进度制约、条件不满足、调试难度大等问题，有时候要结合每个工程实际特点，因地制宜、因时制宜制定相应对策，在无电动给水泵设计、调试进度制约的不利情况下达到汽动给水泵吹管的目的，从而保证工程实际中整个调试进度按要求、按计划完成。

案例：某电厂660MW直接空冷1号机组设两台50%BMCR容量的汽动给水泵，无电动给水泵设计。每台汽动给水泵由给水泵汽轮机本体、主给水泵、汽动给水泵前置泵、前置泵电动机以及附属管道阀门组成，每台给水泵汽轮机设单独凝汽器，采用表凝式散热器塔内水平布置的间接空冷系统，间接空冷塔采用自然通风冷却塔，主汽轮机采用直接空冷凝汽器，低压缸排汽通过空冷凝汽器凝结成水回至排汽装置热井，给水泵汽轮机凝汽器热井回收的凝结水回收至主机排汽装置。汽动给水泵采用迷宫式密封，密封水来自凝结水，密封水低压回水经U形管回收至主机排汽装置。

在该机组拟进行锅炉吹管时，主机直接空冷系统还有大量安装工作未完成，由于直接空冷系统无法封闭，主机排汽装置不具备抽真空条件，虽然给水泵汽轮机采用单独凝汽器及表凝式散热器塔内水平布置的间接空冷系统设计，但是由于给水泵汽轮机凝汽器凝结水是通过U形管道自流入主机排汽装置，而且给水泵汽轮机凝汽器布置于6.9m平台，该段凝结水管道有效垂直高度不足8m，在主机排汽装置不抽真空的情况下给水泵汽轮机凝结水在给水泵汽轮机凝汽器处于真空状态时是无法自流入排汽装置的，反而大量空气会倒流入给水泵汽轮机凝汽器造成给水泵汽轮机真空破坏。

为解决锅炉吹管调试与主机直接空冷安装进度之间的矛盾，利用机组给水泵汽轮机单独设凝汽器及间接空冷系统的特点，采取以下措施有效保证锅炉吹管节点的完成：

1）将给水泵汽轮机凝结水至主机排汽装置电动门前管道割开，接同口径临时管道至排汽装置底部，设置一容积2m^{3}左右的水桶，将临时管道插入水桶底部，接一段临时补水管道专门往水桶补水。该临时措施保证给水泵汽轮机凝汽器底部与水桶底部高差超过10m，在给水泵汽轮机建立正常真空时只要水桶内保证足够水位，给水泵汽轮机真空就不会被破坏，给水泵汽轮机凝结水回至水桶然后溢流到凝结水泵坑。

2）将主机高中压缸、低压缸A、低压缸B前后轴封进汽手动门进行隔离，将主机各门杆漏汽至轴封管道进行断开隔离。该措施保证给水泵汽轮机投轴封时轴封蒸汽不会进入主机各轴封段，避免主机无法抽真空时轴封蒸汽外冒。

3）保证主机润滑油、顶轴油及盘车装置正常投入运行，防止主机不投盘车时由于轴封蒸汽管道泄漏造成转子热弯曲。

4）启动给水泵汽轮机间冷循环水泵，使两台给水泵汽轮机凝汽器循环冷却水正常投入，并根据循环水温度逐步投入间接空冷系统，保证给水泵汽轮机背压在正常范围内。

5）汽动给水泵运行时要注意监视汽动给水泵密封水回水不畅造成汽动给水泵组油中进水。

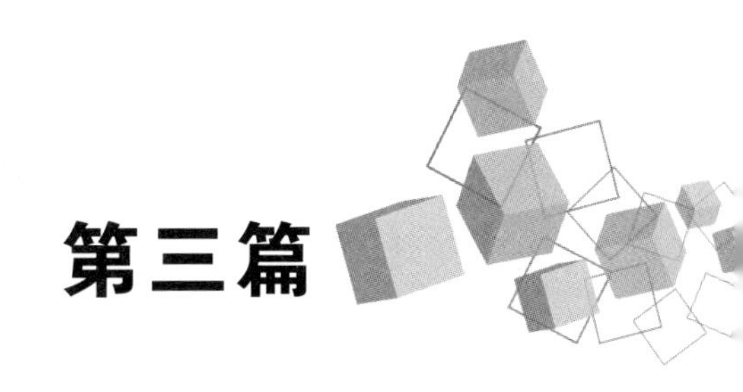

第三篇

汽轮机整套启动调试

第十二章　汽轮机首次冲转及空负荷调试

第一节　汽轮机启动前分系统投运

一、分系统投运一般通则

（一）辅机投运一般通则

（1）辅机已完成分系统试运，分系统试运过程暴露缺陷已消缺完毕。

（2）辅机静态下连锁保护试验正常并投运。

（3）容器介质补充至正常位置。主要包括凝补水箱、凝汽器、闭式水箱、除氧水箱、定子冷却水箱、主油箱、EH 油箱等。

（4）泵体及系统管路注水排空气。逐个打开泵体及系统管路上的排空气门，通过微开泵体进口门，排空气管连续出水后，关闭空气门。

（5）泵本体检查。主要包括：润滑油或润滑脂、冷却水、密封水等。

（6）阀门状态检查。系统注水赶空气完毕、泵本体状态检查完毕，确认泵体入口门全开、出口门全关，再循环系统处在开状态。

（7）电动机绝缘检测合格后，电动机送电。

（8）启泵及检查。启动水泵，出口门连锁开启或手动开启（给水泵操作除外），检查泵本体、系统工作状况，包括进出口压力、轴承温度、电动机绕组温度、泵电流、泵的振动等参数、泵体及管路泄漏情况。检查电动机温升、各轴承温度及振动正常。厂家无特殊规定时，分别执行表 12-1～表 12-3 的规定。

表 12-1　电动机温升检查对照表（环境温度 40℃）　单位：℃

绝缘等级	A 级	E 级	B 级	F 级
电动机温升	65	80	90	115

表 12-2　轴承温度规定　单位：℃

轴承种类	滚动轴承		滑动轴承	
	电动机	机械	电动机	机械
轴承温度	≤80	≤100	≤70	≤80

表 12-3　轴承振动执行标准

额定转速 r/min	3000	1500	1000	750 及以下	备注
振动 mm	0.05/0.06	0.085/0.1	0.1/0.13	0.12/0.16	电动机/机械

（二）蒸汽管路投运一般通则

（1）管路疏水。开启管路上疏水门，管道蒸汽过热度 20℃以上时可关闭疏水门。

（2）温升控制，根据厂家提供的温升曲线进行升温操作。

（3）管道升温过程中，应对管道膨胀系统进行检查。

二、启动过程中投运系统及需要重点注意事项

（一）凝补水系统

（1）投运凝补水系统，凝汽器/凝结水箱/闭式水膨胀水箱进水。

（2）凝结水水质合格以前，隔离凝结水至凝补水箱手动门，防止凝汽器水位高连锁开启凝结水至凝补水箱电动门，从而污染凝补水。

（二）循环水系统

（1）投运循环水系统，定时投运凝汽器胶球清洗装置；

（2）循环水泵房以及凝汽器坑应设置有设备泄漏引起淹没泵坑的排水装置，排水能自动投入运行。

（三）闭式冷却水系统

（1）投运闭式水系统，调整母管压力、温度，闭式水箱补水投自动。

（2）闭式冷却水系统投用后，根据各辅机运行要求，适时投入闭式冷却水各用户。

（3）设计有凝结水至闭式水补水系统，需要在凝结水水质合格后，将闭式水切换至凝结水供应。

（4）未设计闭式冷却水系统的机组，则投用工业水系统。

（四）开式冷却水系统

（1）投运开式水系统。

（2）开式水入口电动滤水器装置投入自动。

（3）对于无开式水泵配置的机组则直接投用一组热交换器。

（五）辅机冷却水系统

（1）辅机冷却水系统投用。

（2）机械通风塔冷却风机启动（采用强制冷却的工业冷却水系统）。

（六）凝结水泵及凝结水系统

（1）投运凝结水系统。

（2）机组首次启动，应对凝结水系统进行冲洗，凝结水水质合格后方可向除氧器进水。

（3）机组首次冲转及带负荷初期，凝结水水质会出现反复，对于设计有洗硅泵往除氧器直接补充除盐水系统，凝结水不回收，直接通过5号低压加热器出口外排，没有设计洗硅泵的机组，可采取边往凝汽器补水边通过5号低压加热器出口外排形式来加强洗硅，直至凝结水水质完全合格后方可停止外排。

（4）机组启动后应监视凝结水泵入口滤网压差，并及时清理。

（5）凝结水水质完全合格后，凝结水泵密封水倒换成自密封供应，凝补水至闭式水箱、真空泵等（如果系统有该方面设计）补水可切换至凝结水补给。在凝结水泵无供水用户后，停运凝补水泵，凝汽器补水可改用真空自吸原理补水。

（七）辅助蒸汽系统

（1）投运辅助蒸汽系统，调整辅助蒸汽压力和温度。

（2）防止大幅度操作引起辅助蒸汽联箱压力大幅波动。如突然关闭供汽大用户，会造成辅助蒸汽联箱超压，安全门动作；突然开大供汽用户，会造成辅助蒸汽联箱压力迅速下降，从而影响其他设备供汽品质，严重时，对设备安全造成影响。

（八）主机及汽动给水泵汽轮机控制油系统

（1）调整油箱的油温，满足设备供货商要求。

（2）投用控制油装置，同时投用控制油循环过滤泵，控制油冷却系统投入自动。

（3）控制油装置启动后，可根据机组启动需要，开启装置至各用户的隔离阀。

（九）除氧器、给水系统

（1）凝结水系统冲洗完成后，除氧器进水至正常液位。

（2）投用一台给水泵，再循环方式运行。

（3）除氧器加热投用，汽源由辅助蒸汽供应。

（4）根据锅炉启动要求，给锅炉上水。

（十）高、低压加热器及抽汽系统

（1）高、低压加热器水侧随凝结水、给水系统同步投用。

（2）低压加热器汽侧随机组启动同步投用。

（3）高压加热器汽侧一般在发电机并网带负荷后投用。对于中压缸启动和高中压联合启动机组，在机组冲转前的升温升压过程，冷端再热器管道带压，为提升给水温度，便于锅炉汽温控制，宜在机组冲转前投入 2 号高压加热器。

（十一）润滑油、顶轴油系统及盘车装置

（1）投用主机润滑油系统。

（2）润滑油系统投入后，检查润滑油母管压力应满足设备供货商要求。

（3）首次启动润滑油系统时应先启动事故直流油泵，系统赶空气，然后切换至交流油泵运行。

（4）投用主机顶轴油系统，确认顶轴油母管压力满足设备供货商要求。

（5）主机润滑油、顶轴油及密封油系统投运正常后，投用主机盘车，转速满足设备供货商要求。

（十二）发电机密封油系统

（1）投用发电机密封油系统。

（2）检查密封油氢压差，排烟风机负压，真空油箱真空，密封油系统各油箱油位，空、氢侧压差（双流环密封油系统）。

（3）监视发电机消泡箱液位、发电机漏液开关状态。

（十三）发电机内冷水系统

（1）投用发电机内冷水系统。

（2）调整内冷水系统换水量，确认内冷水水质满足发电机运行要求。

(3) 监视发电机内冷水流量、发电机进出口压差、内冷水箱液位。

(十四) 发电机氢冷系统

(1) 进行发电机气体置换。

(2) 置换过程中要有防止发电机进油技术措施。

(3) 氢气置换完成后，投用氢气干燥器、检漏仪、绝缘过热装置。

(4) 发电机内部氢气压力升高至额定压力，过程中应监视密封油油氢压差跟踪情况。

(十五) 汽轮机轴封系统

(1) 主机轴封系统供汽，根据汽轮机初始状态，由轴封进汽调节阀控制轴封汽进汽压力，使汽压满足设备供货商要求，轴封温度可通过减温水及轴封电加热装置调节至满足设备供货商要求。

(2) 投入轴抽风机，建立轴封回汽负压。

(3) 调整轴封压力和温度达到设计要求，维持轴封系统稳定运行。

(十六) 真空系统

(1) 轴封建立后，投用真空系统。刚开始抽真空时，因系统空气量大，应开启所有真空泵，待凝汽器建立正常真空后，可根据实际情况停运 1～2 台真空泵。

(2) 机组启动前，确保凝汽器真空值满足汽轮机设备供货商对于机组启动的要求。

(十七) 空冷系统

(1) 直接空冷系统

1) 投用空冷风机；

2) 视环境温度控制防冻碟阀；

3) 启动真空泵，调整机组背压、监视空冷风机电流。

(2) 间接空冷系统

1) 投用循环水系统；

2) 调节冷却扇区数量，维持循环水温度。

第二节　汽轮机冲转及空负荷试验

机组首次冲转是汽轮机专业调试最为重要的环节，是设备缺陷暴露的关键期，是安全风险最高的调试节点，也是调试质量把控的关键阶段，因此，这一关键环节需要投入的人力、物力最多，参建各方相互协作的需要也最为紧密。

一、机组启动方式及分类

汽轮机的启动过程是蒸汽热能与机械能的转换过程，过程中，汽轮机各零部件的受热膨胀速率，受主、再热蒸汽参数的影响，是机组安全启动的关键因素。

合理选择汽轮机的启动方式和蒸汽参数，将有效的控制汽轮机各部件金属温度差、转子与汽缸的相对膨胀差在允许的范围内，避免机组发生异常振动和动静摩擦。

启动方式应根据汽轮机供货商的规定选择。通常大容量汽轮机应以控制高、中压转子热应力水平来选择汽轮机的启动方式，以使汽轮机的寿命损耗率在允许范围之内，从而实现寿命管理，保证机组在服役期的安全。

（一）按冲转时进汽方式分类

1. 高压缸启动

启动时，仅由高压调节阀调节并控制汽轮机转速。机组冲转前利用高、低旁暖管升温升压；冲转前先关闭高压旁路，待再热器压力到零或为微负压时再关闭低压旁路。因为采用高压缸启动，挂闸后中压主汽门和中压调节阀全部开启，中压调节阀不参与转速调节。升速至2900r/min前，依靠高压调节阀控制转速，蒸汽流通通道为：主蒸汽→高压缸→高压缸排汽止回门→再热冷段→再热热段→中压缸→低压缸。转速至2900r/min后，进行TV/GV切换，切换完成后依靠GV阀控制机组转速，升速至3000r/min。

2. 高中压缸联合启动

启动时，高、中压调节阀联合控制汽轮机转速。对高中压合缸的机组，可以使分缸处均匀加热，减少热应力，并能缩短启动时间。机组通过高低压旁路调节来控制冲转前的蒸汽压力、温度，机组挂闸后，高压调节阀、中压主汽门开启，依靠主汽门、中压调节阀控制转速，蒸汽流通通道为：主蒸汽（一部分）→高压缸→高压缸排汽通风阀→扩容器；主蒸汽（一部分）→高压旁路阀→再热冷段→再热热段→中压缸→低压缸。转速至2900r/min后，进行TV/GV切换，切换完成后依靠GV阀控制机组转速，升速至3000r/min。在机组并网带负荷到约20%额定负荷后对机组进行倒缸操作，由高中压缸分缸进汽方式切换到高压缸启动方式。

3. 中压缸启动

中压缸启动时，高压缸应进行预暖工作。机组通过高低压旁路调节来控制冲转前的蒸汽压力、温度，机组挂闸后，高压主汽门、中压主汽门开启，依靠中压调节阀控制转速，蒸汽流通通道为：主蒸汽→高旁阀→再热冷段→再热热段→中压缸→低压缸。在机组并网带负荷到约20%额定负荷后对机组进行倒缸操作，由中压缸进汽方式切换到高压缸启动方式。此方式缩短了汽轮机的暖机和启动时间。

（二）按启动前汽轮机金属温度（汽轮机汽缸或转子表面温度）分类

1. 冷态启动

高压调节级（高压调节阀后第一级）或中压静叶持环金属温度低于150～180℃。

2. 温态启动

高压调节级（高压调节阀后第一级）或中压静叶持环金属温度在180～350℃。

3. 热态启动

高压调节级（高压调节阀后第一级）或中压静叶持环金属温度350～450℃。

4. 极热态启动

高压调节级（高压调节阀后第一级）或中压静叶持环金属温度450℃以上。

（三）按停机时间长短分类（额定负荷停机）

（1）停机一周或一周以上，称为冷态启动；

（2）停机 48h 以内，称为温态启动；

（3）停机 8h 以内，称为热态启动；

（4）停机 2h 以内，称为极热态启动。

从上述分类看，按启动前汽轮机金属温度分类和按按停机时间长短分类有相互抵触的地方，特别是随着机组保温材料和工艺提升，汽缸保温好，通过自然冷却，高压调节级温度降到 180℃以上时需要约 3 周时间。因此启动分类不是绝对的，在选取冲转参数时就不能生搬硬套，应根据高压调节级或中压静叶持环金属温度来确定冲转时主再热蒸汽压力和温度。

二、汽轮机首次启动

（一）首次启动基本条件与要求

（1）试运指挥部及各组人员已全部到位，职责分工明确，各参建单位参加试运值班的组织机构及联系方式已上报试运指挥部并公布，值班人员已上岗。

（2）建筑、安装工程已验收合格，满足试运要求；厂区外与市政、公交、航运等有关的工程已验收交接，能满足试运要求。

（3）必须在整套启动试运前完成的分部试运项目已全部完成，并已办理质量验收签证，分部试运技术资料齐全。

（4）整套启动试运计划、汽轮机整套启动和机组甩负荷调试措施已经总指挥批准，并已组织相关人员学习，完成安全和技术交底，首次启动曲线已在主控室张挂。

（5）试运现场的防冻、采暖、通风、照明、降温设施已能投运，厂房和设备间封闭完整，所有控制室和电子间温度可控，满足试运需求。

（6）试运现场安全、文明条件符合《火力发电建设工程启动试运及验收规程》（DL/T 5437）规定。

（7）生产单位已做好各项运行准备，符合 DL/T 5437 规定。

（8）试运指挥部的办公器具已备齐，文秘和后勤服务等项工作已经到位，满足试运要求。

（9）配套送出的输变电工程满足机组满发送出的要求。

（10）已满足电网调度提出的各项并网要求。

（11）电力建设质量监督机构已按有关规定对机组整套启动试运前进行了监检，提出的必须整改的项目已经整改完毕，确认同意进入整套启动试运阶段。

（12）启委会已经成立并召开了首次全体会议，听取并审议了关于整套启动试运准备情况的汇报，并做出准予进入整套启动试运阶段的决定。

（二）首次冲转调试准备工作

1. 现场设备检查及操作

机组首次启动过程中，运行操作量大，一般应在启动的前一天安排运行人员对就地手动阀门状态进行操作和确认。按照制定机组启动阀门操作卡，逐个对就地需要操作阀门状态进行检查确认，启动过程中即将用到阀门状态应与阀门检查卡上相对应，如果出现了不对应状态则由运行人员就地操作，譬如高、低压加热器疏水调整门前后手动门、疏水扩容器减温水手动门等，在机组启动时，应处于全开状态，如果就地检查发现为关闭状态，操作人员应将阀门打开。在检查和操作过程中，检查人或操作人应在操作卡上签名。在设备正式投运过程中，主要以检查确认为主，不需要对就地手动阀门进行大量操作。当然，一些涉及到重大安全手动阀，还需要根据情况而定，如轴封减温水手动门，为防止减温水调节阀不严导致减温水泄漏，需要等到轴封投运后，再在就地开启减温水手动门。

2. 主辅设备保护及逻辑功能静态试验

首次开机前，应对照各主要设备逻辑试验卡，进行逻辑功能验证试验，试验主要指重要辅机联锁保护、主机 ETS 保护、机炉电大连锁试验。试验完成后，热控人员要恢复所有主辅设备逻辑保护，汽轮机进入启动阶段，需要对逻辑保护强制时应执行《热工逻辑保护投退工作流程》。

3. 冲转参数选择

汽轮机冲转参数应当参照汽轮机制造厂家提供启动曲线进行。各制造厂家规定启动曲线尽管并不相同，但基本原则一致：主再热蒸汽应当有一定过热度，保证蒸汽不会带水，对于热态启动，一般要求高压第一级或中压第一级静叶持环温度高于 50℃，极热态启动，允许存在小量负温差。在实际调试工作中也绝不能仅生搬硬套厂家启动曲线，汽轮机首次启动为冷态启动，首次冲转要检查的项目、规定试验多，因此不一定非要等到蒸汽参数达到厂家规定值，关键是蒸汽过热度要保证，蒸汽压力不一定要求达到厂家规定值。冲转前蒸汽品质要保证，不能以牺牲机组长期利益来换取短期利益。

4. 冲转参数控制

在实际调试过程中，汽轮机专业提供的所要求冲转参数，锅炉方面往往难以满足要求，需要机、炉专业加强配合，通过调整燃烧、旁路开度、2 号高压加热器提前投入等手段，尽量去满足汽轮机冲转参数要求。

（三）首次冲转调试

附录 1～4 分别列出几种典型机组冷态启动方式，供参考。

1. 冲转前重点检查项目、参数及准备

（1）辅机连锁保护是否已投入；

（2）冲转前重点检查参数：主再热汽温汽压、主机润滑油压油温、EH 油温油压、汽轮机本体参数（机组总胀、胀差、偏心、轴位移、缸温差、轴瓦振动、轴瓦温度、回油温度等）、各轴瓦顶轴油压。如发现这些重要参数有异常，应查明原因。

（3）相关的冲转准备工作已就绪。主要有：

1）专业振动监测人员、设备已就绪。

2）安装单位在机头轴向、横向垂直安装好用于临时监测机头膨胀的百分表，并有专人定期抄表。

3）冲转前相关人员和工器具就绪。工具包括手持式振动表、听音棒、点温仪、对讲机、扳手及扳钩等，机头危急保安器手动遮断按钮处、汽轮机盘车装置处、润滑油温手动阀门旁人员已就位（采用电动调节或温控阀自动调节油温除外），汽轮机厂家技术人员已到位。

4）机冲冲转蒸汽参数已满足要求。蒸汽参数包括主再热蒸汽温度、压力和蒸汽品质。

2. 冲转基本步骤

不同机型冲转步骤虽不相同，但大同小异。绝大多数机组首次冲转可以遵循下列步骤：

（1）机组挂闸，准备冲转。冲转条件具备后，汽轮机挂闸，机头和集控各打闸一次，主汽门关闭动作正常。

（2）汽轮机冲转，摩擦听音检查。再次挂闸，输入摩擦检查的目标值、输入升速率，开始冲转，转子冲动超过盘车转速后，就地运行人员应检查盘车是否脱扣，电动盘车电动机是否自动停止（如属于油盘车方式，盘车油电磁阀应自动关闭），集控运行值班员与就地运行人员应核对转速，检查与本体冲转相关阀门（高压缸排汽止回阀、高压缸排汽通风阀、事故排放阀、低压缸喷水减温阀等）是否处在正确位置，转速达到摩擦检查转速后，点击关全阀后，开始进行摩擦听音检查。就地用听音棒听取各轴承处是否有异音，新机组重点要检查轴承油挡、保温处是否发生与大轴接触。

（3）继续升速至中、高速暖机转速，进行中高速暖机。摩擦检查无异常后，输入中、高速暖机目标值和升速率，汽轮机升速至目标值。此阶段，需要重点关注：

1）密切监视机组振动。发电机一阶临界转速、高中低压转子一阶临界转速在该阶段，密切监视机组临界转速下振动，同时摩擦振动也容易在此阶段发生。

2）顶轴油泵正常停运。机组转速超过一定转速后，轴瓦油膜压力已经形成，到达转速设定值后，顶轴油泵应能自动停下，并检查顶轴油泵连锁投运正常。

3）达到暖机转速后，进行全面检查。汽轮机本体所有监控仪表指示正常，无报警信号，重点监视各轴瓦振动、轴瓦温度、各轴承回油温度、润滑油温、轴承油膜压力、总胀、胀差、轴位移、缸温差等本体参数变化。根据润滑油温变化趋势，进行相应调整，保证主机润滑油温在正常范围。安装单位人员，就地加强巡视，重点巡视漏油、漏汽、漏水发生，重点防范油泄漏引起火灾事故发生。

4）监视汽轮机总胀、胀差、缸温变化情况。重点检查滑销系统系统工作状况，当汽缸进汽量偏小时，高中压缸膨胀较慢，可以考虑适当提高暖机转速或降低凝汽器真空来增大汽缸进汽量。

5）检查低压缸喷水阀动作正常。低压缸排汽缸温控制在厂家规定限制范围内。

（4）中高速暖机结束后，继续升速至阀序切换转速，完成阀序切换。当机组总胀、缸温达到制造厂家规定值后，可以进行汽轮机升速。对于冲转初期采用高压主汽门控制转速的机组，需要先将转速升至2900r/min后，再进行高压调节阀、主汽门切换，切换完成后，主汽门全开，转速改由高压调节阀控制，切换过程中，重点监视转速波动情况，转速波动超过±50r/min，应对DEH切换功能进行优化。对于冲转之初就采用调节阀控制转速的机组，无需进行调节阀、主汽阀切换，直接升速至3000r/min。

（5）定速至3000r/min。继续升速，定速至3000r/min，进行全面检查。检查内容与中高速暖机检查内容相同。

（四）空负荷试验

1. 危急保安器就地及远方打闸试验

打闸后，高中压主汽门和调速汽门关闭，抽汽止回门关闭，汽门行程开关反馈指示正确。高中压主汽汽门全开、全关行程开关通常用于主机逻辑保护，打闸试验过程中热工人员应对高中压主汽门的行程开关反馈情况进行检查，对反馈不到位进行调整。

2. 启动油泵与同轴主油泵切换试验

（1）切换试验方法。油泵切换前先应完成各油压的调整试验。如东汽引进日立技术600MW汽轮机，采用油涡轮、主油泵作为油系统驱动设备，在定速3000r/min后，应先完成油涡轮调整试验，经调整后，主油泵入口、出口、润滑油压在厂家给定范围内。停油泵前，应检查油系统各测点油压在正常范围内，遵循下列步骤执行。

1）停启动油泵前，应观察主油泵工作是否正常，启动油泵、交流润滑油泵电流已大幅减小；

2）先停止启动油泵，观察系统各油压无大的变化，再停运主机交流润滑油泵。在停止主机交流润滑油泵前要注意，交流润滑油泵连锁仍然保留，以防止因主油泵工作不正常或主机交流润滑油泵出口止回门异常时，机组出现的断油烧瓦事故。

（2）切换试验不成功原因分析。

1）油管路上法兰泄漏。通过汽轮机前箱玻璃观察窗可直接在线查看主油泵管道上法兰泄漏状况；揭开主油箱上的检修孔，观察油箱里是否有冒泡现象，有冒泡现象说明油箱内部设备有泄漏；

2）油系统中止回门故障。需要在停机状态下，将主油箱润滑油排到净油箱后再对油系统进行检查，排查重点包括：油系统上的止回门是否装反（主油泵出口、交流润滑油泵出口、直流油泵出口、启动油泵出口等），油系统止回门工作不正常，如存在卡涩、不回座等；

3）油涡轮或射油器工作异常；

4）油泵入口有空气聚集。

3. 润滑油压值校验

油泵切换到同轴主油泵供油后，应检验润滑油压值，若润滑油压值不符合要求时应进行调整。

4. 喷油试验

喷油试验目的是在机组正常运行时及做提升转速试验前，将低压透平油注入危急遮断器飞环或飞锤腔室，依靠油的离心力将飞环压出的试验，其目的是活动飞环，以防飞环可能出现的卡涩。

（1）两类典型机组注油试验方法。一种常用喷油试验装置（西屋技术机组）的低压遮断原理见图 12-1。试验方法：置喷油试验手柄于试验位置，逐步打开注油试验进油门，给飞锤油室缓缓注油，当手动停机及复置杠杆从正常位置跳到遮断位置时，表明飞锤已动作，记录飞锤动作时油压值，飞锤动作后关闭注油试验进油门，待注油压力表回零后，手动复置停机及复置杠杆于正常位置，再置喷油试验手柄于正常位。

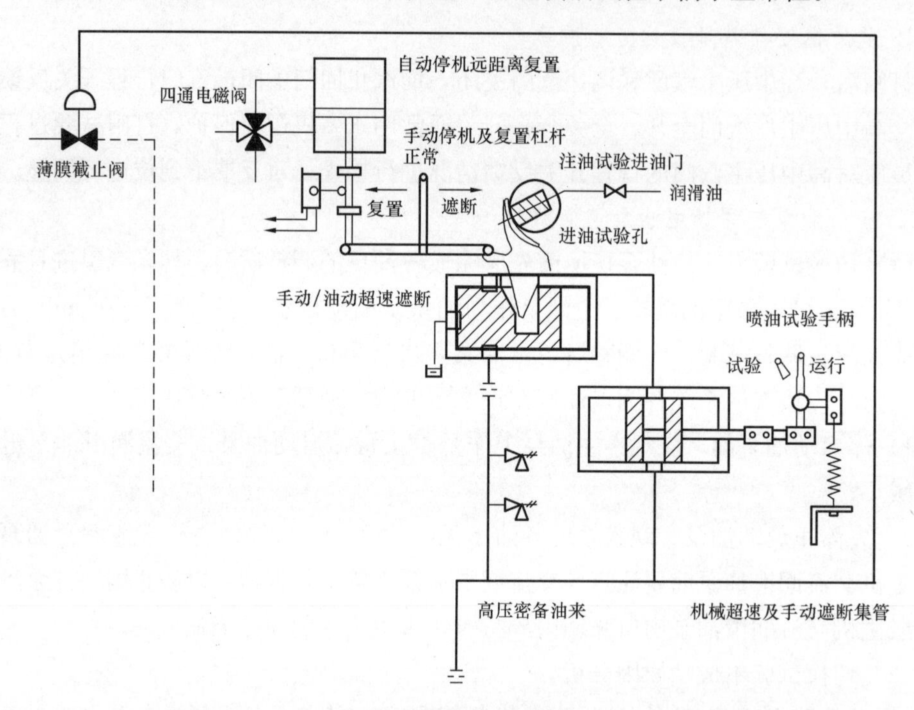

图 12-1　低压遮断原理图

东汽日立技术机组喷油试验原理见图 12-2：做喷油试验时，隔离电磁阀 4YV 带电，检测到隔离电磁阀在隔离位后，喷油电磁阀 2YV 带电，油喷进危急遮断器中，飞环击出，打击危急遮断装置的撑钩，使危急遮断装置撑钩脱扣，通过危急遮断装置连杆使高压遮断组件的紧急遮断阀动作。由于高压保安油已不由紧急遮断阀提供，机组在飞环喷油试验情况下不会被遮断。危急遮断器撑钩脱扣后，ZS2 发讯，然后使 2YV 失电，过一段时间后，挂闸电磁阀 1YV 自动挂闸，挂上闸后，再使隔离电磁阀失电，最后，危急遮断器恢复到正常位置。

（2）喷油试验重点注意事项。

1）喷油试验过程中，只有当飞锤或飞环复位后，才能释放隔离装置，否则会引起机组低压遮断汽轮机；

2）喷油试验宜安排在空负荷试验进行。带负荷期间进行喷油试验时，如果装置不可靠可能会造成汽轮机跳闸。

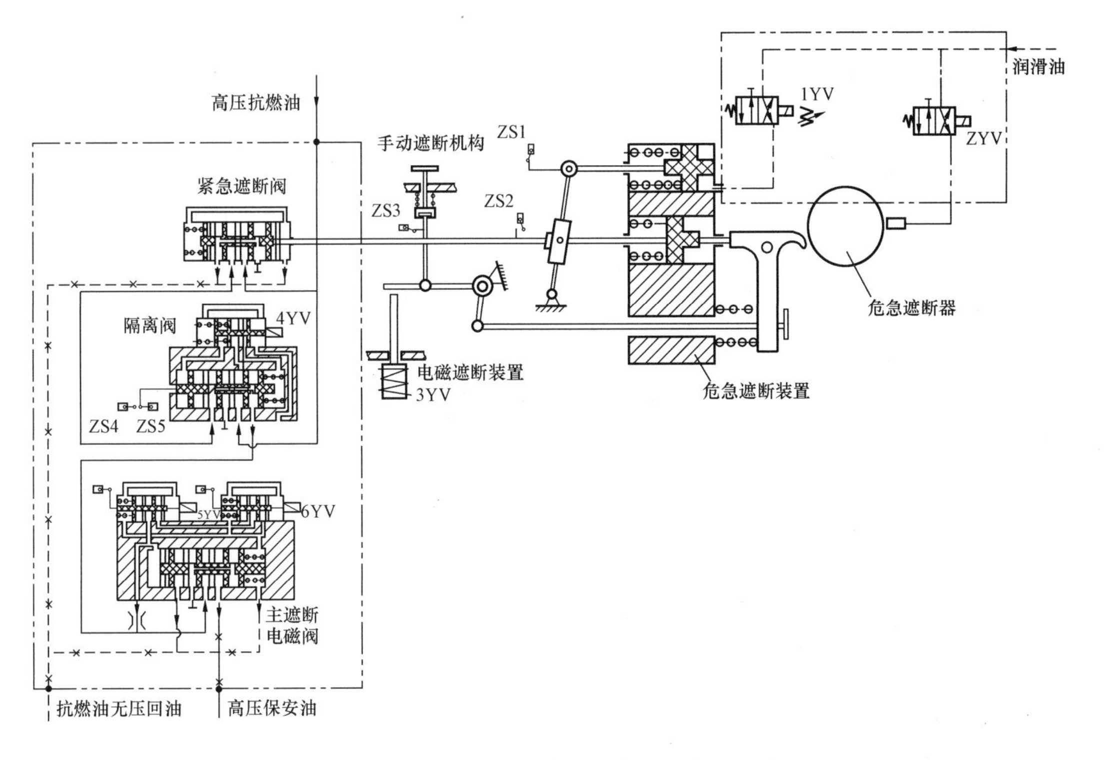

图 12-2　东汽日立技术机组喷油试验原理图

（3）注油试验不成功原因。

1）喷油油量不足或喷油管未对准危急遮断器飞锤或飞环油室；

2）飞锤或飞环存在卡涩或动作转速过高。

5. 高中压主汽阀、调节阀严密性试验

（1）主汽阀严密性试验方法。机组维持 3000r/min 运行正常，启动交流辅助油泵、高压启动油泵，提高主汽、再热蒸汽压至 50%额定值压力以上，在 DEH 操作界面点击主汽门严密性试验按钮，关闭高、中压主汽阀，所有高中压调节阀全开，转速应能持续下降，待转速不下降或已达到可接受转速时，记录数值，打闸后，恢复至 3000r/min。

（2）调节阀严密性试验方法。机组维持 3000r/min 运行正常，启动交流辅助油泵、高压启动油泵，提高主汽、再热蒸汽压至 50%额定值压力以上，在 DEH 操作界面点击调节阀严密性试验按钮，关闭高、中压调节阀，高中压主汽阀全开，转速将持续下降。待转速不下降或已达到可接受转速时，记录数值，打闸后，恢复至 3000r/min。

汽门严密性合格转速 n 计算公式：

$$n = (P/P_0) \times 1000$$

式中　n——汽轮机转速的数值，r/min；

P——试验时的主蒸汽压力或再热蒸汽压力，MPa；

P_0——额定主蒸汽压力或再热蒸汽压力，MPa。

（3）直流循环锅炉严密性试验。在严密性试验时，带炉水循环泵与不带炉水循环泵直流锅炉，试验复杂程度差别很大。带炉水循环泵直流锅炉很容易烧出满足汽轮机汽门严密性试验的参数，不带炉水循环泵直流锅炉难以烧出满足汽轮机严密性试验的蒸汽参数。其原因为严密性试验标准要求主再热蒸汽压力在50%额定压力以上，不带炉水泵直流锅炉，控制储水罐水位361阀在50%额定主蒸汽压力以上时可能会逻辑闭锁不允许开启，因此要烧出满足汽轮机汽门严密性试验蒸汽参数，必须依靠高低压旁路来配合，保持锅炉处于干态下运行。对于机组配置旁路通流能力偏小或只配置一级大旁路系统，则无法在转干态下完成试验，遇到此种情况，建议参建各方采取协商方式，降低主汽压力或参照进口机组标准来进行试验。

(4) 汽门严密性试验不合格原因。

1) 主汽阀或调节阀存在内漏。可通过进一步试验，排查单个或单组不严密阀门，便于对不严密阀门进行针对性修理；

2) 系统方面原因。为解决摇板式结构中压主汽阀前后压差大难以开启问题，部分机组在中压主汽阀前后增加了连通管，在调节阀严密性试验时，再热蒸汽将通过连通管进入中压调节阀，从而造成调节阀严密性试验不合格。对于增加中压主汽阀前后连通管机组，应在连通管上安装手动阀，调节阀严密性试验时，应将此手动阀关闭。

(5) 严密性试验注意事项。

1) 严密性试验结束后，应直接打闸汽轮机，再恢复；

2) 试验要求主蒸汽压力、再热蒸汽压力均应达到50%以上，因机组设计原因无法达到的，应协商处理；

3) 对于“泊松效应”敏感机组，转子降速过程中，低压转子伸长量过大可能会引起低压差胀保护动作，因此在严密性试验前，应退出低压差胀保护。

6. ETS在线试验

ETS系统及相应油路系统对汽轮机安全保护极其重要，因此要求在机组正常运行时，也要对ETS保护功能进行试验，主要包括：EH油压低、润滑油压低、凝汽器真空低。

为保护在线试验不会造成汽轮机真的遮断，因此要求同时只能对其中一项进行试验，且只能做单通道试验。依照DEH操作说明依次完成EH油压低、润滑油压低、凝汽器真空低ETS在线试验。试验不成功时，应分析查找原因。

7. 高压遮断电磁阀在线试验

(1) 两类典型机组遮断在线试验方法。

1) 东汽日立机组遮断在线试验方法

高压遮断原理见图12-3。高压遮断集成块由5YV、6YV、7YV、8YV共4个电磁阀，PS4和PS5二个压力开关，三个节流孔，高压压力开关组件及一个集成块组成。5YV、6YV并联，7YV、8YV并联，然后两组串联。当进行5YV或7YV的试验时，中间油压将升高，压力开关PS5发讯，表明被试验的电磁阀已有效动作；当进行6YV或8YV的试验时，中间油压将降低，压力开关PS4发讯，表明被试验的电磁阀已有效动作。如发生 PS5、PS4 信号不正常，应当对电磁阀及油流通道节流孔板进行检查。

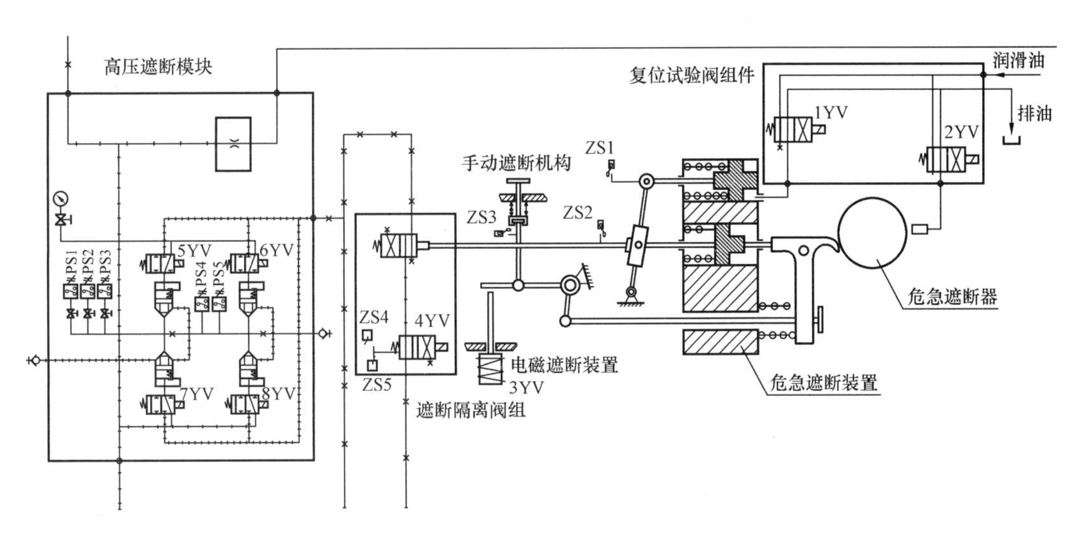

图 12-3　东汽日立机组高压遮断原理图

2）西屋机组遮断试验方法

西屋机组高压遮断原理见图 12-4。危急遮断控制块上安装了 2 只 OPC 电磁阀、4 只 AST 电磁阀和 2 只止回阀。2 只 OPC 电磁阀对超速保护（OPC）信号起反应，由 DEH 控制。系统中提供两个 OPC 电磁阀，作为双重保护，以防止一只阀失效，而使 OPC 控制失效，为机组留下超速隐患。

4 只 AST 电磁阀分为两个通道。通道 1 包括 20-1/AST 与 20-3/AST，通道 2 则包括 20-2/AST 与 20-4/AST。每一通道由在危急遮断系统控制柜中各自的继电器保持供电。危急遮断系统的作用为，在传感器指明汽轮机的任一变量处于遮断水平时，打开所

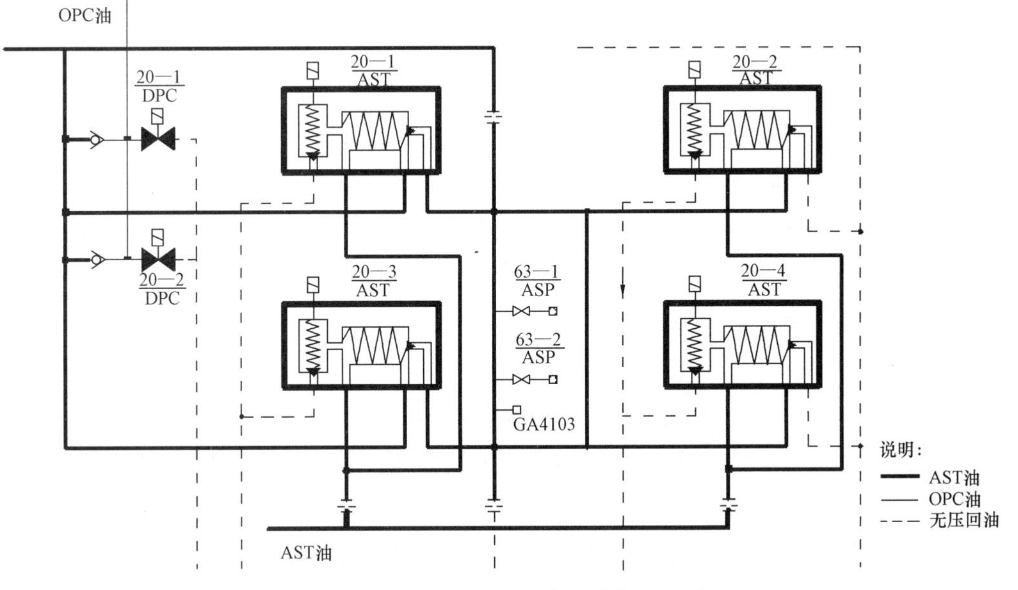

图 12-4　西屋机组高压遮断原理图

有的AST电磁阀，以遮断机组。为了进行试验，这些电磁阀被布置成双通道。一个通道中的电磁阀失磁打开将使该通道遮断。若要使自动停机遮断总管压力骤跌以关闭汽轮机的蒸汽进口阀门，二个通道必须都要遮断。20/AST电磁阀是外导二级阀。EH抗燃油压力作用于导阀活塞以关闭主阀。每个通道的导阀压力由63/ASP压力开关监测，这个压力开关用来确定每个通道的遮断或复通状态，以及作为一个连锁，以防止当一个通道正在试验时同时再试另一个通道。

（2）遮断试验注意事项。当任意一个遮断电磁阀存在异常时，不能进行高压遮断试验，否则会引起汽轮机跳闸。

（3）遮断试验不成功原因分析。

1）试验块上的节流孔板未安装；

2）遮断电磁阀异常（如电磁阀卡涩）。

8. 超速预保护（OPC）试验

为了防止机组甩负荷时引起汽轮机电超速或机械超速保护跳闸，一般设置有超速预保护功能。整定值宜为103%额定转速。转速超过103%（3090r/min）时，OPC动作，通过OPC电磁阀卸去OPC油压，关闭CV、ICV，转速低于复位转速3060r/min时，OPC复位，OPC油压建立，阀门重新受转速控制打开。

9. 电气超速保护通道试验

电气超速保护一般设置有TSI和DEH超速保护。试验可采用降低保护动作定值的方法进行试验，试验后，应将保护定值恢复至设备供货商规定值。

10. 空负荷下变排汽压力试验

因空负荷下变排汽压力试验属于机组试生产性能试验中关于“机组轴系振动试验”的一项内容，见《火电机组启动验收性能试验导则》（电力部电综合〔1998〕179号）中5.8部分，《汽轮机调试导则》并未将该项试验列入其中，部分发电集团深度规定已将该项试验纳入机组深度调试内容。

机组定速3000r/min空转时，将排汽缸温度变化10～20℃（只变化一次），记录不同排汽缸温度汽轮机轴系振动情况，变化前、后每工况记录10min。进行机组变排汽温度试验时，应注意轴系振动变化情况，发现轴系动静碰摩时，应退出试验，及时调整参数，恢复机组运行稳定。

11. 配合电气专业进行空载试验

（1）投入电超速保护及汽轮机各项汽轮机跳闸保护；

（2）交电气进行试验，此项工作大约需要20～40h；

（3）首次电气试验时间较长，应密切注意排汽温度（后缸喷水堵塞状况）和机组振动情况，特别是低压缸的瓦振变化趋势；

（4）励磁试验时，应及时投入内冷水和氢气冷却水（最好投自动）；

（5）电气空合油开关试验前，必须将主油开关的辅助接点断开，以防机组超速。

12. 机械超速试验

（1）机械超速试验条件及方法。汽轮发电机组按供货商要求参数带低负荷暖机，一般带10％～25％额定负荷运行4h以上，暖机结束后，减负荷与电网解列，立即进行汽轮机超速试验。汽轮机超速试验，按以下要求进行：

1）高、中压主汽阀和调节汽阀严密性试验合格；

2）汽轮机带低负荷暖机结束后立即进行；

3）机械超速保护动作转速值应在额定转速的109％～111％范围以内，每个危急保安装置应至少试验两次，且两次动作转速之差不大于0.6％；

4）电气超速保护动作值应符合供货商规定。

（2）超速试验注意事项。

1）机头应有转速表；

2）派专人用手提式转速表监测转速；

3）试验中有专人监视机组振动；

4）随时监视差胀、排汽温度等参数的变化；

5）转速超过3360r/min时，应立即手动打闸停机；

6）远方和就地有可靠的通信联络；

7）试验争取在短时间内完成。

（3）机械超速试验不合格处理。新机组出厂前，转子上的危急遮断器飞锤或飞环均在转子校验台进行了实际动作试验，动作转速要求在109％～111％额定转速，对于超速动作转速不合格情况，则应立即停机，并对机构作全面检查，以确定飞锤或飞环与其本体无卡涩。检查后，再次进行超速试验。如果仍然不能出击，则可能是弹簧压缩量过大，以致飞锤或飞环不能在正确转速下击出，需要在停机状态下对弹簧压缩量进行调整，直到试验合格为止。

（五）稳态、热态及极热态启动调试

机组调试过程中，设备故障、操作失误等导致停机行为以及设备缺陷需要停机消缺，再次启机时，应当根据机组缸温、停机时间情况，判断机组应当按照哪种状态启动。启动基本步骤和注意事项与冷态启动类似，不同之处在于升速率不同，按照厂家给定启动曲线执行即可。需要特别关注是启动初参数，稳态、热态及极热态时启动初参数一定要保证蒸汽过热度，尽量避免负温差启动对汽缸、转子产生冷却，启动过程中重点监视机组本体参数变化。机组刚跳闸时，恢复时主再热蒸汽温度不能仅仅依据机前温度，还应结合锅炉主再热蒸汽出口温度去判断，确保测点的代表性和真实性。

（六）汽轮机停机

1. 停机分类

汽轮机的停机分为正常停机和事故停机。正常停机的方式有滑参数停机和定参数停机两种。

滑参数停机：滑参数停机是在调速汽门接近全开位置并保持开度不变的条件下，依靠主蒸汽、再热蒸汽参数的降低来卸负荷，直至转速降低至零后投入盘车。停机过程中，蒸汽参数始终保持大于50℃的过热度。滑参数停机能够起到加速各金属部件冷却、减少汽轮机上下汽缸温差、充分利用锅炉余热、清洗汽轮机叶片的作用。停机后汽轮机汽缸温度较低，可缩短汽轮机停机冷却时间。滑参数停机时主蒸汽温度不宜低于汽轮机冷态冲转温度。目前，滑参数停机普遍用于大容量、单元制汽轮发电机组。

定参数停机：定参数停机是在停机过程中，主蒸汽参数保持额定参数不变，仅通过关小调节阀减少进汽量来减少负荷。定参数停机后的汽轮机金属温度保持在较高水平，利于再次快速启动，尽快带负荷。

2. 正常停机一般步骤

（1）机组逐渐降负荷，至3～5MW。

（2）启动主机交流润滑油泵，检查主机直流润滑油泵连锁投入。

（3）手动打闸停机，汽门关闭，转速下降，转速降低到一定值后，顶轴油泵连锁启动正常。

（4）观察停机过程中轴瓦振动，及时调整润滑油温。

（5）配置液动盘车的机组，转速降至盘车转速，盘车自动投入。配置电动盘车的机组，转速降至零，盘车投入。

（6）首次正常停机时测取转子的惰走曲线（不破坏真空情况）。

3. 汽轮机正常停机注意事项

（1）负荷、蒸汽参数、高中压汽缸金属温度变化率，应始终处于受控状态，并符合设备供货商规定。

（2）当滑参数停机时，主蒸汽、再热蒸汽的汽温、汽压应按规定的变化率逐渐降低，并应始终保持足够的过热度。

（3）随着负荷及主蒸汽参数的降低，应监视差胀、绝对膨胀、各轴承温度、轴向位移等的变化。

（4）轴封供汽、真空及辅助设备各系统应及时调整和切换。

（5）应维持除氧器运行稳定，防止压力突降，造成闪蒸汽化。

（6）停机前，辅助蒸汽、除氧器、汽动给水泵汽源切换为启动汽源供应。

（7）停用一台汽动给水泵、高压加热器、低压加热器疏水泵。

（8）发电机解列后监视汽轮机的转速变化。当发生不正常升高时，应立即打闸停机。

（9）机组正常停机前，应进行主机交流润滑油泵、直流润滑油泵启停试验，确认启动正常。

（10）正常停机惰走过程中，应检查顶轴油泵是否自启动，盘车是否投入：

1）继续保持真空，直到汽轮机惰走至设备供货商技术要求转速值时可以破坏真空。真空到零时，停止轴封供汽。

2）机组停机打闸后应准确记录汽轮机转子的惰走时间，并与汽轮机首次惰走时间相比较。

3）盘车运行期间，若发现动静部分摩擦严重，应停止连续盘车，改为间断盘车180°，并应迅速查明原因后消除缺陷，待恢复正常后再投入连续盘车运行。

4）若盘车投运不上，则应手动间断盘车180°，禁止用机械手段强制盘车。

5）停机后因盘车装置故障或其他原因需要暂时停止盘车时，应采取闷缸措施，监视上下缸温差、转子弯曲度的变化，待盘车装置正常或暂停盘车的因素消除后及时投入连续盘车。

6）汽轮机缸温达到设备供货商规定，则可以停运盘车。设备供货商无规定值，则缸温小于150℃，可停运盘车。

4. 异常停机

汽轮发电机组在运行时，会因异常情况的出现需要停机，均称为异常停机。异常停机一般分为紧急停机和故障停机。

（1）紧急停机。紧急停机是指汽轮机出现了重大异常，不论机组当时处于什么状态，都必须破坏真空紧急停机：

1）汽轮机转速升高至超速保护动作转速，仍未跳闸；

2）汽轮发电机组发生强烈振动，轴振超限；

3）汽轮发电机组内部有明显的金属摩擦声和撞击声；

4）汽轮机发生水冲击；

5）轴封处发生严重碰磨；

6）汽轮发电机组任一轴承金属温度超过保护定值或轴承冒烟；

7）汽轮机轴向位移突然超限，而保护没有动作；

8）汽轮机油系统着火，严重威胁机组安全运行；

9）循环水中断；

10）发电机氢密封系统发生氢气爆炸；

11）主油箱油位低到保护值；

12）润滑油压急剧下降。

（2）紧急停机注意事项

1）就地或遥控打闸，并检查下列操作是否自动进行：高、中压主汽阀及调节阀立即关闭；各级抽汽止回阀及高压缸排汽止回阀立即关闭。

2）投入润滑油泵。

3）停止真空泵运行，开启真空破坏阀。

4）凝汽器真空越限时，低压旁路系统应能迅速自动关闭或手动关闭。

5）监视机组惰走情况。

6）全开汽轮机各部疏水。

7）关闭主、再热蒸汽进入凝汽器疏水阀及手动隔离阀。

（3）故障停机。故障停机是指汽轮机已经出现故障，不能继续维持正常运行，应快速停机处理。故障停机，原则上是不破坏真空的停机。一般发生以下故障时，汽轮机应采取故障停机的方式：

1）主、再热汽温度在10min内突降50℃，或外缸上下缸温差超过50℃，内缸上下缸温差超过35℃；

2）主蒸汽、再热蒸汽管道、高压给水管道或压力部件破裂，或管道支吊架脱落，不能维持运行时；

3）针对超/超超临界机组对汽水品质要求高的特点，应增加二氧化硅及浊度热态冲洗指标控制，并适当提高各列凝汽器排放凝结水铁离子含量控制标准机润滑油系统发生漏油，影响到油压和油位时；

4）汽温、汽压不能维持规定值，出现大幅度降低；

5）汽轮机调节系统控制故障；

6）发电机密封油系统故障，氢气泄漏；

7）汽轮机辅助系统故障，影响到主机的运行。

（七）首次冲转调试阶段中关键控制点及注意事项

（1）注意因现场环境差，造成润滑油和EH油油质污染。锅炉吹管过程中，相关汽水、烟风系统、制粉系统等得到检验，炉侧整套启动基本条件已经具备，锅炉吹管完毕后，大量的工作集中汽轮机侧，主要有：锅炉冲管临时系统拆除、汽门安装恢复、临时疏水管恢复、管道保温、汽轮机翻瓦检查、机组EH油循环、汽轮机静调、旁路系统调试、汽轮机房场地装修、汽轮机本体化妆板安装等工作，现场交叉作业多，作业环境差。作业现场保温棉、灰尘、瓷砖粉末等悬浮颗粒物极易对润滑油、EH油造成污染，因此要求安装单位做好防止油质污染的技术措施和管理手段，重点要加强油箱上空洞封堵，油箱负压尽量维持微负压，与油系统相关检修和安装工艺应严格执行标准化作业要求，并定期加强油质化验，一旦出现油质污染反弹，应分析原因，进行排查。对于一些对环境要求高的工艺，如安装伺服阀、翻瓦、油箱倒油等应安排在夜间作业，并要求作业现场停止产生细微颗粒物作业工作，如保温、清扫等。

（2）DEH仿真试验可能引起设备异常行为。

1）在做DEH仿真调试前，DEH调试专业负责人应召集电厂热控技术人员、运行人员、DEH厂家技术人员、汽轮机调试人员等，对DEH仿真功能进行技术交底，重点应交代仿真过程中可能引起的风险、设备动作情况。

2）机组仿真调试过程前，调试人员应提前告知运行人员即将进行仿真调试。仿真过程中，汽轮机调试人员、运行人员积极配合控制专业人员进行仿真调试，对照仿真项目清单逐项进行，对可能引起设备动作进行事故预想，避免设备动作引起伤人、设备损坏事故发生。在仿真过程中，将会引起的设备动作有汽轮机调速汽门关闭、自动启停顶轴油泵、盘车停止等。

（3）锅炉升温升压过程中管道振动。锅炉升温升压过程中，锅炉刚起压后，蒸汽将推动炉侧U管、蛇形管中余水以及蒸汽在沿途冷却形成凝结水往汽轮机侧流动，这些凝结水要通过沿途疏水管排掉，在锅炉刚起压阶段必须严格控制升温升压速度，避免因升温升压过快，疏水及蒸汽混合物对管道冲击引起管道振动。汽轮机侧主再热蒸汽管道振动易发生在投入高旁过程中，主蒸汽管道疏水不充分或位于汽轮机房冷端再热器管道（冷端再热器最低点）积水，从高旁来的主蒸汽或汽水混合物在冷端再热器管道低点处形成聚集，极易形成对冷端再热器管道冲击。解决方法是：①机组凝汽器真空建立后，全开机组主再热蒸汽管道疏水，在主汽门前、冷端再热器管道低点疏水已排尽后再投入高旁运行；②开启高旁过程，就地派人监视，开启高旁减压阀5%对冷端再热器管道进行暖管，并监视高旁阀后、冷端再热器管道蒸汽温度及金属温度，直至蒸汽温度有一定过热度后，方可按照正常途径开大高压旁路。

（4）机前主再热蒸汽温度偏差大。汽轮机房主再热蒸汽管道通常采用“2—1—2”布置，机组启动前的锅炉升温升压过程中，当发现机前主再热蒸汽管道左右温度偏差大，应就地查找原因。查找途径包括：①温度测点显示是否正确；②主再热蒸汽疏水管路是否存在堵塞情况。利用手持式测温仪到就地测量主再热疏水阀门金属温度是否正常；③系统其他方面原因。需要根据现场实际情况判断。

（5）中压缸启动机组暖缸要求及注意事项。采取中压缸启动机组，为了减少冷态启动过程热冲击和缩短暖机时间，在启动前需要对高中压缸进行预暖。暖缸用的蒸汽来自于高旁后冷端再热器蒸汽或辅助蒸汽联箱汽源。

采用冷端再热器蒸汽暖机时，当高旁出口温度大于200℃时，联系锅炉，逐步提高低旁控制压力设定至冷端再热器压力大于或等于0.7MPa，作高压缸预暖准备，预暖前检查确认暖缸条件已具备，通过调整RFV（倒暖阀）和导汽管上的疏水阀开度，保持冷段蒸汽通过RFV倒流入高压缸，然后逐渐加热高压缸，最后经过导汽管上的疏水阀排入凝汽器，控制暖缸速率判据：维持高压缸内蒸汽压力应当增压至0.39～0.49MPa（不得大于0.7MPa），汽缸温升率小于50℃/h。当高压缸第一级后汽缸缸内壁金属温度升至150℃，开始计时，保持时间见图12-5，保持时间满足后，退出高压缸预暖，注意在退出过程中，务必将高压缸里蒸汽尽可能抽出，否则可能导致残留在高压缸的余汽冲动汽轮机。

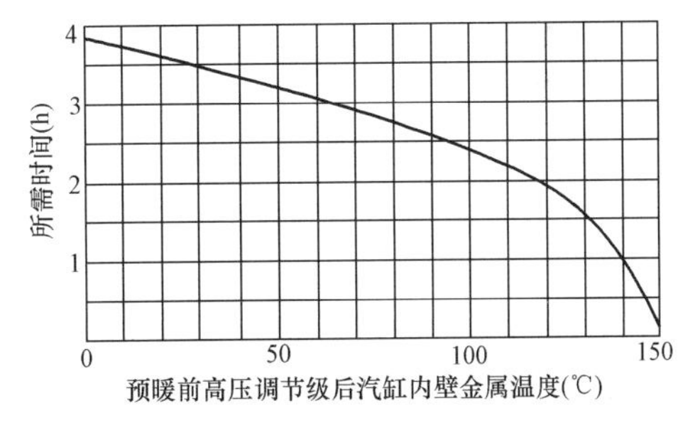

图12-5 中压缸启动预暖保持时间

采用辅助蒸汽暖缸时，当缸温达到120℃后，即使全开倒暖阀后，缸温几乎保持不动。原因为当高压缸内通入倒暖蒸汽的压力超过某一定值后，顶开了高压缸排汽止回门，大量蒸汽通过高压缸排汽进入再热蒸汽管道，只有少量蒸汽通过汽缸，暖缸效果不明显。解决措施是在锅炉点火升压后，通过调节高低压旁路，控制再热器压力在0.5MPa以上，抑制高压缸排汽止回门开启，倒暖效果明显。

（6）机组挂闸后，中压主汽门打不开现场。中压主汽门采用摇板式结构的机型，易发生中压主汽门在挂闸过程中无法打开现象。打不开原因是该种结构主汽门开启力矩较小，当再热器带压后，不能克服再热蒸汽作用在阀蝶上的力。现场解决措施是：①挂闸前通过开大低压旁路泄去再热器压力；②中压主汽门前后加连通管和阀门，挂闸前开启连通管间隔离阀，减小中压主汽门前后压差，挂闸完成后再关闭隔离阀。

（7）锅炉升压过程中或挂闸后转子直接被冲动。一些新建机组，首次启机中，发现主再热蒸汽压力升到一定值后，汽轮机转子被冲动，盘车脱扣。造成转子被冲动原因为调速汽门存在漏汽缺陷，汽门漏汽原因有：①汽门冷态调整预留量偏大，零位整定未到位；②伺服阀零位不正确，机组挂闸后，安全油压建立，一些伺服阀零位整定未到位阀门将会出现一定开度；③阀门本身机械缺陷，如密封面存在缺陷。

（8）机组抽真空后无法建立起预期真空。首次启机时，送轴封、抽真空，发现真空无法达到预期真空，常规检查和分析有：

1）轴封供汽压力情况。重点检查低压轴封供汽是否正常。常用手段是通过听低压缸轴封处声音，判断低压轴封是否有嗞嗞吸气声，或用纸片、细绳靠近低压缸轴封处，如存在吸气，则纸片或细绳会往低压轴封侧偏移。机组送轴封后，通过试验来寻找相对合理轴封供汽压力，缓慢提升轴封供汽母管压力，就地观察低压缸轴封处冒汽状况，低压轴封刚发生冒汽时所对应压力就是轴封供汽压力上限值，轴封汽压力偏高易导致蒸汽泄漏到主机润滑油系统，从而引起油中含水量超标，运行规程规定应控制轴封供汽压力不超过此限制值。

2）轴封加热器供回汽情况。利用点温仪测量各低压轴封供汽阀处温度是否正常。部分机组低压供汽管道穿过低压外缸，如果供汽管未加保温套管，轴封供汽在凝汽器里受到冷却，轴封供至低压轴封体温度降到40～50℃，甚至发生低压轴封处往外冒水情况。

低压轴封进回汽管道接反了。无论如何调整轴封供汽压力，低压轴封处一直处于冒汽状态，出现该种异常现象，施工单位应当重点对低压轴封进回汽管路及接口进行检查。

3）轴封加热器水位及U形水封情况。轴封加热器正常疏水通过U形水封至凝汽器，U形水封分为单级和多级两种，火力发电厂实际应用以多级水封为主，疏水通过水封两端压差进行疏水，U形水封高度既要保证正常疏水畅通，又要保证不被凝汽器负压拉穿。U形水封设计高度不够，水封被拉穿，直接会影响凝汽器真空，U形水封设计高度裕量大，轴封加热器疏水不畅，容易造成轴封加热器满水。运行中，要保证轴封加热器水位正常。

4）真空泵工作情况。真空泵电流、真空泵入口负压是否正常；凝汽器水位是否过高，水位过高淹没了凝汽器里抽空气管道，真空泵抽吸能力将降低；真空泵入口滤网是否存在异物堵塞，必要时，对滤网进行清洗。

5）同大气相通系统的隔离情况。重点检查：低压加热器汽侧系统排地沟放水门是否可靠隔离；给水泵汽轮机排汽蝶阀是否严密；炉侧排空气门是否已关闭。

6）真空系统查漏检查。就地听声音，排查是否存在施工遗忘的管道接口未封堵、仪表孔施工未完善等。利用氦质谱检漏仪查漏，重点查找凝汽器灌水查漏无法检查部位泄漏情况，如：低压缸大气释放阀、给水泵汽轮机防爆门、低压缸轴封、凝汽器喉部膨胀节等部位。

（9）旁路系统控制不当引起转速波动及其他问题。

1）高低压旁路在调试期间比较容易暴露的问题。

a）高旁保护动作后，主汽压力升高，如不能及时干预，会引起锅炉汽包或储水罐水位急剧变化；

b）冲转及定速3000r/min过程中，旁路保护动作，容易引起转速出现大幅度波动。如某型配置高低压旁路的高中压缸联合启动机组，低旁保护动作后，中压缸压力将快速增长，如超过DEH调节转速响应时，可能会造成OPC动作；

c）高低压旁路内漏。

2）高低压旁路在调试期间操作注意事项。

a）高压旁路投运初期应充分暖管，包括对冷端再热器热管道暖管，防止暖管不足，汽水混合物对冷端再热器管道冲击；

b）高低压旁路投运后，应尽量避免在小开度下运行（一般应不小于20%开度）。机组启动初期，蒸汽携带颗粒物容易对阀门进行冲蚀，经常性小开度运行会造成高低压旁路阀内漏；

c）运行要关注高、低压旁路状态，防止旁路保护动作（容易引起保护动作条件有：高低旁减温水压力低、凝汽器水位高）引起冲转参数急剧变化，进而响到汽轮机转速波动和锅炉汽包或储水罐水位急剧变化。

（10）低压缸喷水减温装置故障引起排汽缸温度高。汽轮机启动、空载及低负荷期间，由于蒸汽通流量减小，不足以带走低压缸由于鼓风摩擦产生的热量，从而使排汽温度升高。当排汽温度过高时，会引起低压缸的变形，使汽缸与转子中心线相对位置改变，诱发机组产生振动。为防止低压缸的热变形，大型汽轮机组低压缸都设置了低压缸喷水装置。另外，还限定低压缸排汽温度的极限值，当超过此数值时，作用于汽轮机ETS系统使汽轮机跳闸。如某型机组运行说明书规定：在自控情况下，当转子转速达到2600r/min时，开始喷水，并连续运转，直到负荷达10%时为止。在非自动控制模式期间，若想运作排汽缸喷水装置时，可用手控。超过120℃，运行15min则汽轮机保护动作，现场处理措施有：

1）启机过程中，排汽缸温度必须重点监视，一旦出现较快增长，应迅速采取人工干预，通常提升凝结水母管压力、开启低压缸喷水旁路手动门来瞬时增加减温水流量，往往能起到比较明显效果；

2）条件允许下，对低压缸喷水减温管路上滤网进行检查和清洗；

3）提高真空、降低再热蒸汽温度及增加机组负荷，均对降低低压缸排汽温度有利；

4）停机后，破坏机组真空，打开低压缸人孔门，观察低压缸喷水的喷头雾化效果，对雾化效果差喷头应进行人工清洗。

（11）高压缸排汽温度高问题。机组首次启机过程，在定速 3000r/min 后，应完成并网前的空载试验，该过程一般耗时长达 20h，汽轮机处于少量进汽阶段，特别是中压缸启动机组、高中压联合启动机组（如果高中压进汽比例不合理，也容易造成高压缸进汽量少），高压缸不进汽或少量进汽，高压缸鼓风散热没有办法带走，从而引起高压缸排汽缸温度不断升高，超过一定限制值后，将导致机组停机，处理措施为：

1）优化空载试验方案，加强试验协调和配合工作，尽量缩短空载试验时间；

2）检查高中压缸进汽比例是否合理，必要时，可考虑通过增加高中压调节阀进汽开度比例或降低再热汽压力等方式来提高高压缸进汽量；

3）锅炉通过燃烧调整，保持主汽温度稳定，必要时，可考虑降低主汽温度；

4）检查高压缸排汽通风阀通流能力是否偏小。

（12）汽缸膨胀异常及控制。在汽轮机启动、运行和停机时，为了保证汽轮机各个部件正确地膨胀、收缩和定位，同时保证汽缸和转子正确对中，设计了合理的滑销系统。为测量滑汽缸、转子膨胀量，一般会在机组相关部位安装测量装置，如在汽轮机前箱位置设置有汽缸轴向膨胀测量装置，测量值反映的是汽缸沿汽缸死点位置向机头方向的膨胀长度，在机组低压缸部位安装机组低压胀差测量装置，所反映的是转子相对于汽缸膨胀量，即转子膨胀量与汽缸膨胀量之差。

机组在启动过程中，汽轮机总胀、胀差是非常重要监视参数，一旦发现参数异常，应及时组织检查及处理。例如开机过程因膨胀问题可能会发生左右侧总胀偏差大、胀差大报警或跳机、汽缸猫爪脱空等现象。对汽轮机滑销系统的检查及处理措施有：

1）检查总胀测量装置是否正确。首次开机前，安装单位应在汽轮机前箱位置（正面、侧面）架设百分表来监测汽轮机汽缸轴向、纵向、横向膨胀，以判断是否发生偏移、上翘等异常情况。如果左右侧总胀测量表计偏差大，应与就地临时表计进行核对，先排除测量问题，如果就地临时表计测量总胀左右偏差大，表明机组膨胀左右不对称，汽缸发生了偏移，两侧膨胀相差太大时将会引起机组中心偏斜导致汽缸轴向膨胀阻涩，严重时还会导致动静部分碰磨，引起机组的强烈振动；

2）检查机组滑销系统、管道约束情况，汽缸是否存在膨胀受阻。正常情况下，汽缸能沿着滑销系统膨胀，但当滑销系统发生卡涩，与汽缸相连的管道（如导汽管、排汽管、抽汽管等）膨胀不畅造成管道对汽缸缸体产生额外附加力。

3）检查胀差测量装置安装、测量是否正确，排除测量不准产生的假象。在汽轮机本体处于冷态下，应检查汽缸左右膨胀、胀差及轴向位移指示仪是否处在零位，不在零位时应查明原因；

4）通过启停调试，摸清低压胀差特性，便于启停阶段胀差控制。机组出现正胀差或负胀差报警，均需要引起高度重视，胀差是汽轮机动静轴向间隙反映，胀差超过保护定值可能造成动静之间发生轴向碰摩。启停阶段，汽轮机转子在升速过程中由于叶片离心力对转子有拉伸作用，迫使转子受压，转子变短，该作用称为“转子的泊松效应”，对于“转子的泊松效应”反映明显的转子，启停过程应有预防措施。例如，某600MW型号汽轮机，因“转子的泊松效应”，开机时由0到3000r/min低压胀差减小了约5mm，停机后由3000r/min到0，低压胀差增加了约5mm，为控制该机型低压缸胀差，冷态开机过程，提前送轴封并适当提高轴封压力，在2000r/min暖机时，视低压转子胀差情况决定是否升速，在做机组严密性试验时，为防止转速下降过程中低压正胀差越限，需要退出低压胀差保护。

（13）汽轮机启停阶段摩擦振动控制。摩擦振动问题是新建机组启停调试阶段经常碰到现象。有关摩擦振动机理、危害和诊断，有关专业书籍阐述很透彻，本书仅就摩擦振动容易产生阶段及控制进行阐述。

1）摩擦检查阶段。机组冲转至200r/min，进行机组摩擦听音检查，重点碰磨部位是各轴瓦油挡、阻汽片、保温设施是否与转子发生摩擦。

2）密封瓦碰磨。密封瓦与发电机转子发生碰磨一般在1000r/min以下，碰磨发生时，发电机轴振动迅速爬升，通过升降速，密封瓦间隙增大后，密封瓦碰磨现象将消失。

3）升速过程中动静碰磨。机组经过低速摩擦听音检查后，继续升速过程中，容易发生因汽封及油挡间隙偏小引起的动静碰磨。分析原因为：汽轮机安装过程中，为了减小机组汽封漏汽，汽封间隙值一般按照制造厂家推荐的下限值调整，在机组冲转过程中，随着真空变化、油膜建立、汽缸及转子的膨胀等造成转子与静止部件相对位置发生变化，汽封动静间隙也随之发生变化，一旦间隙为零时，将发生动静碰磨。

4）机组空载试验中摩擦振动。汽轮机定速3000r/min后，配合电气进行空负荷试验，中压缸启动或高中压缸联合启动机组易发生1、2瓦轴振动先缓慢爬升，后进入一个快速增长的通道，直至被迫停机。

中压缸启动或高中缸联合启动机组，高压缸不进汽或少量进汽，高压缸末级一直处于鼓风状态，鼓风摩擦产生热量促使了高压缸排汽温度随着试验时间延长而不断地增加。通过对机组参数进行分析，判断造成振动突变主要原因是长时间空负荷运行导致高压缸排汽口缸温不均匀，从而引起汽缸局部变形导致动静碰磨，进而使高中压转子产生热弯曲，造成振动进一步发散。

一般解决措施：

a）优化空载试验方案，尽可能缩短汽轮机空载试验时间；

b）提高高压轴封供汽温度，减少轴封蒸汽温度与该处壁温不匹配性；

c）设法控制高压缸排汽温度增长，消除高压轴封蒸汽温度与该处壁温不匹配性引起局部变形的发生。

5）控制和消除汽封动静碰磨措施。

a）机组首次启动前，要了解本机组汽封结构，针对不同型式汽封制定有针对性振动处置措施。如接触式汽封、刷式汽封，开机实例证明，该型式汽封耐磨性好，消除摩擦振动需要更长的时间。

b）首次开机应按照逐步提升转速，分阶段稳定的措施，将摩擦振动控制在一定的范围内，既保证转子能磨掉汽封轻微接触的部分，亦保证避免因急于求成做法导致严重摩擦损害汽封密封效果；

c）高中压转子摩擦振动容易发生在机组启停、空负荷阶段和布莱登汽封闭合阶段，低压转子摩擦振动容易发生在带负荷阶段，当摩擦振动处于快速增长或超过了启动方案制定的上限值时，应果断采取干预措施，例如降负荷、降转速、降真空等措施，避免摩擦振动由早期过渡到中晚期，导致摩擦振动发散。

（14）首次汽轮机启停阶段转子不平衡振动。机组转子质量不平衡引起振动是新机组首次开机经常要面临的问题，常见故障有：转子质量不平衡引起高中压转子一阶临界转速下振动超标，定速 3000r/min 时低压转子瓦振动超标，带高负荷下发电机转子热变形引起发电机轴振动超标。

应对常见转子质量不平衡一般措施：

1）转子出厂前单转子动平衡精度要高，出厂前配重重量不能过多，尽量少在转子对轮上配重，要给现场配重预留位置；

2）现场振动监测专业人员应根据所监测振动数据及振动特性，针对不同质量不平衡引起振动制定恰当的配重方案。对于高中转子配重，要特别慎重（高中压转子无论从转子中间还是两端加重，配重块装上去后，经受热膨胀，再次取出平衡块会很困难），争取一次加重成功。带负荷后的发电机热变形引起振动，配重时应充分考虑空载、高负荷下发电机振动相位和幅值变化，选取折中方案，既要平衡掉转子热变形引起部分质量不平衡，又要考虑所加配重重量不至于对发电机转子空载时振动产生大的影响。

第十三章　汽轮机带负荷调试

第一节　机组带负荷系统投运

一、汽轮机带负荷调试

（一）机组并网并接带初始负荷

机组空负荷试验结束后，发电机并网，接带初始负荷（一般为3%额定负荷）。

（二）汽缸进汽方式倒换操作

1. 高压缸启动机组进汽方式

对于高压缸启动机组，机组旁路系统已退出运行，锅炉提供的主蒸汽通过高压缸做功后从高压缸排汽流出进入冷端再热器管道，经过再热器加热后，进入中压缸、低压缸做功。因其蒸汽流动过程与后续接带高负荷流动过程一致，故无需对汽缸进汽方式进行倒换操作。

2. 高中压联合启动及中压缸启动进汽方式

高中压缸联合启动机组冲转和带负荷初期，旁路投入运行，高中压缸分别进汽。锅炉提供的部分主蒸汽通过高压缸做功后从高压缸排汽流出，再经过高压缸排汽通风阀进入凝汽器，部分蒸汽通过高旁阀进入冷端再热器蒸汽管道，经过再热器加热后，进入中压缸、低压缸做功。中压缸启动机组冲转和带负荷初期，旁路投入运行，高压缸不进汽。锅炉提供的主蒸汽不通过高压缸做功，主蒸汽通过高旁阀进入冷端再热器蒸汽管道，通过再热器加热后，进入中压缸、低压缸做功。高中压联合启动及中压缸启动进汽方式与高压缸启动进汽方式不一致，随着机组负荷增加，当负荷增加到约20%额定负荷时需要进行汽缸进汽方式倒换操作，将高中压缸联合进汽或中压缸进行方式切换至高压缸进汽方式，这种操作称为“倒缸”。

3. 倒缸操作过程

机组负荷增加到20%额定负荷左右，DEH增加进汽流量指令，机组高中压调节阀开大，相应关小高中压旁路，直至退出运行，倒缸过程中应重点检查高压缸排汽止回门、高压缸排汽通风阀状态正确，当高、低压旁路全部关闭时，“倒缸”操作完成。

4. 机组倒缸操作要点

（1）倒缸操作中，应充分考虑冷端再热器压力突然降低对辅助蒸汽联箱及轴封汽正常供应影响。倒缸前，应清楚本机辅助蒸汽及轴封汽来源，如果辅助蒸汽来自于本机冷端再热器，轴封汽来源于冷端再热器或辅助蒸汽联箱，应事先将辅助蒸汽切换成启动炉或邻机供汽。因为启动初期，通过高低压旁路控制，能够保证再热蒸汽压力在1.0MPa左右，倒缸操作过程中，再热汽压力会下降到0.3MPa甚至更低，如果不进行汽源倒换，会导致辅助蒸汽联箱、轴封蒸汽失压，特别是轴封蒸汽失压将会使轴封进冷汽，极可能导致机组振动异常。如果辅助蒸汽联箱暂时没有重要用户，可不考虑辅助蒸汽汽源切换，但必须保证倒缸过程中，主蒸汽供轴封正常。

（2）倒缸操作中，要保持旁路与高压调节阀协同操作，防止因高压调节阀开启过快、高压旁路关闭慢引起主汽压力较大变化，进而引起锅炉汽包或储水箱出现虚假水位，造成水位保护动作引起锅炉 MFT。

（3）倒缸操作前负荷不能太低，低负荷下倒缸可能会导致发电机逆功率保护动作。

（4）倒缸过程中，高压缸排汽止回门应开启，高压缸排汽通风阀应关闭，并密切监视高压缸排汽温度、高压缸排汽压比（高压缸第一级压力与高压缸排汽压力的比值）变化，防止出现高压缸闷缸事故。

（三）高、低压加热器投运

1. 低压加热器投运一般程序

低压加热器遵循由低到高随机投运原则。先投入低压加热器水侧，解除低压加热器连锁开关危急疏水阀，机组挂闸后，关闭正常疏水电动门，全开危急疏水门，开启低压汽侧抽汽止回门、电动门以及抽汽管道上的疏水门。在冲转及带负荷初期，对低压加热器汽侧进行冲洗，待冲洗合格后，按照由高到低顺序依次恢复低压加热器正常疏水，期间安排安装单位对低压加热器水位开关和水位计进行冲洗和投入，对于处于负压系统水位计还需要对水位计进行灌水，低压加热器水位正常后，投入低压加热器水位自动，并检查相关的水位保护投入运行。

2. 高压加热器投运一般程序

对于中压缸启动或高中压缸启动机组，由于启动过程中冷端再热器始终带压运行，因此 2 号高压加热器具备了提前投入条件，其他高压加热器只要抽汽段带压就可以随机投入高压加热器运行，对于中压缸启动机组，1 号高压加热器投运需要等待“倒缸”完成后，才具备投运条件。

对于高压缸启动机组，高压加热器可以选择随机投运。

先投入高压加热器水侧，解除高压加热器连锁开关危急疏水阀，关闭正常疏水电动门，全开危急疏水门，开启高压汽侧抽汽止回门、电动门以及抽汽管道上的疏水门。在冲转及带负荷初期，对高压加热器汽侧进行冲洗，待冲洗合格后，按照由高到低顺序依次恢复高压加热器正常疏水，期间安排安装单位对高压加热器水位开关和水位计进行冲洗和投入，高压加热器水位正常后，投入高压加热器水位自动，并检查相关的水位保护投入运行。

3. 高、低压加热器调试注意事项

（1）加热器水侧清洗应在炉前系统化学清洗中完成。

（2）随机投入加热器对抽汽管道和加热器热冲击最小，只要条件允许，能随机投运高低压加热器的尽量选择随机投运。

（3）不具备随机投入条件加热器，在投运前需要对抽汽管路进行充分疏水暖管，避免暖管不充分引起的汽水混合物对抽汽管道冲击以及因加热器虚假高水位引起加热器保护动作。

（4）为了缩短整套启动过程中锅炉洗硅时间，建议在整启前创造高、低压加热器汽侧冲洗条件，冲洗时高压加热器水侧应投运。

（5）加热器汽侧冲洗过程中，对加热器水位开关进行冲洗前，需要退出水位开关保护，但退出后，必须严密监视抽汽管道壁温变化，防止因加热器水侧泄漏引起加热器满水情况发生。水位开关冲洗和投运正常后，应立即恢复水位保护。

（6）高低压加热器疏水逐级自留回收操作中，应安排运行人员到设备现场观察回收操作中疏水管道的振动情况，防止汽水混合物对疏水管道冲击。最低一级高压加热器疏水回收至除氧器操作尤其要慎重，既要防止操作过程中正常疏水管道振动，又要注意回收工质对除氧器和给水泵的冲击。

（7）加热器端差问题。加热器端差偏离设计值较多时，应对加热器进行检查，按照从易到难检查方法，先从简单方面进行排查：

1）加热器运行排空气门是否正常开启。

2）加热器水位是否正常。加热器水位高度可通过运行调整来确定，具体方法为：机组维持额定负荷运行，通过逐台降低加热器水位至低水位值再每次将加热器水位调高10mm后稳定运行10～20min，并记录抽汽压力、抽汽温度、加热器进、出水温度、疏水温度、加热器水位等参数的方法进行分段试验。然后根据试验数据描绘出加热器端差与水位变化的关系曲线，找出端差拐点值，在拐点值基础上再重新对水位H、HH值报警开关定位，以满足实际运行的需要。在简单排查完毕后，如果端差异常仍然存在，则应继续以下检查。

3）高压加热器水侧是否存在泄漏或短路现象。重点检查水室内部的分程隔板、水室包壳板或管子与管板连接处是否存在泄漏。

4）汽侧是否存在蒸汽短路问题。重点检查疏水段包壳板、中间隔板等连接部位焊接接头是否存在脱焊情况。

（8）加热器疏水不畅问题。高负荷下高压加热器疏水不畅及低负荷下低压加热器疏水不畅是高低压加热器疏水方面容易碰到的问题。

1）高负荷下高压加热器疏水不畅主要是由于正常疏水调节阀通流量偏小或调节阀存在堵塞现象，需要对调节阀进行检查，如果属于通流口径偏小，应扩孔或更换通流能力更大的阀门。

2）低负荷下低压加热器疏水不畅一般是由于疏水压差偏小或疏水管道的阻力大引起。应根据现场实际情况对正常疏水管道进行优化，尽量减少管道阻力，或者通过在疏水管路上设置疏水泵予以解决。

（9）疏水管道振动问题。疏水管道振动主要是因为管道内工质存在汽液两相流，疏水管道长期发生振动会造成管道焊口拉裂，必须想办法予以消除。解决措施：①检查疏水管道支吊架的限位和荷载状况，进行支吊架调整和加固；②避免管道疏水出现汽水两相流运行。检查疏水管道、疏水阀门布置是否合理，运行中维持加热器在正常水位运行。在排除这些简单因素后，有理由怀疑加热器汽侧本体方面存在问题。

(四) 机组管道疏水阀状态检查

机组升负荷过程中，应检查管路及系统疏水阀是否自动关闭。一般负荷升至10%额定负荷时，应关闭高压段疏水，负荷升至20%额定负荷时，应关闭中压段疏水，负荷升至30%额定负荷时，应关闭低压段疏水，

(1) 机组负荷达10%负荷以上时，下列疏水应正常关闭：

1) 主汽管道疏水和高旁管道疏水阀；

2) 1、2号高压主汽阀前疏水；

3) 1、2号高压主汽阀上、下阀座疏水阀；

4) 二段抽汽止回阀前疏水阀；

5) BDV阀前管道疏水阀。

(2) 机组负荷达20%负荷以上时，下列疏水应正常关闭：

1) 1、2号中压主汽门前疏水阀及1、2号中压主汽门阀座疏水阀；

2) 高压调节阀导汽管疏水阀；

3) 一段抽汽止回阀前疏水阀；

4) 高压缸排汽止回阀前疏水阀；

5) 再热热段、冷段疏水阀；

6) 三段抽汽止回阀前疏水阀；

7) 四段抽汽止回阀前疏水阀。

(3) 机组负荷达30%负荷以上时，下列疏水应正常关闭：

1) 五段抽汽止回阀前疏水阀；

2) 六段抽汽止回阀前疏水阀。

(五) 汽动给水泵投运

1. 汽动给水泵投运一般程序

配置30%电泵启动的机组，在10%～20%额定负荷阶段，可以利用辅助蒸汽联箱供汽将一台汽动给水泵冲转至3000r/min备用，机组倒缸完成后，并入汽动给水泵运行，继续升负荷时，第二台汽动给水泵冲转备用，当负荷升至40%负荷左右时，给水泵汽轮机汽源可切换至相应的抽汽供应。机组负荷大于45%时，宜直接使用相应的抽汽启动第二台汽动给水泵，负荷约50%额定负荷时，应投用第二台汽动给水泵，给水泵并泵前宜进行单台给水泵最大出力及给水泵高低压汽源切换试验。两台汽动给水泵投运后，应将电动给水泵负荷转移到汽动给水泵，并最终退出电动给水泵运行。

没有配置电动给水泵机组，启动前先应利用外供汽源启动一台给水泵供锅炉给水需要，待机组负荷升到约40%负荷时将外供汽源切换至四段抽汽供应，同时将另外一台给水泵冲转至3000r/min备用，继续加负荷前并入第二台给水泵运行。

2. 汽动给水泵带负荷调试过程注意事项

（1）投入给水泵汽轮机真空系统时应尽量减小给水泵汽轮机抽真空对主机真空影响。对于给水泵汽轮机排汽与主机排汽共用同一个凝汽器配置机组，当主机真空建立后，再投入给水泵汽轮机抽真空时，不应直接开启给水泵汽轮机排汽蝶阀，而应通过开启排汽蝶阀旁路门来给给水泵汽轮机抽真空，直至小机真空与主机真空比较接近后，方可开启给水泵汽轮机排汽蝶阀。

（2）汽动给水泵无法正常盘车。汽动给水泵停止后，一般给水泵汽轮机盘车能够自动投入，但也会出现盘车投不上或者盘车运行一段时间后自动停止的情况，遇到此类情况，再次试投盘车，如果投不上就不要使蛮力去盘车，因为出现此类盘车异常情况基本上是由于给水泵动静部分咬死，强制手动盘车将会对给水泵造成损伤。建议破坏给水泵汽轮机真空、退出轴封供汽，让给水泵汽轮机自然摆放，下次给水泵汽轮机冲转时，按照正常冲转程序进行，一般情况下能够正常冲转给水泵汽轮机，必要时，根据给水泵汽轮机振动特性选择600r/min停留30min再升速，如果冲转时，给水泵汽轮机调节阀开至30%以上时仍然无法冲转给水泵汽轮机，应停止给水泵汽轮机冲转所有工作，对给水泵推力盘、密封等进行检查。

关于汽动给水泵是否应当投入盘车问题争论较多，没有统一结论。一方面，盘车能够降低热态停机后给水泵汽轮机转子热弯曲，另一方面，盘车可能造成给水泵动静卡涩，给水泵汽轮机厂家要求盘车，给水泵厂家不同意盘车，两家要求都是站在各自设备安全角度去考虑问题。从投产运行机组看，给水泵汽轮机单体试运都投入盘车，联动给水泵后，大多数选择不盘车。联动不投盘车的主要顾虑为：机组调试初期，给水水质不合格，容易卡涩给水泵。因此调试期间，不建议汽动给水泵投盘车。

（3）汽动给水泵油中带水问题。给水泵汽轮机调试过程容易发生给水泵汽轮机润滑油含水量超标现象。润滑油中含水超标会降低润滑效果，加剧设备老化，严重时影响油膜的形成，造成轴承的损坏。调试过程遇到给水泵汽轮机润滑油含水量超标问题，需要对水源进行排查。排查重点为：

1）轴封方面的问题。主汽轮机和给水泵汽轮机轴封系统是共用的，当主汽轮机的轴封系统出现问题，如轴封风机故障，轴封加热器满水等异常工况发生时，不可避免地对给水泵汽轮机造成相应影响。轴封供汽压力过高容易导致轴封汽串入轴承室中凝结成水；此外，由于各种原因造成轴封回汽不畅，同样可以使轴封汽串入轴承室中。一个常见的例子是，给水泵汽轮机主汽门和调节汽门的门杆漏汽经常性地被设计成接入轴封回汽管道，容易造成回汽不畅而对润滑油质造成不利影响。

2）冷油器冷却水管道泄漏的影响。通常，这不会是问题的主要方面，因为几乎在所有的电厂，机组正常运行时，冷却水压力都被设计成低于油压来防止冷却水管道泄漏时水进入油中，不过，有些电厂在机组停运后并没有及时停止供应冷却水，所以这方面的原因是不能忽视的，尤其是给水泵汽轮机停运后油中含水量一直稳定增加时。

3）给水泵汽轮机油箱排烟风机出力的影响。排烟风机的持续运行，可以抽出润滑油中的油烟，防止有害气体的积累，并维持油箱一定的负压，有利于各轴承润滑油的顺利回流，这对于采用油涡轮盘车、用油及回油量巨大的给水泵汽轮机来说，其作用更为重要。但如果排烟风机出力过大，引起油箱负压过高，意味着各轴承室负压高，不但容易吸入粉尘，更使得外漏的轴封汽被持续地吸入从而造成油中含水量偏高。

4）给水泵密封水系统的影响。采用迷宫密封型式给水泵，外供密封水（一般为凝结水）注射到密封腔内向泵送水方向流去，在卸荷环内与外漏的泵输送水相遇，通过管道将之接至前置泵入口形成汽动给水泵卸荷水，还有一些密封水沿着迷宫密封泄漏至U形管直接排地沟或回收到凝汽器热井（称为无压回水）。如果出现了密封水供应过大或者给水泵轴端泄漏量大以及无压回水不畅等，多余的无压回水会进一步沿着泵的轴端往轴承室泄漏。

通过对漏水原因进行排查后，找出油中含水量超标原因，再进行治理。现场调试碰到最多的是无压回水不畅，通常采用治理手段有：①增加无压回水管道管径以增加无压回水能力；②减小无压回水管道阻力；③改进给水泵轴端密封形式。将给水泵光滑密封轴套加工出螺纹，工作时泄漏的液体充满螺纹和壳体所包含的空间，形成“液体螺母”，轴套上螺纹的方向使“液体螺母”在轴旋转时产生轴向运动，促使密封水不断地返回汽动给水泵泵体内。

（4）给水泵机械密封液温度控制问题。采用机械密封控制的给水泵，给水泵密封液温度是一个重要保护参数，制造厂家规定当密封液温度超过90℃时，给水泵保护动作跳泵。要保证密封液温度不超标，首先要保证密封液的冷却水（一般用闭式水供应）正常，其次要保证密封液本身系统（例如磁性滤网无堵塞、密封液排气阀无泄漏）正常。再则，运行过程往往会碰到汽动给水泵检修恢复过程中，机械密封液温度大大高于90℃造成泵启动条件不满足，分析原因为：泵没有正常运转之前，泵体密封液无法建立正常循环，因此无法得到有效冷却，从而使得未循环前的密封液温度基本与汽动给水泵入口水温相当，解决办法为：解除机械密封液温度小于90℃条件，使汽动给水泵充分旋转后，观察密封液温度变化，一般情况下，如果泵体机械密封能正常工作，该温度很快降到50～60℃，假若汽动给水泵旋转到3000r/min后，机械密封液温度仍然居高不下，基本可以判断机械密封存在故障，需要对机械密封进行检查处理。

（5）给水泵并泵操作要领。一台给水泵带负荷，一台泵处于再循环旋转备用，将旋转备用给水泵转入带负荷过程称为给水泵并泵。并泵操作要领是：逐渐提升备用泵转速至其出口压力与给水母管压力相差0.5MPa，开启备用泵出口电动门后，再缓慢提升转速，监视泵的入口流量变化，保持向锅炉给水流量小幅增加，对两台泵转速进行调整，使两台泵给水负荷基本相等。操作重点事项：并泵过程中，旋转备用泵再循环必须全开；锅炉给水流量避免大起大落。

（6）给水泵汽轮机高低压汽源对转速扰动。给水泵汽轮机汽源一般设计有高低压汽源，正常运行时，低压汽源由四段抽汽供应，低负荷下或者单台汽动给水泵跳闸时，当给水泵汽轮机低压调节阀基本全开仍然无法维持正常上水需要时，MEH指令将开给水泵汽轮机高压调节阀来补充，由于高低压调节阀特性不同，可能会造成高压调节阀开闭过程对给水泵转速造成一定波动，严重时会造成给水泵实际值与目标值偏差过大，引起给水泵自动切除。因此，在调试过程中要创造机会，检验给水泵在高压调节阀开闭阶段转速波动特征，并对调节阀配汽特性进行优化调整。

(7) 给水泵主油泵切换时引起给水泵跳闸。汽动给水泵油系统常规配置为两台主油泵和一台事故直流油泵，运行采取一用一备方式，主油泵供油起到两方面作用，一方面作为轴承润滑油，一方面作为给水泵汽轮机保安油。汽动给水泵正常运行后，一台主油泵跳闸，备用泵启动到完全工作需要 3～5s 时间，在这 3～5s 间蓄能器不能正常工作或油系统上存在其他缺陷时，将会发生润滑油压低或保安油压低保护动作。如果是润滑油压低引起，则要检查润滑油系统蓄能器是否正常、各轴瓦油压分配是否合理，如果是保安油压动作，则要检查保安油系统蓄能器是否正常、止回阀工作状况等，在上述检查无异常后，建议采取加大油系统蓄能器容量、主油泵更换快速启动电动机、适当提高联动备用主油泵压力定值等针对性的处理措施。

(六) 机组轴封供汽

1. 供汽方式倒换

机组启动初期，高中低压轴封均依靠辅助蒸汽联箱供应，当高压末级、中压末级处于正压后，高压轴封、中压轴封将往轴封站漏汽，随着机组负荷升高，当高中轴封外漏汽源能够满足低压轴封用汽后，轴封系统形成了自密封，多余蒸汽将通过轴封站溢流排至 8 号低压加热器或疏水扩容器。机组自密封一般在 30%额定负荷左右完成，个别机组要在更高负荷下完成自密封。

2. 轴封供汽调试注意事项

(1) 轴封外部供汽始终处于热备用状态。汽轮机轴封形成自密封后，无需辅助蒸汽联箱往轴封站供汽，同时辅助蒸汽联箱也无其他供汽用户，辅助蒸汽联箱及辅助蒸汽供轴封站管道内的蒸汽基本处于不流动状态，如果不定期进行疏水，辅助蒸汽温度降逐渐降低，最终成饱和蒸汽状态，此过程一旦发生汽轮机跳机，轴封蒸汽失去或蒸汽过热度不足，会造成轴封进冷汽，引起机组振动异常。因此，应尽量维持轴封外部供汽处于热备用状态。通常一种比较好的做法是保证冷端再热器及主蒸汽供轴封处于备用状态，一旦发生跳机，优先保证主蒸汽或再热蒸汽供轴封蒸汽正常。如果轴封系统没有设计主蒸汽或冷端再热器蒸汽供轴封站，就必须始终保持辅助蒸汽联箱及辅助蒸汽供轴封管路上蒸汽处于热备用状态。

(2) 应根据不同缸温选择相对匹配轴封汽源，尽量减少转子与轴封蒸汽温差。冷态启机，可以选择辅助蒸汽作为轴封汽源，热态或极热态开机，转子温度高，一般采用主蒸汽供轴封汽源更合适。

(3) 机组停机后，轴封供汽退出后，除应关闭轴封减温水调节阀，还应关闭减温水隔离门，防止调节阀不严引起减温水泄漏到轴封供汽系统，造成转子进冷汽。

(4) 配备有轴封电加热的机组，检查轴封电加热装置应在自动恒温模式。

(5) 轴封减温器后温度测点应远离减温水，保证减温水与轴封蒸汽充分混合，从而所测量轴封温度真实性。

(6) 轴封漏汽管接在抽汽管道上时，汽轮机冲转前或使用该段抽汽的加热器退出运行，则应把此轴封排汽切换至凝汽器。

(7) 轴封加热器水位应正常，轴封加热器水位计指示正确。

轴封加热器远传和就地水位计能够真实反映轴封加热器正常水位，轴封加热器水位过高、过低均不适合。水位过高可能引起轴封加热器风机带水甚至轴封加热器风机损坏，水位过低，可能造成轴封加热器疏水水封破坏，对机组真空产生不利影响。

(七) 除氧器、辅助蒸汽、给水泵汽源倒换

30%～45%额定负荷时，除氧器、辅助蒸汽、给水泵汽源可切换至本机供汽。

1. 辅助蒸汽汽源供应

(1) 启动及带负荷初期，辅助蒸汽宜由启动炉或邻机供应。

(2) 对于高中压缸联合启动或中压缸启动方式机组，为减少启动炉运行时间，在再热汽压力达到一定值（0.7～0.8MPa）后，可投运冷端再热器供辅助蒸汽联箱供汽，提前退出启动炉运行，但需要注意的是，在带负荷后且高低压旁路退出运行阶段，锅炉再热汽压力会有一个快速降低阶段，要提前做好辅助蒸汽联箱压力剧降的应对措施。

(3) 负荷大于30%额定负荷后，抽汽压力大于辅助蒸汽母管压力时，辅助蒸汽改由相应压力的抽汽提供。

(4) 四段抽汽供辅助蒸汽联箱供应正常后，本机冷端再热器汽源作为常规备用，启动汽源作为紧急备用。正常运行状况下汽轮机跳机，四段抽汽供辅助蒸汽压力失去，冷端再热器带压运行，先利用锅炉再热器余汽供应辅助蒸汽联箱，再根据实际需要确定是否启用外供辅助汽源。

2. 除氧器汽源供应

机组启动阶段，除氧器汽源由辅助蒸汽母管供汽维持，当负荷大于30%额定负荷后可改用相应压力的抽汽供应，除氧器压力、温度随负荷滑升至额定参数。

配置汽动引风机且排汽至除氧器的机组，锅炉进水冲洗时，除氧器汽源由辅助蒸汽母管供汽维持；根据引风机给水泵汽轮机排汽工况，适时投用引风机给水泵汽轮机排汽至除氧器进行加热，除氧器压力、温度随负荷滑升至额定参数。相应压力的抽汽作为常规备用，辅助蒸汽作为紧急备用。

负荷大于60%额定负荷，配置汽动引风机的机组，引风机汽源可切换至本机供汽。

二、机组带负荷调试过程重点关注事项

(一) 汽轮机带负荷运行重要控制项目

(1) 不同负荷工况的轴承振动，一般选择25%、50%、75%、100%；

(2) 汽轮机轴承进、回油温度；

(3) 推力轴承、支持轴承及发电机轴承金属温度；

(4) 汽缸膨胀；

（5）轴向位移；

（6）高压缸、中压缸、低压缸胀差；

（7）主蒸汽、再热蒸汽压力和温度；

（8）高、中压内、外缸上、下温差；

（9）机组真空度；

（10）高压缸排汽温度；

（11）低压缸排汽温度；

（12）机组升负荷速率。

（二）机组带负荷调试过程中异常问题及处理

1. 凝结水泵失压分析及处理

机组首次冲转及带负荷初期，容易出现凝结水泵运行一段时间后，出口压力、电流摆动，就地检查凝结水泵，会听到凝结水泵间歇性异音，出口压力波动大时，会引起出口管道较大幅度摆动现象。凝结水泵失压原因有两个方面：

（1）异物堵塞凝结水水泵入口滤网或凝汽器热水井的入口隔栅。机组首次冲转和带负荷初期，随着主辅系统投运，一些杂物（保温棉、油泥、金属颗粒物等）随蒸汽带入凝汽器，杂物在凝结水泵入口滤网上聚集到一定程度后，会出现凝结水泵流量、电流、压力减小，此时，应切换备用凝结水泵运行，对停运泵的入口滤网进行人工清洗。如果切换成另外一台凝结水泵运行后，泵出口压力仍然不正常的话，应当是热水井入口隔栅出现堵塞。唯一处理方法是停机对凝汽器进行彻底人工清洗。

（2）凝结水泵进空气。凝结水泵入口管道法兰、泵本体密封不严以及凝结水泵检修隔离措施不当等均会造成运行中凝结水泵进空气，凝结水泵携带空气后，泵的电流、流量、出口压力会产生摆动现象，就地出口管道也会出现摆动，同时凝结水溶解氧指标呈上升趋势。凝结水泵出现进空气后，应就地检查凝结水泵入口负压部分（如滤网法兰面、入口门法兰面、入口仪表管、放水门等）是否存在吸气现象，如存在，应采取方法进行封堵。如没有查到泄漏点，应启动备用泵，停止进空气凝结水泵并隔离进行检查。检查方法是：对泵进行隔离，利用凝结水泵密封水往凝结水泵泵体注水，检查泵的入口管路上是否有渗漏点。

凝结水泵做清洗滤网隔离措施时，一定要按照凝结水泵隔离操作票做好隔离措施，泵的入口电动关闭后，还应就地手紧入口门，确认门已完全关闭。如果隔离措施不完善时，会发生清洗泵滤网过程中，空气吸入到运行泵入口，导致运行泵进空气，并最终使机组被迫停机。

（3）避免滤网堵塞建议。

1）严格执行标准施工工艺，对于隐蔽工程施工，专业监理工程师必须到场进行见证，验收合格后方能封闭施工；

2）严格执行机组化学清洗及锅炉吹管调试工艺及标准，机组化学清洗或锅炉吹管结束后，对凝结水泵入口滤网进行检查，对凝汽器进行人工清理，并经验收合格后方可封闭检修人孔门。

2. 整套启动过程中给水泵、前置泵入口滤网堵塞

(1) 滤网堵塞特征。机组首次并网及带负荷初期，由于制造、安装过程遗留的杂物（铁锈、保温棉、油泥等）被汽、水带入到除氧器，造成滤网堵塞，滤网堵塞的明显特征为泵的流量、前置泵电流、给水泵入口压力明显减小，滤网前后压差大报警。当发现给水泵的入口滤网堵塞时，应立即通知安装单位办理滤网清洗工作票。

(2) 避免滤网堵塞建议。

1) 严格执行标准施工工艺，对于隐蔽工程施工，专业监理工程师必须到场进行见证，验收合格后方能封闭施工。

2) 严格执行机组化学清洗及锅炉吹管调试工艺及标准，机组化学清洗或锅炉吹管结束后，对给水泵入口滤网进行检查，对除氧器进行人工清理，并经验收合格后方可封闭检修人孔门。

3) 启动初期加强锅炉洗硅。除氧器补水由凝结水输送泵、洗硅泵直接补水，凝结水通过5号低压加热器出口排往循环水出水管，待凝结水水质明显改善后，再切换至凝结水供除氧器补水；另外，在投入四段抽汽至除氧器加热用汽和3号高压加热器疏水至凝汽器过程中，也需要缓慢操作，谨防强烈的冲击导致电动给水泵失压。

3. 高压加热器保护动作影响

机组带高负荷时，发生高压加热器保护动作时应引起高度重视，由于高压加热器给水采用大旁路系统，一旦高压加热器解列，对应的高压加热器汽侧、水侧将全部退出运行，机组负荷将会瞬间增加，给水温度瞬间降低100℃以上，凝结水流量将会增加。高压加热器解列时，重点注意以下几个方面：

(1) 监视除氧器水位调节情况以及凝结水泵电流变化情况，机组负荷较高时防止凝结水泵过负荷。

(2) 防止机组过负荷或再热器超压现象的发生。注意监视机组调节级压力，轴系的串轴、胀差、推力轴承温度、轴承振动等各项参数变化情况。必要时，适当降低机组负荷。

(3) 监视主再热汽温变化趋势，及时进行人工干预，防止主再热汽温超温。

4. 低压加热器保护动作影响

机组带高负荷时，低压加热器解列影响要远远小于高压加热器解列影响，因为每台低压加热器（7、8号低压加热器设计一组）设计有单独旁路系统，低压加热器解列一般不会像高压加热器发生整组解列，因此对机组负荷、凝结水至除氧器水温影响较小。单台低压加热器解列后应查明原因，尽快恢复。需要引起注意的是单台低压加热器解列后，如果干预不及时，可能会波及相邻低压加热器，产生连锁反应造成所有低压加热器全部切除。所有低压加热器切除后，凝结水进除氧器温度剧降，除氧器温度、压力快速下降，四段抽汽量加大，机组负荷、除氧器水位波动大，发现或处理不及时，可能会造成除氧器水位高Ⅲ动作切除四段抽汽，进而影响给水泵正常运行，严重时可能会导致锅

炉水位异常或给水量低 MFT。

5. 单台汽动给水泵跳闸处理

机组在高负荷时单台汽动给水泵保护动作，执行给水泵 RB 控制程序。单台汽动给水泵跳闸处理要点：

（1）运行单位应当制定单台给水泵跳闸事故预防措施，熟悉单台汽动给水泵跳闸 RB 动作逻辑，并加强运行操作人员事故处理培训；

（2）在机组整套启动调试前，建设单位应组织参建各方对 RB 逻辑进行讨论，调试单位根据讨论结果对 RB 逻辑进行修改和静态下检查，在完成实际 RB 试验后，再根据实际情况对参数进行修改；

（3）对于汽包炉，单台给水泵跳闸关键是保证不发生汽包水位低 MFT，对于直流锅炉，单台给水泵跳闸关键是保证锅炉主再热汽不超温，RB 动作过程中要求降负荷、增加给水流量、减燃烧等协同进行，直至机组重新维持在一个新的负荷平衡点下运行；

（4）给水泵增加转速过程中，应密切关注高压备用汽源的动作状况及汽动给水泵自动状况，当给水泵转速偏差大跳给水泵汽轮机自动时应及时投入。

6. 带负荷过程中较常见的振动问题处理

（1）低压轴承支撑刚度不足引起瓦振动大问题。

1）低压轴承支撑刚度不足典型特征。相比较高中压轴承采取落地式结构型式，低压轴承坐落在低压缸排汽缸结构型式容易发生因支撑刚度不足引起瓦振动大的问题。刚度不足引起低压轴承瓦振动大特征是：轴振动小，轴承振动偏大或超标；低压轴承振动与真空、排汽缸温度相关性强，一旦真空、排汽缸温变化较大，会引起低压缸动静碰磨，低压轴承瓦振会快速增长。

2）消除轴承刚度引起低压轴承振动技术措施。

a）机组选型时，应根据机组功能需要选择轴承支撑结构更为合理机组。如对于空冷机组，因真空、排汽温度变化大，应选择落地式低压轴承座，避免排汽缸温度、真空大幅变化带来轴承坐标高变化。

b）对刚度不足的轴承座进行加固，必要时，需要对低压排汽缸进行加固。

c）通过现场动平衡配重，进一步减小低压转子二阶不平衡振动，降低带负荷后转子不平衡引起激振力。

（2）发电机转子热变形问题。

1）热变形引起发电机振动典型特征。

a）机组空负荷下，发电机转子振动无异常。发电机空载试验时，转子励磁电流增加到一定值后，发电机轴瓦振动将呈正相关性。

b）机组带低负荷时，发电机转子振动无异常，发电机带高负荷后，发电机转子两端振动快速增加，严重时将影响机组带高负荷。

2）消除转子热变形振动技术措施。当机组负荷、励磁电流增加后，发电机需要散发热量增加，当出现诸如转子通风孔堵塞类似问题后，发电机转子温度场分布不均时，将会引起发电机转子热变形，并最终形成热不平衡。

a）发电机制造厂家应把好转子出厂前质量关，转子出厂前通风试验合格，尽量杜绝有缺陷转子出厂。

b）现场动平衡处理。通过配重，使配重产生不平衡与热变形产生不平衡相互抵消。平衡原则是机组在满负荷或经济负荷下振动最小，同时兼顾空负荷及临界振动不超标。

（3）汽流激振问题。

1）汽流激振典型特征。

a）机组带负荷时，随着负荷的增加，高中压转子轴振也随着增大，且有较大的波动性，部分机组高中压转子振动与高压调门的开启顺序相关性强；

b）通过频谱分析，可以看到高中压转子轴振中有较明显的半频成分。

2）消除转子汽流激振技术措施。对于汽流激振故障，可以通过提高轴瓦稳定性来消除，在机组运行时，可以通过提高润滑油油温来减小振动；在机组停机时，可以通过提高轴承标高或是减小轴瓦顶隙来提高轴瓦稳定性；对于高中压转子振动与高压调门开启顺序相关性强的机组，应对阀门开启顺序进行优化调整试验，能有效抑制汽流激振问题。

7. 轴承温度异常处理

（1）调试过程中轴承瓦温异常表现。

1）冲转和停机过程中某支撑轴承温度高，严重时发生碾瓦；

2）机组带高负荷后某个支撑轴承温度或推力轴承温度高，严重时，机组无法接带高负荷。

（2）支撑轴承温度高常见原因。

1）顶轴油泵启停转速偏低。启机过程中过早停运顶轴油泵以及停机过程中迟启动顶轴油泵，轴瓦油膜破坏，引起轴承温度高或轴瓦碾损。

2）安装过程中，轴瓦负载分配不合理或基础沉降不均匀，造成个别瓦块负载重，在运行时各轴承座因热膨胀不同，缸内压力变化（低压缸内为真空、发电机内充氢），相联的凝汽器充水变化，引起轴承座中心线标高改变，均会引起轴承载荷变化，轴承负载超过设计负载后轴瓦温度出现异常。

3）机组进汽阀序不合理影响。部分进汽情况下，如果进汽方式不合理，在某些负荷点下会造成蒸汽对转子向下作用力加大，从而引起1、2号轴承温度高。一般表现特征是单阀下1、2号瓦温正常，单阀切为顺序阀后瓦温大幅度增加，在某种进汽开度下，1、2号瓦受到转子向下作用力最大时，表现为1号或2号瓦温最高。

4）轴瓦进油量偏少。轴瓦上节流孔偏小、进油临时滤网未拆下、轴瓦油道上存在异物堵塞等情况均会造成轴瓦润滑油量不足。

5）油质差，大的颗粒物损伤了轴瓦。油循环不充分，一些金属颗粒物进入轴瓦，造成轴瓦损伤。

6）瓦自身缺陷或安装缺陷。

（3）推力瓦温度高常见原因。

1）轴向推力大。表现特征为正向或反向几个测点推力瓦温度高，且随机组负荷增加推力瓦温度升高，严重时，机组无法带满负荷。轴向推力大一般由机组通流设计不合理或通流受损引起。

2）单个瓦块负载重。表现特征某个固定瓦块温度高，瓦块偏厚、瓦块调心差、推力瓦支撑弹簧变形以及轴瓦定位销不准等均会引起单个瓦块温度高。

3）推力瓦与支撑球面配合不好，瓦块不能自由转动调整，瓦块受力不均匀。表现特征为不同瓦块温度升高，并无明显规律性。

4）轴瓦进油量偏少。轴瓦上节流孔偏小、轴瓦油道上存在异物堵塞等情况均会造成轴瓦润滑油量不足。

（4）消除轴瓦温度高建议。

1）检查轴瓦测温元件安装及指示正确性，排除假象；

2）加强油质净化处理，保证润滑油质始终处于合格水平；

3）对于一些负载分配不合理机组，应当适当提高自启停顶轴油泵下的汽轮机转速定值，保证轴瓦油膜压力正常；

4）针对轴瓦温度高特征，进行排除和分析，找准原因后再采取有针对性的处理措施。例如，属于进汽方式不合理引起1、2号瓦温度高，需要优化进汽方式。

8. 调速系统方面问题及处理

（1）油系统泄漏。泄漏部位多发生在控制油动机的组合部件上（如：电磁阀、伺服阀、安全油口等接头部位），从防止泄漏的手段看：O形圈的质量控制是关键，泄漏多数是因为O形圈变形或质量不佳引起。

（2）油系统管道振动。

1）热控原因，如伺服阀存在故障、热控卡件问题等；

2）机务原因，如管道固定不牢靠、系统发生大工况的扰动等。判断是否属于热控的一般方法有：利用信号源就地给油动机伺服阀加信号，如油管振动消失便可判断是热控问题。

（3）阀门无法正常开启。造成原因有：①油动机无法正常开启；②阀门机械卡涩。查找该类问题方法为：利用排除法由易到难，先从油动机方面查起，首先应检查伺服阀是否正常，再检查卡件是否正常（采用就地加信号判断是否属于卡件问题，如就地加信号阀门能动作，则要检查热控卡件、软件等）；油路问题也是很常见的问题，通常采用的方法是：就地手摸EH油进油管、控制油管、有压回油、无压回油管。如油管中有油流过，管子是热的，否则管子是冷的，通过油管路的冷热情况综合分析可能存在的故障点。例如：手摸到有压回油管道是热的，可能是控制该门的安全油存在问题，应通过检查控制该门安全油的组件（电磁阀、插装阀等）去分析查找问题；在排除热控原因和油动机及其控制组合件的原因后，剩余的就是阀门本身存在卡涩或者压差大开启力不够原因。例如：上汽、哈汽引进西屋技术的600MW机组中压主汽门便是典型的例子，机组启动前挂闸，多次发现中压主汽门无法打开。分析原因为该主汽门为摇板式结构，开启力矩较小，当再热器带压后，不能克服再热蒸汽作用在阀蝶上的力，现场采取措施：在再热器未起压时挂闸；挂闸前通过开大低压旁路泄去再热器压力；挂闸前开再热主汽门前、后的疏水门，以减小主汽门前后压差；将连接再热主汽门前、后疏水管扩大，以减小主汽门前后的压差。机械卡涩通常是阀杆与阀套间存在卡涩，如阀杆与阀套间装配间隙小、阀杆弯曲、阀杆拉毛、氧化皮夹杂在阀杆与发套之间等，机械卡涩通常要依靠解体处理。

(4) 油压不正常。通常故障有：①EH 泵出口压力低，油泵电流高、泵的流量大，此问题一般是伺服阀存在指令或在无指令条件下伺服阀没有置负偏置，大量油经伺服阀泄去，通过现场排查 EH 油管路，一般可以找到存在问题的阀门；②OPC 动作后，EH 油压大幅波动，最终导致 EH 油压低跳机，次问题需要重点检查 EH 油系统的蓄能器是否投入、蓄能器充氮压力是否正常，在机组静态下，可作简单试验测试：机组挂闸后，停止 EH 油泵运行，观察 EH 油压的变化趋势，正常的系统可以维持 8～9min 机组不跳闸。

9. 发电机氢气纯度问题分析及处理

(1) 发电机氢气纯度差原因分析。部分机组调试过程中发现发电机氢气纯度持续下降，为了维持氢气纯度，不得不定期对发电机进行补排氢气。一般情况下发电机采用双流环密封油结构的机组容易发生发电机氢气污染问题，采用单流环密封油结构机组基本没有发生氢气纯度问题。两者区别在于单流环密封油系统较之双流环系统在针对密封油的处理方面有其独到之处，单流环系统在正常情况下，轴承润滑油不断地补充到真空油箱中，真空泵不间断地工作，保持真空油箱的真空度，同时将空气和水分抽出并排放掉。同时，为了加速空气和水分从油中释放，真空油箱内部设有多个喷头，真空油箱中的油通过再循环管端的喷头而被扩散，加速了气、水从油中分离。由于采用真空系统，单流环系统能保证向发电机密封瓦提供的油中空气含量极少，而双流环系统向密封瓦提供的密封油未采取有效的处理措施，不能保证供油质量，特别是当氢侧密封油源不能维持独立平衡，空氢侧密封油发生窜油时，氢侧油中含空气量会成倍增加，这也就是双流环密封油系统氢气污染问题主要原因。

(2) 发电机氢气纯度问题处理。

1) 分析密封油系统运行状况，采取针对性处理措施。对于双流环结构，就地查看密封油箱补排油状况（用手摸补排油管道，有油流管道比无油流管道温度高），正常状况下密封油箱基本上不进行补排油，如果检查发现密封油经常性补油或排油，表明密封瓦空、氢侧存在窜油，只要窜油发生，发电机氢气纯度肯定会受到污染。

2) 保证密封油处理装置正常运行。采用双流环密封油系统如配有油净化配置，要始终保持油净化装置工作正常，对于单流环结构密封油，需要保证真空油箱处于高真空，油处理的雾化喷头雾化效果良好。

3) 氢气干燥器工作正常，对氢气干燥器进行定期排水。

4）属于密封瓦原因，需要对密封瓦进行解体检查。在没有解体检查条件之前，需要定期对发电机进行补排氢气置换，确保发电机氢气纯度不低于96%。

10. 发电机漏氢量不合格问题及处理

发电机正常运行时，单日漏氢量应控制在10m³左右，超过较多应对发电机进行氢气检漏。

（1）发电机漏氢部位排查方法。

1）利用仪器查漏。氦质谱检漏仪是一种高精度氢气检漏仪，一般能检测出细微漏点，手持式漏氢检测仪器，精度稍低，对于稍大漏点也能检测得到。容易发生漏氢部位有：发电机密封瓦、氢气干燥器连接法兰、氢冷器、仪表接头等。

2）排除法查漏。临时退出发电机某个系统（如氢气干燥器），观察发电机氢气下降情况，如果下降明显减慢，可判断为该退出设备存在漏氢。在诊断某台设备存在漏氢后再重点对该设备进行漏氢检测。

（2）发电机漏氢处理。

1）对于连接法兰、接头等设备外漏可不停机处理，通过紧法兰、涂密封胶、更换密封垫片，能够消除或减少泄漏；

2）对于密封瓦变形、发电机定子线棒、氢冷器等引起漏氢，需要停机，对发电机完成置换后处理。

第二节 带负荷试验

一、带负荷过程中试验项目

机组带负荷调试过程中，汽轮机专业需要完成试验包括：真空严密性试验、阀门活动性试验、甩负荷试验、配合热工调试完成协调变负荷及RB试验。另外，根据需要，凝汽器单侧运行试验、半负荷变油温试验、阀序切换试验也可在此阶段完成。

二、带负荷试验方法及注意事项

（一）凝汽器单侧运行试验

当凝汽器换热管泄漏或凝汽器需要人工机械清洗时，需要隔离半侧凝汽器，另外半侧凝汽器保持运行状态，凝汽器单侧运行试验目的在于检验机组在单侧运行工况下带负荷能力。

1. 试验方法

机组负荷降低至约40%额定负荷，关闭一侧凝汽器的进、出口门，观察凝汽器真空、低压缸排汽温度变化，根据排汽缸温度，适当增加或减少机组负荷，控制排汽缸温度在汽轮机厂家说明书允许范围内。

2. 试验注意事项

单侧运行时，严密监视低压缸排汽温度变化及低压轴瓦振动变化，一旦低压轴瓦振动变化量超过50%，应退出试验。

（二）半负荷变油温试验

1. 试验方法

负荷带到50%额定负荷，将润滑油温度变化10℃（只变化一次），记录不同润滑油温度时汽轮机轴系振动情况，变化前、后每工况记录10min。

2. 试验注意事项

（1）油温操作应平缓，并与就地温度对比，防止操作过度造成油温过高或过低；

（2）变油温试验时，应注意轴系振动变化情况，发现油膜涡动等异常时，应退出试验，及时调整参数，恢复机组运行稳定。

（三）汽门活动性试验

负荷约75%额定负荷，应进行汽门活动试验，试验目的在于检验阀门启闭灵活无卡涩。

1. 汽门活动性试验操作一般步骤

（1）阀门活动性试验前将阀序在单阀控制下进行，机组控制方式切换为基本模式；

（2）试验条件具备后，DEH操作界面按下1号高压调节阀活动试验“试验”按钮，就地观察1号高压调节阀能缓慢关闭直至全关，按下1号高压调节阀试验“试验恢复”按钮，观察1号高压调节阀平稳开启至原位置。

（3）同样，依次进行其他高压调节阀、中压调节阀活动性试验。

（4）调节阀活动性正常后，再进行主汽门活动性试验。

（5）主汽门活动性一般分为部分行程和全行程活动。主汽门全行程试验时，DEH指令先关主汽门对应侧调节阀，调节阀关闭后再关闭主汽门，恢复时，先开启主汽门，主汽门全开后，对应侧调节阀恢复到试验前的位置。

2. 汽门活动性试验注意事项

（1）应先对单个调节阀进行活动试验，部分机组进汽顺序改变可能会引起汽流激振及高中压支撑轴承瓦温变化，试验过程中，应观察和记录机组振动及瓦温变化，为后期单阀切顺序阀调试提供技术支持；

（2）主汽门全行程活动性试验是一项安全风险较大试验，试验时一侧主汽门关闭，另一侧主汽门开启，汽轮机处于单边进汽状态，对机组负荷影响较大，活动前检查工作应充分，应做好防止另一侧主汽门突然关闭引起汽轮机单缸进汽事故预想。

（四）单阀切顺序阀试验

单阀/顺序阀切换的目的是为了提高机组的经济性和快速性，实质是通过喷嘴的节流配汽（单阀控制）和喷嘴配汽（顺序阀控制）的无扰切换，解决变负荷过程中均匀加热与部分负荷经济性的矛盾。单阀方式下，蒸汽通过高压调节阀和喷嘴室，在360°全周进入调节级动叶，调节级叶片加热均匀，有效地改善了调节级叶片的应力分配，使机组可以较快改变负荷；但由于所有调节阀均部分开启，节流损失较大。顺序阀方式则是让调节阀按照预先设定的次序逐个开启和关闭，在一个调节阀完全开启之前，另外的调节阀保持关闭状态，蒸汽以部分进汽的形式通过调节阀和喷嘴室，节流损失大大减小，机组运行的热经济性得以明显改善，但同时对叶片产生冲击，容易形成部分应力区，机组负荷改变速度受到限制。因此，冷态启动或低参数下变负荷运行期间，采用单阀方式能够加快机组的热膨胀，减小热应力，延长机组寿命；额定参数下变负荷运行时，机组的热经济性是电厂运行水平的考核目标，采用顺序阀方式能有效地减小节流损失，提高汽轮机热效率。因此，对于设计有单阀和顺序阀功能机组，启机及带负荷初期采用单阀控制，负荷带到60%额定负荷时，可以进行单阀切顺序阀功能验证试验。

1. 阀序切换操作一般步骤

（1）切换前，热工调试人员检查DEH单阀切顺序阀以及顺序阀切单阀控制逻辑无误。

（2）机组负荷调整至60%额定负荷左右，维持主再热蒸汽参数稳定。

（3）DEH投入顺序阀控制，机组高压调节阀将执行DEH预先设置程序，由全周进行转变为部分进汽。切换过程中，观察机组负荷、主再热调节阀、振动、瓦温等参数变化；

（4）顺序阀切换完成后，将顺序阀切回单阀运行方式。DEH投入单阀控制，机组高压调节阀将执行DEH预先设置程序，由部分进汽转变为全周进汽。

2. 阀序切换操作注意事项

（1）一般厂家规定，单阀切顺序阀应在机组投产半年后进行，其目的在于保持调节级喷嘴均匀加热，调试过程中阀序切换仅仅是为了检验功能正确性，切换完成后，应将机组切换到单阀下运行；

（2）阀序切换过程中，应严密监视机组负荷、调节阀、振动、瓦温的变化情况，出现异常情况应停止切换；

（3）高中压转子（对于高中压合缸）振动、瓦温偏高机组，切换尤其需要慎重对待，部分进汽相对节流进汽工况，对转子的扰动要大，单阀切顺序阀后，机组振动、瓦温会增大，对于配汽不合理机组，甚至可能发生因振动或瓦温引起的跳机行为，对于切换不成功机组，需要对阀门配汽进行优化，寻找最为合理的进汽方式。

（五）真空严密性试验

负荷大于80%额定负荷，可进行真空严密性试验。

1. 严密性试验方法及评价

试验时负荷稳定在80%额定负荷，关闭抽空气门或停止真空泵，30s后开始记录，每30s记录机组真空一次，试验共进行8min，取后5min的真空下降值计算机组真空严密性。水冷机组小于或等于0.3kPa/min，直接空冷机组小于或等于0.2kPa/min。

2. 严密性试验调试注意事项

（1）试验前，记录真空变化表计一定要准确，必要时参考低压缸排汽缸温度变化。真空表取样管堵塞或积水等均会造成试验过程中真空表失真。

（2）试验过程中，严密监视机组真空、低压缸排汽温度、低压轴瓦振动，出现异常时，应立即终止试验。

3. 真空严密性建议

（1）在凝汽器以及与凝汽器相连的管道系统、阀门、疏水扩容等安装完毕，还未保温前，进行凝汽器高位灌水查漏。将水灌满凝汽器蒸汽空间直至低压缸汽封洼窝处，并使运行中处于真空状态下的所有设备和管道充水，从而检查有水渗漏的地点，来确定其不严密处。对于发现的泄漏处进行处理，消除影响真空严密性的漏点。监理单位应对灌水过程及处理结果进行监督。

（2）真空严密性试验不合格时，需要进行真空查漏，具体检查方法参见本章第二节中关于“机组抽真空后无法建立起预期真空”部分。

（3）仪器检漏。利用检漏仪针对凝汽器灌水无法检查部位进行检测，重点部位包括低压缸防爆门、低压轴封、凝汽器喉部、给水泵汽轮机防爆门、给水泵汽轮机轴封供回汽管道结合部等。

（六）甩负荷试验

甩负荷试验目的是考核汽轮机调节系统动态特性。机组甩负荷试验应按照《火力发电工程机组甩负荷试验导则》（DL/T 1270）执行。

1. 甩负荷试验方法

甩负荷试验分为常规法和测功法两种。

（1）常规法甩负荷试验。

1）机组带至50%额定负荷，甩负荷各项条件已具备，退出发电机联跳汽轮机保护，运行接到甩负荷指令后，断开发电机并网开关。机组失去负荷，通过功率负荷不平衡保护功能迅速关闭调速汽门，存留在汽轮机余汽会使转速飞升，此时最高转速称为第一次飞升转速。当汽轮机进汽切断后，转速将会回落，至OPC复位转速后，OPC复位，调速油压建立，调速汽门将依据DEH转速调节功能迅速维持汽轮机转速在3000r/min。运行单位维持甩负荷过程中热力系统稳定，试验单位采集好甩负荷试验过程数据。

2）机组甩50%额定负荷时，第一次飞升转速如果没有超过105%额定转速，可以进行100%甩负荷试验。100%甩负荷试验方法与甩50%负荷类同。

（2）测功法甩负荷试验。在已经取得该型机组转子实测转动惯量，或制造厂家提供了该试验机组设计转动惯量值时，就可以利用测功法进行甩负荷试验。

机组带至额定负荷，通过控制系统卸掉OPC油压，所有调速汽门、抽汽止回门迅速关闭，测取此过程中有功功率的变化过程，经计算获得转速的飞升曲线。确认发电机负荷到零并出现逆功率时，手动打闸汽轮机。

（3）两种方法优缺点。常规法是考核汽轮机调速系统动态特性最为直接、最常用的方法，不仅能够准确地直接测量汽轮机最高飞升转速，而且能够考察调节系统动态过程能否迅速稳定，控制机组转速在空负荷下运行。因甩负荷后汽轮机通流部件残余气体会继续做功，造成汽轮机转速飞升，如调节系统存在故障或有害气体过多，极可能造成超速保护动作，严重时会发生汽轮机“飞车”事故，因此，常规法甩负荷试验存在一定风险。测功法甩负荷试验因发电机出口开关不与电网解列，汽轮机汽门关闭后，残留在通流部件残余气体会继续做功，继续送往电网，汽轮机转速仍然与电网同步，不存在超速问题，因此其最大优势在于试验风险性小，但测功法仅仅是一种间接换算，一个最大的缺点是无法考证汽轮机甩负荷后维持空转的能力，只能得到转子的第一次飞升值，而且所推算出的最高飞升转速与实际转速仍然存在一定误差。

2. 甩负荷试验技术要点

（1）发电机出口开关跳闸到 OPC 迅速动作是防止机组一次转速飞升的关键。大容量机组为防止超速，一般设计有 OPC 预超速功能。如果发电机并网开关动作到 OPC 触发中间过程时间 Δt 较长（如超过 100ms），可能会出现一次飞升转速过高甚至超速保护动作，采用软回路连接时 Δt 由信号传输时间和逻辑运算时间组成，采用硬回路连接时，仅存在信号传输时间，没有逻辑运算时间，硬连接时间较软回路连接时间大大缩短。

建议油开关动作到 OPC 触发采用硬回路和软回路相互控制方式，来保证动作的可靠性。机组甩负荷试验除了测量主汽门、调节阀关闭时间外，还应测量发电机并网开关跳闸到 OPC 动作时间，正常时间应在 30～50ms 以内，否则应对动作时间过长原因进行排查。

（2）OPC 动作到各调节阀和抽汽止回门迅速关闭是防止机组超速的重要因素。OPC 动作后，调节阀安全油压失去，调节阀迅速关闭，切断主、再热汽源，显然时间越快越好，关闭速度取决于汽门本身弹簧压力大小和油动机泄油快慢。OPC 动作后，连锁关闭各段抽汽止回门、高压缸排汽止回门，防止各加热汽的蒸汽和冷端再热器汽倒流到汽缸，推动汽轮机继续做功，甩负荷后，各段抽汽止回门、高压缸排汽止回门正确迅速动作也相当重要，如果 OPC 动作到抽汽止回门采用软回路控制，止回门关闭时间除了止回门本身关闭时间外，逻辑运算时间也需要引起重视，建议将 OPC 到各止回门控制回路采用硬回路连接。

（3）OPC 复位转速是甩负荷试验转速控制的关键因素。

1）OPC 复位控制。按 DEH 控制 OPC 逻辑，当汽轮机转速超过 3090r/min，OPC 电磁阀带电动作，关所有调节阀，DEH 自动将汽轮机转速目标值设置 3000r/min。此时，所有调节阀指令是由 DEH 根据目标转速与实际转速的偏差比例积分计算出调节阀指令，当目标转速大于实际转速，调节阀加指令，当目标转速小于实际转速，调节阀减指令，也就是 OPC 电磁阀在汽轮机转速位于 3000～3089r/min 间任意转速复位时，所有调节阀指令均为 0。

调节阀指令为 0 是否意味调节阀开度为 0 呢？实际证明，并非如此，在 OPC 电磁阀未复位前，调节阀无安全油压，调节阀指令不管如何，调节阀均处于关闭位置；当 OPC 电磁阀复位后，调节阀安全油压建立，尽管调节阀指令为 0，但如果伺服阀有一定的漏油存在，使调节阀瞬间开启一定开度，从而造成汽轮机转速二次飞升，可能会引起 OPC 再次动作。

2）OPC 复速转速过高问题。因伺服阀有一定的漏油存在，复位转速过高，可能造成二次转速飞升，OPC 频繁动作。

3）OPC 复速转速过低问题。复位转速过低时，造成 OPC 复位后机组实际转速低于 3000r/min，当偏差量过大后，也可能造成调节阀开度过大出现二次飞升，甚至出现了甩 100％负荷时调节阀开度大于甩 50％负荷时调节阀开度。另外，当安全油压尚未建立时，调节阀已有指令，EH 油通过伺服阀向油动机进油，再经过调节阀油动机下腔室将 EH 油排出，从而造成系统 EH 油漏量加大，严重时会引起 EH 油压低跳机。

4）OPC 复位转速的选择。通过上面分析可知：复位转速过高可能会引起二次转速飞升，OPC 频繁动作；复位转速过低时，也可能造成调节阀开度过大出现二次飞升，甚至会造成 EH 油压低跳机。因此，选择合适复位转速对机组甩负荷转速的控制显得尤为重要，合适复位转速选择依据：一方面，伺服阀漏油是一种通病，难以避免，因此复位转速就低不就高；另一方面，考虑到 OPC 电磁从复位到调节阀安全油压建立尚需要一定时间，将 3000r/min 定为复位转速显然偏低，综合考虑复位转速选择在 3000～3030r/min 之间某一转速是合适的。

（4）甩 100％负荷迅速降低热再蒸汽压力是避免转速多次飞升的关键因素。机组甩负荷后，汽轮机主要依靠中、低压缸做功。一般情况下，高压缸在汽轮机中做功比例约 30％，在甩负荷时，高压缸排汽止回阀连锁关闭，高压缸排汽通过 VV 阀排到凝汽器，高压缸做功能力将进一步减小，机组主要依靠再热蒸汽推动。因此，甩负荷后降低热再蒸汽压力对避免转速二次飞升相当关键。再热蒸汽泄压手段有再热器安全门和低压旁路两种方式，建议甩 100％负荷时，迅速开大低压旁路至 50％以上开度达到快速泄去再热蒸汽压力目的。

（5）超临界机组甩负荷后锅炉熄火停炉是最佳选择方式（60％及以上旁路系统除外）。对不具备甩负荷功能旁路的直流锅炉，强烈建议熄火停炉。值得提出的是，96 版《汽轮机甩负荷试验导则》5.4 条规定“不能采用发电机甩负荷的同时，锅炉熄火停炉、停机等试验方法”，甩负荷试验目的是考察汽轮机调节系统动态特性，这一规定值得推敲，对于亚临界锅炉，能做到甩负荷不停炉，转速稳定后迅速并网，但超临界锅炉在直流状态下，锅炉补给多少吨水便要产生相应蒸汽量，并且要保证高参数的蒸汽品质，这是超临界锅炉低负荷状况下无法满足的。从机组安全角度考虑，不停炉直接危害可能是锅炉超温或者蒸汽带水，给主设备安全运行造成了极大隐患。新颁布的 2013 版《火力发电建设工程机组甩负荷试验导则》则对锅炉熄火停炉的操作没有硬性规定。

（6）甩负荷试验旁路控制问题。目前我国已建和在建的大容量机组旁路配置有两种方式：①满足启动要求的低容量高低压串联旁路，容量在 35％左右；②引进欧洲技术的 100％高压旁路和 65％低压旁路，高压旁路具有 100％容量的快速泄压功能，过热器出口不需要装设任何安全阀方案。我国目前大多数亚临界和超临界机组都配置 35％容量高低压串联旁路，这种旁路一般只具有启停功能，不满足机组快速甩负荷后的快开功能。

1）亚临界机组（单指配汽包炉）甩负荷旁路控制。对于汽包炉，当机组发生甩负荷时，为保证锅炉不发生超压，减少燃料势必是最为有效的方法，理想状况下，高、低压旁路应根据压力设定快速开启，来迅速泄掉锅炉余热所产生蒸汽。但是，调查发现，国内机组一般配置为30%～40%简易启动旁路，旁路不具备甩负荷功能，考虑到甩负荷过程中，主汽参数太高，突然开启对冷端再热蒸汽管道冲击大，且不利于再热蒸汽快速泄压。甩负荷旁路控制惯用做法是：甩负荷试验前低压旁路在手动状态下开启5%开度对管路进行暖管，取消高旁快开功能，高压旁路处于手动状态，当甩负荷试验发生后，由运行操作人员将低压旁路迅速开大到合适的开度，快速泄去热再压力，主蒸汽压力依靠锅炉PCV阀泄压。甩负荷时不开高旁控制模式是恰当的，它降低了试验过程高压旁路所带来诸多试验风险，而锅炉PCV阀正好能起到较好泄压功能，可代替高压旁路部分功能。同时，考虑到机组空负荷时高压缸进汽量少，中压缸和低压缸做功比例远远大于高压缸做功比例，降低再热压力对机组转速维持额定转速相当有利。需要引起注意的是，低压旁路一般设置有低真空、凝汽器水位HH、减温水压力L等保护，要防止在甩负荷试验过程中低压旁路保护动作，强制关低压旁路。

2）超临界机组甩负荷旁路控制。超临界机组只能配置直流锅炉，机组甩负荷后，相关参与储水罐水位调节设备（如361阀、炉水循环泵等）会因主汽压力高闭锁，因此要保证锅炉安全，甩100%负荷后锅炉必须维持直流状态运行。理论上，机组甩负荷后，只要保持锅炉燃料量、给水流量、旁路蒸汽通流量三者平衡，维持锅炉在直流状态下运行就能保证锅炉不灭火，并能很快重新并网，接带负荷。但是，一旦机组甩负荷后，在短短时间内要找出如此合适的平衡点实在有点勉为其难，何况稍有差错，就有可能出大事故。如锅炉燃烧热量多于产汽所需要热量，会造成锅炉超温；锅炉燃烧热量少于产汽所需要热量，会造成蒸汽过热度不足，旁路开度不合适可能造成锅炉超压等系列问题，试验的风险性极高。因此，对于采用简易旁路系统在甩负荷试验时不开高压旁路，低压旁路控制同亚临界机组相同。

（7）高压缸排汽温度控制问题。机组甩负荷后，用来维持汽轮机空转的蒸汽流量极少，同时进入汽轮机高压缸的蒸汽温度高，高压缸末级的摩擦鼓风热量不能被蒸汽有效带走，从而形成高压缸排汽温度偏高。为解决高压缸排汽超温问题，通常在设计上采用在高压缸排汽管道上设置高压缸排汽通风阀（又称VV阀），机组甩负荷后，VV阀连锁开启，将高压缸来的蒸汽直接排到凝汽器，它在一定程度上能缓解高压缸排汽超温问题，但毕竟VV阀通流能力有限，为了控制高压缸排汽温度，减低再热蒸汽压力来减少中压缸做功比例，保证有足够蒸汽流量以冷却高压缸，甩100%负荷时，低压旁路开度在50%～60%是适宜的。

同时甩负荷试验结束，转速稳定后，如果锅炉没有熄火，应尽快安排并网，如仅仅依靠高压缸排汽通风阀来维持高压缸冷却蒸汽量仍然不够，时间过长，仍然会造成高压缸排汽超温。降低高压缸排汽温度最为有效办法是减低再热蒸汽压力，提前开启高压缸排汽止回门来增加高压缸冷却蒸汽流量。

(8) 机组泄压方式。甩负荷后，由于锅炉的蓄热作用，将引起锅炉主、再热蒸汽压力升高。再热系统内的蒸汽对甩负荷后机组的运行产生一些不利的影响，中、低压缸负荷的比例增大，造成高压缸排汽超温甚至闷缸运行，一般中压调节阀调节性能较差，空负荷时过高再热蒸汽压力将进一步使调节品质恶化，机组转速难以稳定，给再次并网带来困难。因此，对于再热机组，甩负荷后应设法尽快降低再热系统的压力。

原则上过热蒸汽泄压可以通过过热汽安全门、对空排汽门以及机组高压旁路来完成，对于配置 30%～40%简易旁路系统，不提倡采用高压旁路来泄压，只要锅炉燃料减得及时，锅炉不超压，就不用通过拉安全门来泄压。再热蒸汽系统泄压可以通过再热汽安全门、对空排汽门以及机组低压旁路以及再热器疏水系统来完成，除非再热器超压，否则不提倡采用再热器安全门泄压。

(9) 甩负荷试验过程中机组辅助设备的控制。

1) 给水控制方式。机组锅炉给水系统配置两台 50%容量汽动给水泵及一台容量为 30%的电动调速给水泵，机组正常运行为两台汽动给水泵运行，电动给水泵作为备用。机组正常运行时，给水自动控制。机组在进行甩负荷试验时，属于一种极端工况，给水由运行人员手动控制，操作不当，可能导致锅炉 MFT，甚至可能导致重要设备损坏事故。

a) 汽包炉水位控制。对于汽包炉，机组甩负荷后，给水控制关键是保证锅炉的汽包不因水位控制不当而发生 MFT 和不损坏给水泵。

甩 50%额定负荷工况的给水控制方式：甩负荷前，给水控制方式采取一台汽动给水泵和一台电动给水泵运行，机组甩负荷后，手动停止一台汽动给水泵，由电动给水泵控制锅炉汽包水位。

甩 100%额定负荷工况的给水控制方式：甩负荷前，给水控制方式采取二台汽动给水泵和一台电动给水泵运行，机组甩负荷后，手动停止二台汽动给水泵，由电动给水泵控制锅炉汽包水位。在电动给水泵控制上，勺管调节不应太急，避免给水泵超过工作区间致使芯包卡死、推力瓦磨损、机械密封损坏等事故发生。

b) 直流炉给水控制。本章节已详细论述了直流锅炉甩负荷后应灭火的建议，因此，当锅炉发生 MFT 后连锁停止汽动给水泵。电动给水泵维持运行，一方面给锅炉上水，另一方面向高压旁路提供减温水，尽快利用高压旁路将主汽压力降低到锅炉可以上水压力以下。

2) 其他容器水位控制。甩负荷试验时，机组的主要容器包括凝汽器、除氧器和汽包（汽包炉）或储水罐（直流炉）水位控制需要引起足够重视，操作不当，可能导致试验失败甚至设备损坏事故发生。

a) 凝汽器水位控制。由于甩负荷后，低压旁路蒸汽进入凝汽器，凝汽器压力短时间内发生较大的变化，甩 100%负荷时，凝汽器压力会升高 7～8kPa，造成凝汽器水位快速下降；另外，凝汽器蒸汽凝结量也大量减少，如果除氧器上水调节阀关闭不及时，一方面会导致凝汽器水位大幅下降，从而引起凝结水泵因水位过低跳泵，最终只能停机、停炉，另一方面会导致除氧器满水，为了保证在甩负荷期间凝汽器水位正常，试验前将凝汽器水位补至高一值水位并将除氧器水位自动切为手动方式，当发生甩负荷试验时，运行应迅速关小除氧器上水调整门，再根据除氧器水位手动调整门。

b）除氧器、汽包水位控制。甩负荷前，除氧器维持水位高一值，甩负荷后，汽动给水泵跳闸，电动给水泵维持汽包水位，给水流量较甩前大幅度降低，此时，应将主给水由主路切到旁路控制，运行手动控制除氧器和汽包水位，既要防止除氧器、汽包缺水，也要防止满水。

c）直流炉储水罐水位控制。在锅炉直流状态，储水罐水位失去意义，甩负荷后，锅炉停炉泄压，当控制储水罐水位的阀门允许参与调节时，可以考虑锅炉点火恢复。

3. 甩负荷试验注意事项

（1）机组甩负荷后，应进行下列检查：

1）汽轮机旁路系统应无水冲击，支吊架、管道无异常；

2）OPC 动作应正常；

3）主、辅机重要监视参数，如主、再热蒸汽压力和温度，高压缸排汽温度，汽包、汽水分离器水位，除氧器、凝汽器水位、压力等，应在允许范围内；

4）抽汽止回阀应关闭；

5）汽轮机本体及抽汽系统疏水阀动作应正常；

6）中压缸启动方式机组，应确认高压缸通风阀处于“开启”状态；

7）给水泵组、凝结水泵进出口压力、进口滤网压差应在允许范围内；

8）甩负荷安全措施中需要检查的其他项目。

（2）若转速飞升使危急遮断器或超速保护动作，应及时进行下列操作和检查：

1）全液压调节系统，应将同步器摇至零位；

2）高、中压主汽门和调节汽门、抽汽止回门、高压缸排汽止回门应处于关闭状态；

3）待机组转速降至复位转速时应及时复位；

4）机组转速下降至 2900r/min，启动有关油泵。

（3）若出现下列情况，应立即打闸停机：

1）汽轮机各项参数达到主保护值而保护未动作；

2）转速达 3300r/min 而超速保护未动作。打闸后若转速仍继续上升，则应采取一切切断汽源的措施，破坏真空紧急停机；

3）调节系统发生长时间摆动，不能有效控制转速，OPC 频繁动作；

4）运行规程规定的其他打闸情况。

（4）全液压型调节系统，机组甩负荷后调节系统动态过渡过程未结束时，不得操作同步器，转速将稳定在同步器对应负荷位置转速。

（5）全液压可调整抽汽供热机组，动态过渡过程尚未结束时，不得操作调压器。

（6）数字电液调节系统机组，甩负荷动态过渡过程中，不得更改调节系统控制参数和设定目标转速。

（7）应视给水流量按试验方案维持合理给水泵组运行，观察给水控制情况，确保泵组安全。对于直流锅炉应维持省煤器给水流量要求。

（8）严密监视发电机端电压，发生过压应立即手动灭磁。

（9）直流锅炉应维持合适煤水比。控制汽水分离器出口蒸汽过热度，维持控制过热器出口蒸汽温度稳定。

（10）甩100%负荷后，应立即打开PCV阀泄压，观察主蒸汽压力无上升趋势后关闭。

第十四章　汽轮机满负荷试运

一、满负荷试运条件及完成要求

（一）进入168满负荷试运条件

（1）发电机达到铭牌额定功率值；

（2）燃煤锅炉已断油，具有等离子点火装置的等离子装置已断弧；

（3）低压加热器、除氧器、高压加热器已投运；

（4）静电除尘器已投运；

（5）锅炉吹灰系统已投运；

（6）脱硫、脱硝系统已投运；

（7）凝结水精处理系统已投运，汽水品质已合格；

（8）热控保护投入率100%；

（9）热控自动装置投入率不小于95%，热控协调控制系统已投入且调节品质基本达到设计要求；

（10）热控测点、仪表投入率不小于98%，指示正确率分别不小于97%；

（11）电气保护投入率100%；

（12）电气自动装置投入率100%；

（13）电气测点、仪表投入率不小于98%，指示正确率分别不小于97%；

（14）汽轮机及汽动给水泵润滑油、控制油油质已化验合格，有正式报告；

（15）满负荷试运进入条件已经各方检查确认签证、总指挥批准；

（16）连续满负荷试运已报请调度部门同意。

（二）完成满负荷试运要求

（1）机组保持连续运行168h；

（2）机组满负荷试运期的平均负荷率应不小于90%额定负荷；

（3）热控保护投入率100%；

（4）热控自动装置投入率不小于95%，热控协调控制系统投入且调节品质基本达到设计要求；

（5）热控测点、仪表投入率不小于99%，指示正确率分别不小于98%；

（6）电气保护投入率100%；

（7）电气自动装置投入率100%；

（8）电气测点、仪表投入率不小于99%，指示正确率分别不小于98%；

（9）汽水品质合格；

（10）机组各系统均已全部试运，并能满足机组连续稳定运行的要求，机组整套启动试运调试质量验收签证已完成；

(11) 满负荷试运结束条件已经多方检查确认签证、总指挥批准。

二、满负荷阶段进行的试验

发电机漏氢试验：试验时间应24h以上，记录试验开始和结束时发电机内氢气压力和温度、大气压力、真空油箱真空和温度，根据设备供货商的给定计算公式求得发电机漏氢量。发电机漏氢标准为：漏氢量小于$10Nm^3/d$。

三、满负荷试运重点注意事项

1. 单台辅机跳闸处理措施

(1) 运行单位编制有针对单台辅机跳闸处理措施，并组织进行培训。

(2) 一用一备辅机跳闸处理。开式泵、闭式泵、定子冷却水泵、轴封加热器风机、密封油泵的运行方式为一运一备，应确保备用泵启动条件无闭锁，当一台辅机跳闸时，只要备用辅机能启动正常，就不会对热力系统产生大的冲击。

(3) 循环水泵、真空泵跳闸处理。循环水泵运行方式根据机组热负荷需要，采用"一机一泵"或"一机二泵"方式运行。采用"一机一泵"运行时，要确保备用循环水泵启动条件无闭锁，当一台循泵跳闸时，只要备用泵及时启动，就不会对循环冷却系统产生大的冲击。采用"一机两泵"运行时，单台泵跳闸时，循环水流量减少接近一半，机组背压会升高，可以适当降低机组负荷应对。真空泵运行方式同机组真空系统严密性相关，严密性好的机组可以采用"一机一泵"或"一机二泵"，严密性差机组可以采用"一机三泵"，当单台真空泵跳闸时，只要备用真空泵能启动正常，对真空系统无大的影响。

(4) 单台凝结水泵跳闸处理。目前大容量机组凝结水泵采取变频运行，变频一般采用"一拖二"方式，正常情况下，变频泵运行、工频泵备用。变频泵跳闸处理措施为：①工频泵启动正常后，减小除氧器上水调节阀至合适位置，除氧器水位稳定后，投入除氧器水位自动；②安排运行人员就地检查工频泵运行状况。

(5) 单台给水泵跳闸处理。执行给水泵RB处理程序。RB动作不正常时，人工干预。

2. 多看少动

多看：加强监屏，加强现场设备巡视，发现异常，及时汇报，尽早干预。

少动：减少调整操作，杜绝误操作。

机组间隔离：两台机组之间设立隔离围栏，防止走错地方引起误操作；两台机组控制系统除公用系统外，其他控制系统应物理断开。

3. 正确应对暴露设备缺陷

对缺陷按重要性进行评估，哪些属于非消缺不可的缺陷，哪些属于可以延迟消缺的缺陷。一些泄漏，能带压堵漏处理的，采取带压堵漏处理，尽量减少设备倒换操作对机组及系统产生的扰动。

四、汽轮机典型事故处理

1. 汽轮机油系统火灾

（1）油系统火灾按如下方法处理。

1）当油系统着火，火势不能立即扑灭严重威胁设备安全时，应手按紧急停机按钮或手动脱扣紧急停机并破坏真空；

2）确认高、中压主汽阀和调节汽阀关闭及给水泵汽轮机高、低压调节汽阀关闭，并立即停用控制油泵、启动辅助润滑油泵；

3）当火势威胁临近设备时应进行事故放油，但要保证在转子停止前润滑油不能中断，当火扑灭后，立即关闭事故油门；

4）转子停止后，应立即停用润滑油泵；

5）若遇高压部件和管道着火时，应用泡沫式或干粉式灭火器，不准使用黄沙或水灭火。

（2）油系统着火应采取下列预防措施。

1）油系统管道法兰、阀门及可能漏油部位附近不准有明火，须明火作业时应采取有效的防护措施；

2）油系统管道法兰、阀门、轴承及液压调速系统部件等应保持严密无渗、漏油现象。若有渗、漏油，应及时消除，严禁漏油渗透至汽轮机下部蒸汽管道和阀门保温层；

3）油系统管道法兰、阀门的周围及下方，若敷设有热力管道或其他热体，则热力管道或热体的保温应紧固完整，外装饰完好；

4）汽轮机油系统的设备及管道损坏发生漏油，凡不能与系统隔绝处理的或热力管道已渗入油的，应立即停机处理。

2. 汽轮机超速

（1）汽轮机超速按如下方法处理。

1）当调节控制系统控制不良，保护失灵或保护动作但主汽阀或调节汽阀卡涩拒动引起汽轮发电机组超速时，应立即破坏真空紧急停机；

2）通知锅炉专业紧急停炉；

3）确认高、中压主汽阀和调节汽阀及各级抽汽阀与止回阀均关闭，汽轮机转速下降并启动辅助润滑油泵；

4）检查高、低压旁路应动作正常；

5）倾听汽轮机汽缸内部声音，记录惰走时间；

6）对汽轮机组进行全面检查，并待查明原因和缺陷消除后，方可重新启动；

7）应进行超速保护试验，合格后方可并网、带负荷。

（2）汽轮机超速应采取下列预防措施。

1）在额定蒸汽参数下，调节控制系统能维持汽轮机稳定运行，甩负荷后能将转速控制在危急保安器动作转速以下。

2）各种超速保护均应正常投入运行，超速保护不能可靠动作时，禁止汽轮机启动和运行。

3）汽轮机在无重要运行监视表计（转速表）或仪表显示不正确与失效时，严禁启动。

4）润滑油和抗燃油的油质应合格。在油质不合格的情况下，严禁汽轮机启动。

5）汽轮机调节控制系统应进行静态试验和仿真试验，确认启动前调节系统工作正常，当调节部套存在卡涩或系统工作不正常时，严禁启动。

6）正常停机时，应在确认功率到零后，方可将发电机与系统解列，或采用逆功率保护动作解列，严禁带负荷解列。

7）在汽轮机甩负荷或事故状态下，旁路系统应正常投运。

8）抽汽止回阀应严密且连锁动作可靠，并应设置能快速关闭的抽汽截止阀，以防止抽汽倒流引起超速。

9）汽轮机整套试运阶段应进行汽轮机超速试验、主汽阀和调节汽阀严密性试验、阀门活动试验，各项试验都应符合设计要求。超速动作值应调整在额定转速的109％～111％。

10）汽轮机整套试运前应进行高、中压主汽阀和调节汽阀静态关闭时间测定，关闭时间应符合相关标准规定；应进行各级抽汽止回阀的联动关闭试验，试验结果应符合设计要求。

11）严防电液伺服阀等部套卡涩、漏油。

3. 汽轮机大轴弯曲、轴瓦烧损

（1）汽轮机大轴弯曲的防止方法。汽轮机启动前应符合以下条件，否则禁止启动：

1）大轴晃动（偏心）、串轴（轴向位移）、胀差、低油压和振动保护等表计显示正确，并正常投入；

2）大轴晃动值不超过制造商的规定值或原始值的±0.02mm；

3）高压外缸上、下缸温差不超过50℃，高压内缸上、下缸温差不超过35℃；

4）蒸汽温度必须高于汽缸最高金属温度50℃，但不超过额定蒸汽温度，且蒸汽过热度不低于50℃。

启停过程的预防措施：

1）汽轮机启动前连续盘车时间应执行设备供货商的有关规定，首次冷态启动前连续盘车时间应不少于24h；热态启动前，连续盘车时间应不少于4h。

2）汽轮机启动过程中因振动异常停机后，应立即回到盘车状态，并进行全面检查和认真分析。查明原因与消除缺陷后，确认汽轮机符合启动条件时，才能再次启动。

3）停机后应立即投入盘车，观察偏心度指示器监视转子的偏心度变化。

4）汽轮机热态启动投轴封汽时，应确认盘车装置运行正常，并要先向轴封供汽，后抽真空。停机后凝汽器真空到零，方可停止轴封供汽。

5）供汽管道应充分暖管、疏水，严防水或冷汽进入汽轮机。

6）停机后应认真监视凝汽器水位、高压加热器水位和除氧器水位，防止汽轮机进水。

7）严格按照汽轮机在各种状态下的典型启动曲线和停机曲线进行启停。

（2）汽轮机轴瓦烧损的预防措施。

1）汽轮机启动前辅助油泵应处于联动状态，停机前应进行辅助油泵的启动及连锁试验；

2）润滑油系统进行冷油器、辅助油泵、滤网切换操作时，应缓慢进行操作，并监视润滑油压的变化，严防切换操作过程中断油；

3）在汽轮机启动、停机和试运中，应严密监视推力瓦、轴瓦金属温度和回油温度，当温度超过标准要求时，应按要求处理；

4）在发生可能引起轴瓦损坏（如振动超限，瞬时断油等）的异常情况下，应在确认轴瓦未损坏之后，方可重新启动；

5）在润滑油油质超标的情况下，禁止汽轮机启动；

6）严禁汽轮发电机组在振动超限的情况下运行；

7）在润滑油压低时应能正确、可靠的连锁启动交流、直流润滑油泵，严防连锁启动过程中瞬间断油；

8）检查顶轴油系统及顶轴油泵运行的可靠性。

4. 汽轮机甩负荷

汽轮发电机组突然甩负荷后应采取下列避免事故扩大的措施：

（1）确认汽轮机调节控制系统工作正常，各调节汽阀关闭，各抽汽阀关闭，各疏水阀打开，DEH 甩负荷功能实现，本体汽缸通风阀开启，高、低压旁路自动控制正常，转速上升（最高转速小于危急保安器动作值）后下降，逐渐趋于稳定，否则应立即打闸停机。当危急保安器动作而主汽阀未关严时，应及时作其他紧急处理。

（2）润滑油压降低时应立即启动辅助油泵。

（3）检查汽轮机轴承及推力轴承温度、振动、高压缸排汽温度、轴向位移、调节级金属温度、主蒸汽和再热蒸汽压力、排汽缸温度，并按运行规程调整和处理辅助设备和辅助机械的运行工况。

（4）查明汽轮机甩负荷发生的原因，在消除缺陷后，方能重新启动。

（5）有 FCB 功能的机组，在发生甩负荷后，除了检查以上条文内容外，还应检查发电机各运行参数和厂用电运行情况。

5. 汽轮机进水

（1）汽轮机进水处理方法。

1）立即切断水源并开启相应主、再热蒸汽管、高压缸排汽管、抽汽管及汽轮机本体疏水阀；

2）汽轮机振动、轴向位移、推力瓦温度或上下缸温差等参数超限，应立即破坏真空停机；

3）若发生加热器泄漏，水位保护拒动时，应立即关闭相应的抽汽电动门，抽汽止回阀，水侧走旁路，并确认或手动开启加热器危急疏水阀、抽汽管道疏水阀及汽轮机本体疏水阀；

4）在盘车过程中汽轮机进水，应保持连续盘车并加强疏水，直到汽轮机外缸上、下温差小于30℃，并延长6h的盘车时间，同时确认汽轮机内部无异声、转子偏心度正常。

（2）汽轮机进水预防措施。

1）汽轮机防进水逻辑保护校验合格；

2）主蒸汽、再热蒸汽过热度满足要求；

3）汽轮机带负荷运行时，主、再热汽温10min内突降50℃及以上，应立即停机并破坏真空。

6．循环水中断

（1）循环水中断处理方法。

1）立即手动启动备用泵或跳闸泵，若成功，维持凝汽器真空适降机组负荷；若不成功，应紧急停机、停炉和破坏凝汽器真空。

2）关闭低压旁路及至凝汽器所有疏水阀，切断所有进入凝汽器的热汽、热水。

3）停运真空泵，开启真空破坏阀待凝汽器真空到零后，立即停用主机和给水泵汽轮机轴封汽系统，防止低压缸安全阀爆破。

4）如真空泵有其他冷却水源应维持真空泵运行以维持凝汽器真空，防止凝汽器温度过高以及低压缸安全阀爆破。

5）通过换水降低闭式冷却水温度，并做好闭式冷却水系统及其用户的温度监视。

（2）循环水中断预防措施。

1）循环水泵连锁保护校验合格，自动投用；

2）厂用电切换功能试验完成，正常投用。

7．全厂失电

全厂失电处理方法：

（1）破坏真空，紧急停机，确认主机转速下降，所有主汽门和调节汽门全关，抽汽止回阀关闭，高、低压旁路阀已关闭；

（2）确认主机及给水泵汽轮机事故直流润滑油泵启动正常；

（3）确认发电机直流密封油泵启动正常；

（4）检查关闭汽轮机本体及主要管道的疏水阀，隔绝疏水进入凝汽器；

（5）若柴油发电机启动，主机、给水泵汽轮机交流润滑油泵启动、密封油泵启动，启动顶轴油泵；

（6）发电机快速排氢；

（7）视情况投盘车或闷缸。

附录1　东汽600MW（1000MW）汽轮机冷态启动过程

东汽600MW亚（超）临界汽轮机为东方汽轮机有限公司与日本日立公司联合设计研制的一次中间再热、单轴、三缸四排汽亚（超）临界冲动凝汽式汽轮机，东汽1000MW超超临界汽轮机为东方汽轮机有限公司与日本日立公司联合设计研制的一次中间再热、单轴、四缸四排汽超超临界冲动凝汽式汽轮机。两种机型一般均采用中压缸启动方式。中压缸启动方式划分机组冷热态启动的依据是中压内下缸第一级金属温度值，如果温度小于305℃为冷态启动，温度大于305℃且小于420℃为温态启动，温度大于420℃且小于490℃为热态启动，温度大于490℃为极热态启动。

1. 高压缸预暖

收到锅炉发点火信号后，高低压旁路及其喷水控制转自动，高压旁路开度置10%、低压旁路关闭；升压后再热蒸汽压力（旁路）达到0.2MPa，低压旁路逐步开启。

当高压缸第一级后汽缸内壁金属温度小于150℃，需要利用高压旁路后蒸汽对高压缸进行预暖，减少在冲转过程中中速暖机时间。高压旁路出口温度大于200℃时，联系锅炉运行人员，逐步提高低压旁路控制压力设定至冷端再热器压力不低于0.7MPa，做高压缸预暖准备，预暖前检查确认汽轮机跳闸、CRCV（高压缸排气止回阀）关、BDV（事故排放阀）开、盘车投运、真空不大于13.3kPa、冷端再蒸汽过热度不低于28℃。通过调整RFV（倒暖阀）和导汽管上的疏水阀开度，保持冷段蒸汽通过RFV倒流入高压缸，然后逐渐加热高压缸，最后经过导汽管上的疏水阀排入凝汽器，控制暖缸速率判据：使高压缸内蒸汽压力增压至0.39～0.49MPa（不得大于0.7MPa），汽缸温升率小于50℃/h。当高压缸第一级后汽缸缸内壁金属温度升至150℃，开始计时，保持时间见图12-5，保持时间满足后，退出高压缸预暖。注意在退出过程中，务必将高压缸里蒸汽尽可能抽出，否则可能导致残留在高压缸内余汽冲动汽轮机。

2. 阀壳预暖

当CV（高压调节阀），内壁或外壁温度小于150℃，需要对阀壳进行预暖，以减小启动过程中蒸汽对阀门的热冲击，暖阀前检查确认主蒸汽温大于271℃、MSV（高压主汽阀）上的疏水阀、CV与汽缸间导汽管上的疏水阀打开。汽轮机挂闸，在“汽轮机控制面板”投入阀壳预暖，此时MSV_2开启至预热位置20.8%，开始对CV进行加热。CV蒸汽室内外壁金属温差大于80℃“CLOSE”MSV_2；温差小于70℃“OPEN”MSV_2开启至预热位置。结束判据：CV蒸汽室内外壁金属的温度满足大于180℃且温差小于50℃或者预热时间不少于1h。打闸，结束阀壳预暖。由于阀壳预暖需在机组挂闸下进行，要注意调节阀严密性差可能会导致汽轮机冲转。

3. 机组冲转

联系锅炉运行人员，逐步提高低压旁路控制压力至1.1MPa，随着锅炉升温升压，高压旁路前压力达到1.0MPa，高压旁路开度增加，以维持1.0MPa，直到30%开度。高压旁路前压力升至1.1MPa，高压旁路控制方式由最小压力控制转入压力斜坡控制，保持30%开度，压力逐步增加至8.73MPa，达到8.73MPa后，转入定压控制方式。

蒸汽参数到达冲转参数后，准备汽轮机冲转。冲转方式为中压缸启动，投入“暖机”模式。选择“速率”“100r/min^2”，选择“转速”“200r/min”，MSV开启，ICV（中压调节阀）开启升速，200r/min后操作“关全阀”，检查确认ICV应关闭，转速开始下降，仔细倾听机组有无摩擦声。

设定目标值为1500r/min，CV阀开启升速至400r/min，保持1min，电液调节器锁定CV的开度，400r/min后ICV开启，升速至1500r/min，进行中速暖机，暖机效果判断依据：根据厂家提供暖机曲线确定的时间和汽轮机高压缸总涨大于8mm。

切除“暖机”，联关CV，中速暖机结束。在暖机结束到倒缸完成过程中，应高度关注高压缸排汽温度，防止因高压缸未进汽而引起鼓风损失使得高压缸排汽超温。在此过程中，VV（高压缸排汽通风阀）一直处于开状态。选择目标转速3000r/min，汽轮机直接升速至3000r/min后定速。

4. 机组并网和倒缸

并网带初始负荷：DEH收到来自电气发同期请求后，汽轮机转速自动受电气同期增益控制，并网后机组带初负荷15MW或13.35%流量指令（即中调开度指令25.61mm）。

倒缸：在画面“汽轮机控制面板”上“开始”“升负荷”，机组负荷快速增加，以5%/min的负荷率递增。倒缸完成判据：以下三项满足其中任意一项即认为倒缸操作完成。

（1）机组负荷达到120MW；

（2）高旁全关；

（3）达到30%流量指令。该流量指令下各阀门开度如下：CV_1开度为10.43%，CV_2开度为9.32%，CV_3开度为10.59%，CV_4开度为10.43%，此时所有ICV均已全开，因为22%流量指令时所有ICV已全开。

附录2　上汽西门子660MW(1000MW)超超临界汽轮机冷态启动过程

上汽西门子660MW（1000MW）汽轮机为上海汽轮机有限公司和德国西门子公司联合设计制造的一次中间再热、单轴、四缸四排汽、反动凝汽式超超临界汽轮机。该机组启动方式为高中压缸联合启动，采用DEH提供的汽轮机SGC功能控制。

SGC是Subgroup Control的缩写，意为子组控制，西门子机型的冲转过程自动化程度较高，通过执行汽轮机主顺控（SGC）来自动完成整个启动过程——从汽轮机暖阀、冲转、升速到360r/min执行低速暖机、升速到并网前转速3009r/min高速暖机，一直到并网带负荷。在各个阶段，SGC都会自动对后续步骤的条件进行判断，条件满足则进入下一步，否则停留在当前步骤等待或者跳回之前的某一步重新循环，直至条件满足。所有的这些条件中，X准则是尤其值得关注的。

X准则的实质是一组随参数变化的热应力判断准则，用来判断机组是否能够接受运行方式的改变。其中，X1和X2准则用来判断是否允许打开主汽阀对主调节阀进行暖阀；X4、X5和X6准则用来判断是否允许打开主调节阀冲转至360r/min进行低速暖机；X7A和X7B准则用来判断低速暖机是否充分，以便升速至并网前转速（西门子机型一般是3009r/min）；X8准则用来做汽轮机是否允许并网的判断。该型机组启动状态划分见附表2-1。

附表2-1　　启动状态划分方式

启动状态	高压缸金属温度（℃）	中压缸金属温度（℃）
环境温度	50	50
冷态	200	110
温态	380	250
热态	540	410
极热态	560	500

（1）投入汽轮机SGC程控，启动装置自动运行。

机组首次启动原则上采用SGC ST自动控制“启动装置”（Startup device）进行机组挂闸，必要时也可以采用手动方式。确认ETS无汽轮机跳闸信号，投入SGC ST自动，并发出“startup”指令。机组启动过程中，启动装置TAB每次到达某一限值时，其输出TAB都会停止变化，等待SGC ST执行特定任务操作，操作完成收到反馈信号后，启动装置TAB输出才会继续变化。

（2）投入汽轮机SGC程控，执行1～8步，进行启动前辅助系统检查试验。

检查蒸汽品质合格，温度裕度及X准则满足要求，投入汽轮机SGC之前，在ATT画面投入八个“select att”SLC，汽轮机控制画面将所有调节阀阀限设定置103%。

(3) 投入汽轮机 SGC 程控，执行 11～20 步，进行暖管、暖阀。

在冷态启动的时候，主汽阀打开，以加热调节阀。由此，汽轮机启动限值设定和高限就会被适当提升。主汽阀在步骤 15 到步骤 20 之间打开，以加热阀室。保持开启状态的时间长短取决于透平传热的状况以及蒸汽的品质，开启时间的长短由逻辑决定。逻辑通过忽略某些步骤，能在步骤 16 和步骤 19 之间的任何点关闭主汽阀。然后顺控在步骤 20 中止。

当主汽压力小于 2MPa 时，饱和蒸汽温度和调节阀外壳平均温度差很小，主汽阀保持开状态，这样同时加热主汽管路和阀室。当主汽压力大于 2MPa 时，打开的主汽阀在延时后关闭。当主汽压力介于 2～3MPa 时，高压调节阀加热约 30min。当主汽压力介于 3～4MPa 时，高压调节阀加热约 15min。当主汽压力大于 4MPa 时，主汽阀就立即关闭。调节阀的泄漏可能促使蒸汽透平进入临界转速区，主汽阀关闭。

主汽阀开时间最长限制到 60min。如果顺序在 60min 内未执行完步骤 16 到步骤 20，作为汽轮机重启和提高升限的结果，主汽阀关闭。如果蒸汽纯度不合适，执行顺序就停留在步骤 20，此时主汽阀关闭，直到蒸汽纯度达到要求。当这个标准满足后，子环控制“选择蒸汽纯度”就必须由控制室人员，手动切换到自动模式，执行顺序转到步骤 11 再执行。

主蒸汽和再热蒸汽的参数必须满足标准 X4，X5，X6，且热再热蒸汽必须有 30K 的过热度。主蒸汽和再热蒸汽参数必须在允许的限值内。冷凝器压力必须低于部分负荷操作的报警限值。检查润滑油系统、疏水系统、汽缸温差、汽封、发电机具备启动条件，在高压主汽门打开之前，必须保证在冷端再热管线上的所有相关阀都已经打开，避免在冷端再热器路中形成过高的压力。

(4) 投入汽轮机 SGC 程控，执行 21 步，冲转摩擦检查。

开调节阀，汽轮机冲转至暖机转速，汽轮机冲转至 360r/min 打闸，摩擦检查。

(5) 投入汽轮机 SGC 程控，执行 1～24 步，汽轮机重新启动，升速至 360r/min 暖机。

暖机时间约 60min，汽轮机高中压缸进汽的过热度必须超过 30K，冷凝器压力必须在稳态运行限值以下，以保证高压缸暖机充分。如果 X7 准则满足，同时 TSE（汽轮机热应力评估器）温度裕度大于 30K，则高压缸的暖机结束。

(6) 投入汽轮机 SGC 程控，执行 25～29 步，机组升速至 3000r/min。

汽轮机转速达 540r/min 以上时，检查顶轴油泵应联停。转速至 3000r/min，检查、调整并记录机组各运行参数并确认正常。保持在额定转速暖机，如果 X8 准则满足，同时 TSE 温度裕度大于 30K，则 3000r/min 的暖机结束。

(7) 投入汽轮机 SGC 程控，执行 31～35 步，并网带负荷。

启动同期设备并网，放开汽轮机调节阀的开度限制，汽轮机调节阀参与负荷控制。投入主汽压力控制器投到初压，启动步骤结束。

附录3 哈汽600MW超临界汽轮机冷态启动过程

哈汽600MW超临界汽轮机为哈尔滨汽轮机厂有限责任公司与日本三菱公司联合设计、研制的一次中间再热、单轴、三缸四排汽超临界凝汽式汽轮机。该机型采用高中压缸联合启动方式。根据高压转子第一级金属温度决定机组的五种启动状态。

1）冷态启动：第一级金属温度<120℃；

2）温态-1启动：120℃≤第一级金属温度<280℃；

3）温态-2启动：280℃≤第一级金属温度<415℃；

4）热态启动：415℃≤第一级金属温度<450℃；

5）极热态启动：450℃≤第一级金属温度。

1. 冲转及暖机

汽轮机盘车已投入，挂闸前确认高、中压主汽阀，高、中压调节阀在全关位置，DEH控制器处于自动状态时，确认控制盘上“操作员自动”键、“单阀”键、“ATC切除”键等键灯均被点亮。按“挂闸”钮后，主汽阀（TV）和中压调节阀（IV）应完全关闭，高压调节阀（GV），再热主汽阀（RV）完全开启，汽轮机所有疏水阀开启，冲转参数与条件得到满足。

设定目标转速400r/min，升速率100r/min/min，按“进行（GO）”按钮，汽轮机冲转，转速由“TV”控制，检查当转速大于或等于4r/min时，盘车小齿轮自动脱扣。当转速升至400r/min时，就地或远方使汽轮机跳闸，进行摩擦听音检查，若无异常情况，当转速下降至200～250r/min时，可恢复重新挂闸，使转速上升至600r/min，并进行全面检查，并记录各项参数。

接着设定目标转速，2000r/min，升速率：100r/min/min，当转速大于600r/min后，偏心记录仪会自动脱开，振动记录仪开始工作。当转速达2000r/min时，开始暖机，暖机时间根据“冷态暖机曲线”确定。首次启动暖机时间至少为150min。暖机期间，主汽阀进口温度应不大于430℃，并保持再热汽温在320℃以上，同时全面检查记录各项参数。

2. TV/GV控制切换

设定目标转速2900r/min，升速率100r/min/min，升速过程中应注意主油泵开始工作，进行TV/GV切换，切换时间应小于2min，注意切换中的阀位指示变化。

3. 升速至3000r/min

设定目标转速3000r/min，升速率50r/min/min，到达3000r/min后对机组进行全面检查，确认主蒸汽、再热蒸汽温度和低压缸排汽温度满足空载运行要求，检查并记录机组各项参数。

4. 并网带负荷

根据需要将氢压升至 0.4MPa，并投入氢冷却器，机组并网后迅速升负荷至 30MW，稳定运行至少 30min，并维持主蒸汽温度不变。在稳定运行期间，主蒸汽温度每变化 3℃，相应增加 1min 暖机时间，检查并记录机组各项参数。

附录4　哈汽1000MW超超临界汽轮机冷态启动过程

哈汽1000MW超超临界汽轮机为哈尔滨汽轮机厂有限责任公司与日本东芝公司合作设计、共同研制的一次中间再热、单轴、四缸四排汽超超临界冲动凝汽式汽轮机。该机型采用高中压缸联合启动方式。根据高压转子第一级金属温度决定机组的四种启动状态。

1）冷态启动：第一级金属温度<150℃；

2）温态启动：150℃≤第一级金属温度<410℃；

3）热态启动：410℃≤第一级金属温度<450℃；

4）极热态启动：450℃≤第一级金属温度。

1. 高中压缸预暖

当汽轮机高、中压缸第一级内上缸内壁金属温度低于130℃时，进行高中压缸暖缸操作：首先确认相关疏水门开启，并确认高压缸排汽通风阀关闭，根据缸温逐渐开启高压缸预暖电动截止阀，控制温升满足要求，高压缸暖缸开始；然后逐渐开启中压缸暖缸电动截止阀，中压缸暖缸开始。当汽轮机高、中压缸第一级内上缸内壁金属温度达150℃，保持该温度至汽轮机冲转前；逐渐关小高压缸预暖电动截止阀，确认高压缸排汽止回门应关严，高压缸内压力控制在500kPa以下，但不得超过600kPa。汽轮机冲转前，结束暖缸，关闭高、中压缸暖缸电动截止门，开启高压缸排汽通风阀。

2. 高压调节阀阀壳预暖

冷态启动控制主汽温度380℃，再热蒸汽温度340℃，主蒸汽压8.5MPa，再热蒸汽压力1MPa。确认高压调节阀外部金属温度小于210℃，预暖前调节阀室金属温度；如调节阀外部金属温度大于或等于210℃，在“阀壳预暖”操作画面中点击“暖阀跳过模式”，跳过暖阀过程。

首先确认相关疏水阀开启，然后在DEH画面点击“机械复位”按钮进行机械复位，接着在ETS画面点击“ETSRESET”中的“YES”按钮进行ETS复位，确认高中压主汽阀、调节阀均处于关闭状态，此时在DEH画面点击“阀壳预暖”，在操作画面点击“暖阀允许按键”，再点击“暖阀启动模式”，点击“投入”投入阀壳预暖。预暖开始后2号高压主汽阀开启约11.6%。检查汽轮机转子不应被冲动，盘车运行正常。调节阀室预暖2min后，2号主汽阀自动关闭。再2min后，2号主汽阀再次打开。如上述反复打开和关闭2号主汽阀，直到调节阀阀体外部金属温度大于或等于210℃或预热达1h，在“阀壳预暖”操作画面中点击“切除”，结束阀壳预暖工作，远方打闸。

3. 汽轮机冲转

在DEH画面点击“机械复位”按钮进行机械复位，然后进行ETS复位，确认高中压主汽阀、调节阀均处于关闭状态。然后在DEH画面投入自动运行方式，并将各阀门阀位限制设置100%，选择单阀控制状态，选择“主阀开启”，确认各所有高压主汽阀全开后再选择“手动升速”。接着在DEH画面点击“CNTLSP”，在RATE中输入升速率100r/min/min，在TARGET中输入目标转速800r/min，点击“GO”，汽轮机转速至400r/min时，汽轮机打闸，进行摩擦检查。检查正常后，在DEH画面点击“CNTLSP”，在RATE中输入升速率100r/min/min，在TARGET中输入目标转速800r/min，点击“GO”，转速750r/min时，确认中压主汽阀全开，升速到800r/min，检查机组运转正常，进行暖机。

当汽轮机中压排汽缸上部和内表面金属温度已高于85℃，或者温度超过80℃的时间已超过1h，800r/min暖机结束后，升速至3000r/min，升速率100r/min/min。

汽轮机转速升到3000r/min后，根据启动曲线进行高速暖机（冷态启动暖机60min）。

4. 发电机并网带负荷

确认发电机系统已具备并网条件，得值长令许可并网，按发电机并网操作票进行并网，机组加负荷至30MW，汽轮机暖机65min，将汽轮机负荷控制方式设为功率控制方式，设定机组负荷100MW，设定机组升负荷速率为3MW/min，点击“GO”，确认机组升负荷完成。检查发电机负荷上升正常，当汽轮机高压旁路关闭后，将汽轮机DEH投遥控，即DEH控制方式“REMOTE”，继续带负荷直至额定负荷。

参 考 文 献

[1] 冯伟忠. 900MW机组临冲管爆管事故分析——管壁压力共振问题探讨[J]. 华东电力，2004(32)：1-6.

[2] 崔国华，厉富超. 1000MW超超临界锅炉不带炉水循环泵的冲管方式[J]. 江苏电机工程，2014(33)：72-74.

[3] 丁尔谋. 发电厂空冷技术[M]. 北京：水利电力出版社，1992.

[4] 程贵兵，石景，杨贱华. 600MW机组甩负荷试验关键技术研究[J]. 湖南电力，2008(28)：5-9.

[5] 程贵兵，魏继龙，黄来. 国产引进型600MW汽轮机调试若干总理分析及对策[J]. 湖南电力，2009(29)：49-51.

[6] 黄来，程贵兵，徐湘沪，等. 600MW超临界机组汽泵烧瓦研究与分析[J]. 汽轮机技术，2008(50)：303-305.

[7] 郭卫华，程贵兵，石景，等. 小汽轮机油中带水问题分析与解决[J]. 湖南电力，2007(25)：22-24.

[8] 李旭，周雪斌，韩彦广. 1000MW超超临界汽轮机设计特点及调试技术[J]. 热力透平，2011(40)：50-53.